辽宁省高水平特色专业群校企合作开发系列教材

# 生态文明教育

王怡然　主编

中国林業出版社

## 内容简介

建设生态文明，是关系中华人民福祉、关乎中华民族未来发展的长远大计，只有牢固树立生态文明观念，才能使生态文明的理念深入人心，因此，开展生态文明教育刻不容缓。本教材内容充实，思路清晰，涉及的知识领域广，具有一定理论深度的同时又通俗易懂，内容上融合生态文明理论、生态环境科学、动植物科学、林业科学等相关知识，从环境、生物多样性、现代林业等角度探讨生态文明。本教材共分六章，包括生态文明概述、地球生态危机、生物多样性与生态文明、现代林业与生态文明、生态文化与生态旅游、践行生态文明。

本书可作为高等职业教育林业技术、园林技术、森林和草原资源保护、林业信息技术应用等专业的教学参考用书，也可作为职业师范院校、职业农林院校和综合职业教育院校通识教学参考用书，以及从事林业、环境保护相关人员及社会大众科普读物。

**图书在版编目(CIP)数据**

生态文明教育／王怡然主编．—北京：中国林业出版社，2021.3

ISBN 978-7-5219-1086-5

Ⅰ.①生…　Ⅱ.①王…　Ⅲ.①生态文明－中国－高等职业教育－教材　Ⅳ.①X321.2

中国版本图书馆 CIP 数据核字(2021)第 048469 号

**中国林业出版社·教育分社**

**策划编辑**：肖基浒　范立鹏　高兴荣　　**责任编辑**：田夏青　肖基浒

**电　　话**：(010)83143555　　**传　　真**：(010)83143516

---

**出版发行**：中国林业出版社(100009　北京市西城区刘海胡同 7 号)

E-mail：jiaocaipublic@163.com　电话：(010)83143500

http：//www.forestry.gov.cn/lycb.html

**印　　刷**：北京中科印刷有限公司

**版　　次**：2021 年 3 月第 1 版

**印　　次**：2021 年 3 月第 1 次印刷

**开　　本**：787mm×1092mm　1/16

**印　　张**：11

**字　　数**：365 千字(含数字资源 90 千字)

**定　　价**：38.00 元

---

# 《生态文明教育》
# 编写人员


**主　　编**

王怡然

**副 主 编**

付丽梅　　刘　莹

**编写人员**（按姓氏笔画排序）

王怡然　（辽宁生态工程职业学院）
付丽梅　（辽宁生态工程职业学院）
刘　莹　（辽宁生态工程职业学院）
李　明　（辽宁省绥中县自然资源事务服务中心　国有林场管理站）
吴　兵　（辽宁生态工程职业学院实验林场）
苏　家　（辽宁生态工程职业学院）
段婷婷　（辽宁生态工程职业学院）
程晓琳　（辽宁生态工程职业学院）
谢忠睿　（辽宁生态工程职业学院）

# 前言

地球是人类赖以生存的唯一家园。随着人类文明水平的逐渐提高，人类对于地球生态的人为干扰给地球生态环境造成了巨大影响，我们赖以生存的地球正在经历一场又一场的生态危机。森林是陆地最大的生态系统，具有防风固沙、涵养水源、净化空气、保护物种多样性等多重作用。作为地球生物圈中的重要成分，森林起着维持地球生态平衡的重要作用，对发展生态林业、民生林业，建设生态文明和美丽中国具有重要意义。

党的十八大以来，以习近平同志为核心的党中央深刻回答了为什么建设生态文明、建设什么样的生态文明、怎样建设生态文明的重大理论和实践问题，提出了一系列新理念、新思想、新战略，成为习近平新时代中国特色社会主义思想的重要组成部分。生态环境关乎民族未来、百姓福祉，建设生态文明是中华民族永续发展的千年大计。党的十八大把生态文明建设纳入中国特色社会主义事业“五位一体”的总体布局，生态文明建设成为“四个全面”战略布局中的重要内容，“绿色发展”也成为新发展理念之一，可以看出，中国的生态文明建设已经迎来了前所未有的历史机遇。随着生态文明建设的不断推进，生态文化也逐渐深入人心，生态文化的形成意味着人类统治自然的价值观念的根本转变，标志着人类中心主义价值取向到人与自然和谐发展价值取向的过渡。

建设生态文明，教育理念要先行，只有牢固树立生态文明观念，才能使生态文明的理念深入人心。大学生承担着人类文明延续的历史使命，更要义不容辞地肩负起生态文明建设的历史使命，树立生态文明思想，践行生态文明。作为一所“生态”特色鲜明的高职院校，普及生态文明知识、传播生态文明理念是我们义不容辞的责任。本书内容充实，思路清晰，具有理论深度的同时也便于理解，既可作为教材供相关院校学生使用，也是一本科普读物，普及生态文明相关的基础知识，提高人们的生态文明意识。

为更好地保证本书质量，我们成立了跨学科的编写小组，编写人员来自不同学科，包括生态环境、生物多样性保护、植物、动物、林业等领域，均有着丰富的教学经验。本书共分为六章，由王怡然拟定编写提纲并统稿，由王怡然、付丽梅、刘莹校稿。具体编写分工如下（包括数字资源）：第一章由程晓琳编写，第二章、第六章由王怡然编写，第三章由刘莹、王怡然、苏家、吴兵、李明编写，第四章由谢忠睿、付丽梅编写，第五章由段婷婷、付丽梅编写。教材编写得到了辽宁生态工程职业学院、辽宁生态工程职业学院实验林场、辽宁省绥中县自然资源事务服务中心国有林场管理站等单位，以及学院有关专家和领导的悉心指导和大力支持，在此一并表示诚挚的谢意。

随着生态文明建设的不断推进，生态文明研究与相关理论还在不断完善，由于编者水平有限，书中难免存在不足或错误之处，恳请各位同仁及广大读者提出宝贵意见。

编　者

2020 年 12 月

# 目 录

# 第一章　生态文明概述

【本章描述】

党的十八大以来，以习近平同志为核心的党中央深刻回答了为什么建设生态文明、建设什么样的生态文明、怎样建设生态文明的重大理论和实践问题，提出了一系列新理念、新思想、新战略，形成了习近平生态文明思想，成为习近平新时代中国特色社会主义思想的重要组成部分。生态环境关乎民族未来、百姓福祉。建设生态文明是中华民族永续发展的千年大计。那么什么是生态文明？人类迄今为止走过了几个阶段的文明形态？中国为什么选择走生态文明的道路呢？以上内容将在本章中深入学习。

【知识目标】

1. 了解中、西方文化生态文明思想基础；
2. 熟悉 4 个阶段文明形态的基本特征及人与自然的关系；
3. 理解我国生态文明建设历程；
4. 掌握生态文明的概念、内涵与主要特征；
5. 掌握生态文明建设的目标与内容。

【能力目标】

1. 能够阐述 4 个阶段的文明形态出现的时间与特征；
2. 能够利用所学内容，总结生态文明形态出现的原因；
3. 能够深刻认识生态文明建设的重要性；
4. 能够利用所学内容宣传生态文明相关知识。

## 第一节　人类生态文明之路

“一部人类文明的发展史，就是一部人与自然的关系史。自然生态的变迁决定着人类文明的兴衰演替。”根据人与自然的关系及发展的不同水平，迄今为止人类文明被划分为原始文明、农业文明、工业文明、生态文明四个阶段。其中众所周知的玛雅文明、古埃及文明、古印度文明、古巴比伦文明等古代文明相继衰落，均与其自然环境的破坏有着密不可分的关系。

### 一、原始文明——人类匍匐于自然脚下的本色文明

原始文明是人类从猿类分化出来之后，人类历史的第一阶段文明。人类最初在地球上

靠采集和渔猎来维生。这个时期，地球人口数量少，自然界资源丰富，努力求生存是唯一目标。人类在求生存的长期实践中深刻认识到自然的强大和自己的渺小，对于自然界的物（山、水、树、狮等有生命的）、自然现象（风、雨、雷、电）存在畏惧甚至是恐惧心理，认为自然界是力大无穷、无所不能、不能抵抗的，因此，在原始文明时期人类一直都是依赖自然来生活的。

### （一）原始社会经历的阶段

#### 1. 旧石器时代

时间：距今约250万至约1万年，旧石器时代早期、中期和晚期

时代特征：人类以采摘果实、狩猎或捕捞来获取食物。在旧石器时代前期，人们由血缘关系维持家族内部的关系。晚期，实行族外婚制，即实行一氏族的一群男子同另一氏族的一群女子之间的交互群婚。因此，血统只能从母亲方面来确定，只能承认母系。同一始祖母生下的若干后代，便形成一个氏族公社。在这种情况下，人们只知有母不知有父，氏族的世系只能按母系计算，所以叫作母系氏族。

#### 2. 中石器时代

时间：距今15 000～8000年

时代特征：这一时期石片石器和细石器这类代表工具开始出现，细石器被大量使用，广泛使用弓箭，已知驯狗，一些地方还发现了独木舟和木桨。

#### 3. 新石器时代

时间：距今8000年前，人类原始氏族的繁荣时期

时代特征：以磨制的石斧、石锛、石凿和石铲，琢制的磨盘和打制的石锤、石片、石器为主要工具。新石器时代母系氏族得到了全盛。婚姻制度由群婚转向对偶婚，形成了比较确定的夫妻关系。在新石器时代，产生了农业和畜牧业，磨光石器流行，并发明了陶器。

### （二）原始社会的文化

在原始社会时期，人类创造了象形文字，产生了原始宗教和图腾崇拜，艺术也在这一时期产生。

#### 1. 象形文字

象形文字是由图画文字演化而来的，是一种最古老的字体。与表音文字不同，象形文字属于表意文字。埃及的象形文字、赫梯象形文、苏美尔文、古印度文以及中国的甲骨文，都是从原始社会最简单的图画和花纹分离出来的。

#### 2. 宗教

人类一开始并无任何宗教可言。到了旧石器时代中、晚期，氏践公社产生，人类社会形成一个个比较稳定的血缘集团。这时，人的体质与思维能力有了进步，集团内部语言有了发展，某些禁忌和规范已经形成。人们以集体的力量和简陋的工具与自然做斗争时，一方面逐步认识到人们的生产活动与某些自然现象的联系；另一方面又受到自然界的沉重压迫，对自然界的千姿百态、千变万化得不到正确的解释，于是恐惧与希望交织在一起，对许多自然现象作出歪曲的、颠倒的反映，把自然现象神化，原始宗教便从而产生。与阶级社会所形成的一神教对比，其特征为万物有灵、多神崇拜，故又名多神教。

**3. 陶器**

陶器出现于新石器时代。陶器的发明是人类第一次利用天然物，按照自己意志创造出来的一种崭新的东西。人们把黏土加水混合后，制成各种器物，干燥后经火焙烧，产生质的变化，形成陶器。陶器揭开了人类利用自然、改造自然的新篇章，具有重大的划时代意义。陶器的出现标志着新石器时代的开端，大幅改善了人类的生活条件，在人类发展史上开辟了新纪元。

**4. 纺织**

据考古资料，我国纺织生产习俗，大约在旧石器时代晚期已见萌芽，距今2万年左右的北京山顶洞人已学会利用骨针来缝制苇、皮衣服。这种原始的缝纫术虽不是严格意义上的纺织，但却可以说是原始纺织的起源。而真正的纺织技术和习俗的诞生流行在新石器文化时期。在西方，直到1769年，英国人阿克莱才制出“水车纺机”，比中国的水转大纺车晚了几个世纪。

**5. 房屋**

原始人类为避寒暑风雨，防虫蛇猛兽，住在山洞里或树上，这就是所谓的“穴居”和“巢居”(树上筑巢)。经过不断进化，古人开始营建房屋。据考古发掘证明，我国最早的房屋建筑产生于距今约六七千年前的新石器时代。当时的房屋主要有两种：一种是以陕西西安半坡遗址为代表的北方建筑模式——半地穴式房屋和地面房屋；另一种是以浙江余姚河姆遗址为代表的长江流域以及江南地区的建筑模式——干栏式建筑。早期埃及的居住建筑立面无窗，所有房间都从内院采光，大一些的住宅会沿着中央厅堂或者走廊布置房间。

**(三)我国原始社会的人物传说**

根据史书记载，“五氏”在原始人群到氏族公社初期人类生活的进化中起到了非常大的作用，他们分别是指有巢氏、燧人氏、伏羲氏、女娲氏、神农氏。他们的功绩和贡献是为人类创造了建屋取火、部落婚嫁、豢养家禽、种地稼穑等一系列最基本的生存、生活条件，使人类得以生存繁衍，结束了只靠住山洞、摘树果、吃生食的恶劣原始社会生存状态。

**1. 有巢氏——我们有“房”住了**

原始社会的先民，最初是一群一伙地住在山洞里。那时人少，禽兽多，又没有箭弩一类的武器，抵御不住猛禽恶兽的袭击，常常遭受伤害。于是有人想出个办法，白天拾些橡、栗的果实填饱肚子，夜晚在树上搭个窝睡觉，又安全又舒适，这些人被称为有巢氏之民。人们把最初创造巢居的人拥为领袖。有巢氏时期人类的社会组织已经进入母系氏族公社阶段。当时的社会活动主要是男子打猎和捕鱼，女子采集野菜和挖抓块根。此时人类的婚姻形式也已经有了很大改变，不仅排除了兄弟姐妹间的通婚关系，同族团内部的同辈男女也禁止通婚了。

**2. 燧人氏——我们可以吃“烤肉”了**

“燧人氏”之名始于古代传说，其事迹是“教民钻木取火”，“燧”字表示取火工具，现代一般指燧石，互相摩擦可以击出火星。从考古材料发现，山顶洞人已经懂得人工取火。火在人类的生活中至关重要，这一技术的发明，使人们不再依赖天然火取得火种，随时可以吃到烧熟的东西，食物的品种也增加了。燧人氏结束了远古人类茹毛饮血的历史，开创了华夏文明的新纪元，被尊为“燧皇”，奉为“火祖”。

**3. 伏羲氏——我们都是“龙”的传人**

伏羲，华夏民族人文先始，中国最早的王，中国医药鼻祖之一。相传伏羲人首蛇身，与女娲兄妹相婚，生儿育女，他根据天地万物的变化，发明创造了占卜八卦，创造文字，结束了“结绳记事”的历史。他变革婚姻习俗，倡导男聘女嫁的婚俗礼节，使血缘婚改为族外婚，结束了长期以来，子女只知其母不知其父的原始群婚状态。他又结绳为网，用来捕鸟打猎，并教会了人们渔猎的方法，还发明了瑟，创作了曲子。伏羲创立了中华民族的统一图腾“龙”，龙的传人即由此而来。伏羲称王111年以后去世，留下了大量关于伏羲的神话传说。

**4. 女娲氏——我们的“母亲”**

女娲，中国上古神话中的创世女神，又称娲皇、女阴，史记女娲氏，是华夏民族人文先始，是福佑社稷之正神。相传女娲以黄泥仿照自己造人，创造人类社会并建立婚姻制度。因世间天塌地陷，于是熔彩石以补苍天，斩鳌足以立四极，留下了女娲补天的神话传说。女娲不但是补天救世的英雄和造人的女神，还是一个创造万物的自然之神，神通广大化生万物，每天至少能创造出七十样东西，因此被称为大地之母，是被民间广泛而又长久崇拜的创世神和始母神。

**5. 神农氏——我们有“药”治病了**

神农氏，五氏的最后一位神，出生在烈山的一个石洞里，传说他牛头人身，是勤劳、勇敢、睿智的部落首领。神农氏被誉为中华民族之祖、农业之祖、医药之祖、商贸之祖、音乐之祖等，对中华文明有不可磨灭的巨大贡献，被后世尊称为“三皇”之一。由于他的部落——炎族居住在炎热的南方，也被称为炎帝。

原始社会
人物传说

## 二、农业文明——文明在改造自然中继承和发展

距今约1万年前，人类学会了用火及制作工具，因此在自然界中生存的能力逐步增强，分工合作的作用也日益显现。于是，种植、养殖、放牧和加工活动逐渐成为人类的主要生产方式，“逐水草而居”“聚族而居”逐渐成为人群的基本生活方式，即农业社会。在此阶段，人类面对自然的态度由敬畏自然转变为自然为我所用，把提供生存必需品的自然资源变成生存必需品的劳动力财富。为了生存，人类逐渐增强了对财富“积累”重要性的认识，在这些观念的支配下，不同人群之间争夺土地和劳动力的战争不断发生。为了战争的胜利，各个人群内部的生存方式和观念不断地发生改变，这个时期称为农业文明时代。

### (一) 农业文明与农业文化

农业文明是由农民在长期农业生产中形成的一种适应农业生产、生活需要的国家制度、礼俗制度、文化教育等的文化合集。农业文明使自然界的人化过程进一步发展，代表性的成就是青铜器、铁器、陶器、文字、造纸、印刷术等等。主要的物质生活是农耕和畜牧，人类不再依赖自然界提供的现成食物，而是通过创造适当的条件，使自己所需要的植物和动物得到生长和繁衍，甚至改变其某些属性和习性。人类对自然力的利用已经扩大到若干可再生能源，如畜力、风力、水力等等，加上各种金属工具的使用，人类改造自然的能力大大增强。农业文明时代人类有了用文字记载的历史，并能用文字记录人类获取的自然知识，使其在空间和时间上便于传播。农业社会还出现了体脑分工，有了专门的“劳心

者”，从而提高了人类的精神生产能力。

在农业文明时期，一方面人改造自然的能力有限，所以仍然肯定自然对人的主宰作用，主张尊天敬神；另一方面，随着主体的能动性和自信心的增强，人们已经把人提升到高于其他万物的地位，中国儒家学者认为“惟天地，万物父母。惟人，万物之灵。”在西方，古希腊的普罗泰哥拉提出“人是万物的尺度”，苏格拉底宣称“思维的人是万物的尺度”。他们强调人的地位，从而加快了人本主义的萌芽。

### (二)世界著名农业起源中心

世界独立的农业起源中心主要包括中东(现伊拉克—伊朗一带)、中美洲中心、南美洲中心、中国(黄河流域、长江流域)。这些文明大多起源于大河流域，有充沛的水源，周边有森林或草原。

#### 1. 中东：古巴比伦文明

公元前3500年的美索不达米亚地区，即今天的伊拉克境内，底格里斯河和幼发拉底河缓缓流过，丰富的水源孕育了人类历史最早的文明——古巴比伦文明。公元前2006年，阿摩利人颠覆了乌尔第王朝，建立了巴比伦王国。公元前18世纪初，汉谟拉比继位，在他的领导下，巴比伦王国统一了两河流域，颁布了《汉谟拉比法典》，是世界上迄今发现的古代第一部比较完整的成文法典。巴比伦古城废墟和巴比伦“空中花园”遗迹被列为世界奇观。古巴比伦是人们已知的历史最悠久的古代东方国家之一，两河流域土地肥沃，水源丰富，很适宜于农业生产，古巴比伦人早早地便开始疏导洪水来灌溉良田。作为两河流域的始祖，当时的人们创造了无数史诗、神话、药典、农人历书，但随后，古巴比伦却变成了一堆废墟。至于衰落的原因，恩格斯在《自然辩证法》中指出：“他们把森林砍完了，水分积蓄和储存的中心也不存在了，那么最终枯竭了，农业失败了，这个文明也就毁了。”古巴比伦由于城市发展，人口增加，导致对耕地和木材的需求增大，于是开荒伐林，改森林为农田。森林被砍伐后无法保持水土，土地沙化、水土流失等问题逐渐严重，农田不足造成了粮食不足，粮食不足又造成了国家的内乱，给了周边蛮族可乘之机，最终古巴比伦文明走向衰亡。

#### 2. 中美洲中心：玛雅文明

公元前16世纪至公元前15世纪，在墨西哥南部，出现了非常灿烂的玛雅文明(因印第安玛雅人而得名)，是美洲印第安玛雅人在与亚、非、欧古代文明不互通的条件下，独立创造的伟大文明。虽然处于新石器时代，玛雅文明在天文学、数学、农业、艺术及文字等方面都有极高成就，与印加帝国及阿兹特克帝国并列为美洲三大文明。作为世界上唯一一个诞生于热带丛林而不是大河流域的古代文明，玛雅文明奇迹般地崛起，又神秘地消失。公元8世纪，玛雅人放弃了高度发达的文明，大举迁移，繁华的大城市变得荒芜。玛雅文明一夜之间消失于美洲的热带丛林中。16世纪时，玛雅文化的传承者阿兹特克帝国被西班牙帝国消灭。

玛雅人为何要放弃已建好的各个城市？又为何一夜间消失？究其原因，众说纷纭，但可以确定的是，玛雅帝国的生存环境日益恶化，战争、人祭和环境破坏则是环境恶化的主要原因。玉米是当地的主要经济作物。玛雅人采取最原始的刀耕火种法来种植玉米。为了获取充足的食物，玛雅人砍伐大片丛林，砍伐后的草木就地晒干，点火焚烧。每耕种一次，休耕1~3年，等草木茂盛，再度放火耕种，依次循环，这样的耕种方法导致大量原始丛林被砍伐，土壤高度酸碱化，水土流失严重。与此同时，城市规模不断扩大，加工制造业随之兴起，对自然资源的攫取程度加剧，生态失衡严重。自然生态平衡一旦破坏，人类生活将会遭遇毁灭性打击。作为人类历史上一颗璀璨而神秘的明珠，玛雅文明昙花一现，留给后人无尽的谜团。

**3. 南美洲中心：印加文明**

15 世纪起，在南美洲今秘鲁和玻利维亚地带，古印加文明日益强盛。马丘比丘古城、库斯科太阳神庙、萨克萨瓦曼古堡等一个个遗址，折射了印加帝国当年的辉煌。印加人精于农业，他们培植了 40 多种农作物，以玉米和马铃薯为主要粮食作物，随后这些作物由印加传到了其他大陆。除此以外，印加人的采矿冶金、建筑工程、驿道交通、纺织技术、医药知识也都达到较高的水平，他们很早就掌握了冶炼青铜技术，用铜、金、银、锡、铅等制造各种精美的器皿和装饰品，陶盆和陶罐上雕有各种美观的图案。医药学方面印加人的成就也令人惊叹，他们的外科手术，特别是穿颅术，在当时居于世界先进行列。但由于自然环境的闭塞性和商品贸易的不发达，使印加文明不仅与欧亚大陆文明基本隔绝，更是长期处于没有铁器、没有牛马、没有车轮的“三无”世界，也没有形成玛雅文明的书面文字和书写数字系统。文化发展的这种封闭性导致了印加文明始终未能超越地域文明的明显局限，16 世纪初由于内乱日趋衰落，1532 年被西班牙殖民者灭亡。

**4. 中国：华夏文明**

华夏文明，又称中华文明，是以诗、书、礼、乐、易、春秋为文明源泉的世界上最古老的文明之一，也是世界上持续时间最长的文明，更是人类历史上唯一没有中断的文明。相传在大约五千年前，黄河流域中下游一带的华山与夏水之间分布着许多部落，例如，炎帝部落、黄帝部落等。炎、黄两部落融合成了“华夏”，即为“炎黄子孙”。华夏文明的思想核心是神道设教、礼乐教化，严华夷之辨，推崇仁、义、礼、智、信，历经千年，虽然曾经战乱频繁，但中华文明之光始终照耀华夏大地，积累了浩如烟海的历史文献资料以及大量的器物、遗迹、遗址等。

黄河流域是华夏文明的摇篮，从旧石器时代开始，黄河流域已有人类活动。但与其他文明一样，人口压力使黄河文明的外延和内涵都有许多变化，并引出了严重的生态危机。但我华夏民族祖先高度重视生态环境保护，例如，春秋战国时期，一些政治家和学者就已经把生态问题与国家政治联系在一起了。孟子说：“谷与鱼鳖不可胜食，林木不可胜用，是使民养生丧死无憾也。养生丧死无憾，王道之始也。”古人把保护生态环境、使百姓有充足的衣食之源，看作称雄天下、实现王道政治的头等大事。由此可见，之所以华夏文明没有中断，就是因为中华民族一直以来都懂得“顺天时、量地力、则用力少而成功多”。

## 三、工业文明——利用科技力量掌控自然的跨越式文明

### （一）工业文明时代特征

工业文明是指工业社会文明，是以工业化为重要标志，机械化大生产占主导地位的一种现代社会文明状态。工业文明贯穿着劳动方式最优化、劳动分工精细化、劳动节奏同步化、劳动组织集中化、生产规模化和经济集权化六大基本原则，主要特点大致表现为工业化、城市化、法制化与民主化、社会阶层流动性增强、教育普及、消息传递加速、非农业人口比例大幅度增长、经济持续增长等。

18 世纪中叶，英国人瓦特改良蒸汽机之后，一系列技术革命使手工劳动向动力机器生产转变引起了社会结构和东西方关系变化，对世界历史进程产生了重大影响。这不仅是一次技术改革，更是一场深刻的社会变革，推动了经济领域、政治领域、思想领域等诸多方面的变革。

19 世纪，随着资本主义经济的发展，自然科学研究取得重大进展，由此产生的各种新技术、新发明层出不穷，并被应用于各种工业生产领域，促进了经济的进一步发展，随着发电机、电动机的相继发明，远距离输电技术的出现，电气工业迅速发展，电力在生产和生活中得到广泛运用，人类进入了电气时代，第二次工业革命蓬勃兴起。在这一时期，人类工业重心由轻纺工业转为重工业，出现了电气、化学、石油等新兴工业部门，一些发达资本主义国家的工业总产值超过了农业总产值，人们开始从煤炭中提炼氨、苯、人造燃料等化学产品，塑料、绝缘物质、人造纤维、无烟火药等也相继发明并投入生产和使用，原有的工业部门如冶金、造船、机器制造以及交通运输、电信等部门的技术革新加速进行。

第三次工业革命是人类文明史上继蒸汽技术革命和电力技术革命之后科技领域里的又一次重大飞跃。这次革命实际上是一场以原子能、电子计算机、空间技术和生物工程的发明和应用为主要标志，涉及信息技术、新能源技术、新材料技术、生物技术、空间技术和海洋技术等诸多领域的信息控制技术革命。第三次工业革命不仅极大地推动了人类社会经济、政治、文化领域的变革，还深深地影响了人类生活方式和思维方式，人类的衣、食、住、行、用均发生了重大变革。

第四次工业革命，是以互联网产业化、工业智能化、工业一体化为代表，以人工智能、清洁能源、无人控制技术、量子信息技术、虚拟现实为主的全新技术革命。

工业革命是人类社会的巨大飞跃，以此为基础所建立起来的工业文明终结了延续千年的传统农业文明，从根本上促进了社会生产力的发展，创造了巨大的物质财富，还带来了科技方面的快速进步、经济社会结构的深刻变革、人类生存方式转变等一系列变化。

**(二)工业文明反思**

工业革命与科学技术的迅猛发展，给人类生活带来了巨大变化，机器工厂取代了手工制作，人口开始不断向城市转移，特别是在工业革命初期，欧美国家的生产力大幅度提高，资本主义经济、军事和政治实力得到空前发展，于是资产阶级开始抢占商品市场，大肆掠夺原料产地，直接向殖民地或半殖民地输出资本，开办企业，利用廉价劳动力来谋取高额利润，世界经济格局被彻底改变，工业资产阶级与工业无产阶级形成，新的社会问题不断产生，如贫富分化、城市人口膨胀等，而最严重的影响当属环境污染。

18 世纪工业革命以来，随着人类开发利用自然资源的能力不断提高，人类片面地把自然当作征服的对象，对自然资源进行无节制的开采，燃料消耗急剧增加，地下矿藏被大量开采和冶炼。潘岳指出，整个 20 世纪，人类消耗了约 $1420 \times 10^8$ t 石油、$2650 \times 10^8$ t 煤、$380 \times 10^8$ t 铁、$7.6 \times 10^8$ t 铝、$4.8 \times 10^8$ t 铜。占世界人口 15% 的工业发达国家，消费了全球 56% 的石油、60% 以上的天然气及 50% 以上的重要矿产资源。同时，工农业中大量农药、化肥和化学品被使用，造成了大量生产性废弃物(废水、废气、废渣)及生活性废弃物不断进入环境，严重污染了大气、水、土壤等自然环境，使正常的生态环境遭受破坏，如气候变暖、臭氧层破坏、森林破坏与生物多样性减少、大气及酸雨污染、土地荒漠化、国际水域及海洋污染等。全球性的环境污染现象与生态危机不断出现，对人类产生了直接的威胁。

近100多年来，世界范围内已发生许多环境污染造成的严重公害事件，如英国伦敦煤烟型烟雾事件、美国洛杉矶光化学烟雾事件、日本水俣湾的慢性甲基汞中毒(水俣病)等，人类开始意识到地球的资源是有限的。但是工业文明还要不断发展，许多资源还在不断开采，众多环境危机一时难以改变，许多国家采用了“先污染、后治理”的办法，又称“末端治理”。这种污染治理模式有着严重的弊端，即把人类放在了自然之前，认为保障人类的经济效益是首要任务，导致环境污染依旧日趋严重、资源依旧日趋短缺。许多西方发达国家认识到了这个问题，如果不改变长期沿用的大量消耗资源和能源来推动经济增长的传统模式，是不能从根本上解决环境问题的，因此必须寻找污染的根源，从生产根源避免产生污染，做到清洁生产，使工业生产和保护环境同步进行。

### 四、生态文明——撑起美丽中国梦

工业文明对大自然近乎疯狂的掠夺与破坏恶化了人类生活环境，引发了人类对人与自然关系问题的深刻反思，人类开始重新认识环境问题，生态文明及生态文明建设这一命题应运而生。生态文明是人类对传统文明形态特别是工业文明进行深刻反思的成果，是人类文明形态和文明发展理念、道路和模式的重大进步，是人类遵循人、自然、社会和谐发展这一客观规律而取得的物质与精神成果的总和，是以人与自然、人与人、人与社会和谐共生、良性循环、全面发展、持续繁荣为基本宗旨的社会形态。

至此，人类文明走过了4个阶段，在不同文明形态下人与自然关系各有不同特点。原始文明时代，人们借助粗陋的石器为生产工具进行物质生产活动，人类匍匐在自然的脚下，敬畏自然、依赖自然。在这一过程中也会产生生态破坏现象，但是这些并不严重的破坏问题会在地球生物圈的自我修复能力中达到生态平衡。可以说原始文明时代是人类认识自然、缓慢适应自然的过程，这种人类与生物、环境之间自然有序的协同进化关系，其实便是原始的“绿色文明”。农业文明时代，随着铁器的出现，生产工具和技术的进步，人类利用和改造自然的能力产生了质的飞跃，相应的生态问题日渐显现。由于农业过度开发致使人类文明衰落的变故屡见不鲜。工业文明时代，人类以自然的“征服者”自居，社会生产虽然空前发展，但对自然的超限度开发造成了巨大的环境危机。随着工业文明带来的种种问题，人类遭遇到前所未有的生存与发展危机，生态文明时代应运而生。习近平总书记指出，走向生态文明新时代，建设美丽中国，是实现中华民族伟大复兴中国梦的重要内容。中国走生态文明之路，是历史的选择，也是中国发展的必然，中国的生态文明建设将迎来空前的历史机遇。

## 第二节　生态文明概述

习近平总书记曾说，人的命脉在田，田的命脉在水，水的命脉在山，山的命脉在土，土的命脉在树，山水林田湖草是一个生命共同体。绿水青山就是金山银山，党的十八大报告中指出，要把生态文明建设融入经济建设、政治建设、文化建设和社会建设各个方面和全过程，建设美丽中国。

## 一、生态文明的概念与思想基础

### (一) 生态文明的概念

生态文明是以人与自然、人与人、人与社会和谐共生、良性循环、全面发展、持续繁荣为基本宗旨的社会形态。生态文明中的“生态”指的是在一定的生长环境下，生物为了生存与发展，相互间关联、依存的状态。人类作为自然发展的产物，也是生物圈的自然组成部分，为了更好地生存与繁衍，人类以群居方式生活，以自身的劳动发展自己，逐渐形成人类特有的思维能力与主观能动性，并通过发展思维与主观能动性，提升自己行为能力，使人类逐渐走上当前世界生物金字塔的最顶层。生态文明中的“文明”对应“野蛮”，指的是开化、进步、美好的人类行为。在政治层面，特指人类整体的进步状态；在社会层面，指的是人类改造世界的物质与精神成果的总和，是人类社会发展程度和社会进步的标志。也可以说，文明是人类在认识世界和改造世界的过程中所逐步形成的思想观念以及不断进化的人类本性的具体体现。

广义的生态文明指的是人类在充分认识自然、尊重自然的基础上，在开发利用自然的过程中，在构建人与自然和谐统一的进程中，所取得全部文明成果的综合。生态文明是社会发展到一定阶段的必然产物，是继工业文明之后更高的文明形态，其前提是人与自然和谐共生。除了保护，生态文明还需要创造和推动，在保护生态环境的同时要创造性地利用自然，以积极的态度对待自然，而不是简单地为保护自然而消极发展。

### (二) 生态文明思想基础

生态文明理论的产生是一个辩证发展的历史过程，是对以往生态思想的继承发展与创新。我国生态文明理论借鉴了中国古代哲学中蕴含的生态思想萌芽、马克思主义生态思想及西方环境哲学等的生态思想，并与中国的具体实际相结合，立足于中国乃至整个人类社会来解决社会发展与生态环境之间的矛盾。

#### 1. 中国传统文化的生态思想

中国传统文化源远流长、博大精深，古人的优秀智慧代代传承，汇聚成了中华文化，这其中就包含了丰富的生态思想，也是最早的生态文明思想。中国传统文化中，虽没有“生态”“生态文明”的概念，但是古人的实际行动已经证明了中华民族拥有着内涵深刻且意义深远的生态思想，特别是儒、道二家提出了一系列热爱自然、尊重自然和保护自然的思想主张，为我国生态文明建设提供了丰富的思想基础，成为我国生态文明发展的文化支撑，具有深远的理论意义和现实意义。

(1) 中国传统文化中生态文明观的哲学基础

人与自然的关系是现代环境伦理学主要思考的问题，也是中国传统哲学一个根本问题。中国传统伦理的环境和谐观就是建立在天人关系，即人与自然关系的认识基础之上的。天人和谐思想是中国哲学的基本精神，古人眼里的“天”即自然，而“天人和谐”就是人与自然的共生。在中国传统文化中关于人与自然和谐的内容颇丰，古人对于人与自然的和谐有着深刻的见地。

①儒家“天人合一”生态文明思想

儒家倡导“天人合一”，认为人与自然是一个不可分割的整体，儒家对“天人合一”哲学作出了最重要的贡献。天，即自然意义上的天和神圣意义上的天，儒家主张人类既要知天，也要畏天，人活在世，皆为天意，人类活动要顺应天意，这包含着深刻的人与自然和谐相处的生态思想。

孔子在《易传》中说："昔者圣人之作易也，将以顺性命之理。是以立天之道，曰阴与阳；立地之道，曰柔与刚；立人之道，曰仁与义"，世界是"人与天地参"。"参(三，即叁)"表示天、地、人三者有机统一和谐发展；《孟子·万章下》说："天之生斯民也矣"，肯定了人是天所生；《礼记·郊特牲》说："天地合，而后万物兴焉"，肯定了人是天地所产生的。孔孟关于天人关系的思想后来便发展为"天人合一"说；与孔孟不同，荀子提出"天行有常，不为尧存，不为桀亡"的著名命题，认为自然界有其客观的必然规律，与人间的治乱祸福并无联系。"天有其时，地有其财，人有其治"。"天"与"人"各有自己的功能和作用，阴阳变化，四时交替，这是天的职分，人不应也无法干预；相反，修身治国则是人的职分。"人"不能依赖于"天"，不能与"天"争职，去干预客观的不以人的意志为转移的客观规律，但是，人应该充分发挥自己的能动作用，完成自己应有的职责。荀子的"制天命而用之"的改造自然的主张，与马克思主义思想不谋而合；汉代思想家董仲舒认为"天地人，万物之本也。天生之，地养之，人成之。天生之以孝悌，地养之以衣食，人成之以礼乐。三者相为手足，合以成体，不可一无也"，将"天人合一"这一概念发展为"天人合一"的哲学思想体系，并由此构建了中华民族传统文化的主体。

"天人合一"是中国哲学的基本精神，也是中国哲学异于西方的最显著特征，意蕴深远。儒家的"天人合一"思想，明确了人类与自然界相互统一，人与自然界不可分割，天地是万物的根源，人是天地自然变化的结果，大自然才是人类生命的源泉。

②道家"道法自然"生态文明思想

中国道家历来重视生态文明，以自然主义为取向，使人们对生命有所敬畏。道家倡导"道法自然"，《老子》第四十二章中提出，"道生一，一生二，二生三，三生万物"，而"道"产生万物是一个由于自身内在矛盾而出现的自然而然的过程。"人法地，地法天，天法道，道法自然"，"道"是万物的根本，即自然界的客观规律，人要效法于天地。道家思想创始人老子认为所谓得道，就是领悟到世间万物都是矛盾统一的，人与自然万物是一个整体，不分彼此；庄子认为，物我合一，充分肯定人与自然之间的共性，崇尚人物合一，这对后世造成了深远影响。

道教思想理论特色在于倡导修德养性，追求一种海纳百川而容藏万有、处于低下而利育万物、知足守道而不争先的境界。在生活方式上提倡宁静恬淡、素朴归真，在行为方式上力求虚怀若谷、柔弱不争。道家思想涵盖众多领域，涉及人际关系和生态的关系，特别是生态文明观念，强调要爱自然，尊重自然，尊重生命，保护自然生态系统，具有很强的现实意义。

③佛家"众生平等"生态文明思想

佛教在中国传统文化中占据独特地位，其追求众生平等的生命关怀智慧也是中国传统生态伦理道德中的一个重要的组成部分。佛家强调众生平等，揭示出人与自然环境内在具有一致性与系统性，倡导人类要以一种积极主动的方式去关爱自然，关爱万物。此外，佛教也主张"极乐净土、心神俱静"的理想境界，追求心灵环保，这样尊重自然的人文关怀对于当今生态文明建设具有一定的借鉴意义。

(2)中国传统文化中生态文明观的基本内容

中国古代哲学家们在当时的社会条件下，开始认识到人类生活同自然环境的依赖关系，重视对自然资源的保护、开发和使用，体现在对山林资源、动物资源、水资源以及土地资源的永续利用和保护上。

①对待山林资源的生态观：保护森林资源的持续存在和永续利用

孟子说："不违农时，谷不可胜食也；数罟不入洿池，鱼鳖不可胜食也；斧斤以时进入山林，材木不可胜用也。谷与鱼鳖不可胜食，材木不可胜用，是使民养生丧死无憾也。养生丧死无憾，王道之始也。"讲的是人们应该顺应自然万物的生长规律；《庄子·天地》中提出"爱人利物之谓人"，意思是人类既要利用自然的资源，又要保护自然，更新自然资源，达到持续发展永续利用的目的，这才是真正的道德；《老子》第十六章提出："夫物芸芸，各复归于其根，归根曰静，静曰复命。复命曰常，知常曰明。不知常，妄作凶。"指的是宇宙间万事万物都有自己的常规，倘若用外力或人为去促使它们运动变化，势必会打破自然的平衡，造成"云气不待族而雨，草木不待黄而落，日月之光益以荒矣"的灾难性后果，造成"灾及草木，祸及止虫"的生态危机；《庄子·渔父》中提出"且道者，万物之所由也，庶物失之者死，得之者生。为事逆之则败，顺之则成。故道之所在，圣人尊之"。指的是遵循自然规律许多事就会顺畅通达，而违背规律便会自取其辱。这种思想与现代环境伦理学的观点异曲同工，不谋而合。

②对待动物资源的生态观：心存仁爱，不可滥捕滥杀

我国古代已形成了一些具有动物资源保护法意义的禁令。秦朝《田律》明确规定，"春二月，毋敢伐材木山林及雍堤水。不夏月，毋敢夜草为灰，取生荔麛卵谷，毋毒鱼鳖，置井罔，到七月而纵之。"这些规定对保护动物资源起了很好的作用。在此基础上，《论语·述而》提出"钓而不纲，弋不射宿"，提倡大家在猎取动物时不要对其赶尽杀绝，只有这样后代才能衣食无忧地生活。儒家认为，保护动物资源的持续存在和永续利用，是人类保护动物资源的出发点，是中国古代关于保护动物资源的典型主张。

③对待水资源的生态观：相助相养，合理保护水资源

儒家认为，水是人类生活重要的资源，人类离不开水，这是人们保护水资源的根本出发点。在对待水资源的问题上，儒家形成了两个具体的主张，一是"往来井井"，在儒家看来，井是公用的设施，来来往往的人都可以使用它，不能为一人一己所独霸。因此，汲上水后，"井收勿幕，有孚元吉"，不能把井封得过死，好让他人随意取水，只有这样，大家才能和睦相处，共同发展，有诚心才能事事顺利。二是"涣其群"。水资源是自然界原本就存在的，并非专属一家一姓，应该为大家所共享，这样才能使人与人、人与水融为一体，遇事才可大吉大利。儒家禁止人们互相掠夺资源，不允许为了争夺资源而混战、格斗，否则将绳之以法，以法律手段维护资源的共享性。

④对待土地资源的生态观：得地则生，失地则死

土地问题自古以来就是中国社会一个非常重要的问题。儒家主张，维持土地的使用价值，使其能够为人类永续利用，是人们保护土地资源的根本出发点。儒家认识到土地具有重要的生态功能和资源价值。"万物姿生，以顺承天"，"生"是土地最重要的品格；"坤厚载物，德合无疆"，"载"是土地另一个重要品格；"坤也者，地也，万物皆致养焉，故曰，致役乎坤"，"养"是土地最基本的属性，生物要从土地中获取自己生命所必需的营养。由

此，儒家描绘了一幅土地生、藏、养万物的生态画面。道家也看到了大地孕育着自然万物，老子认为，宇宙中有“四大”，即“道大，天大，地大，人亦大”，人被大地所养育和承载，应当以大地为法则，效法大地，即“人法地”。只有遵循自然法则而行为，才能够使自己合乎自然的要求，为自然界所接纳和认可。

**2. 西方环境哲学的生态文明思想**

随着工业革命的推进与发展，机器的大批量生产以及现代城市的快速演进，人与自然关系逐渐紧张甚至濒临崩溃边缘，特别是在工业文明时期，西方发达国家的环境问题日益突出，引起了许多专家和学者的反思，并从观念、制度等方面提出了许多对推动生态文明发展有价值的思想，具有一定的借鉴意义，其中有两种代表思想，一种是“人类中心论”，另一种是“非人类中心论”，二者共同点是都指出了产生生态危机的主要原因是人类社会以自我为中心，为了自身利益不顾其他。

(1)西方生态伦理学

西方生态伦理学的主流是人类中心主义，生态伦理的思想是西方国家在保护环境的实际运动中总结出来的经验的产物，是人类在自然生态的实际活动中蕴藏着人与自然的关系，将人与环境关系的思想和生态学思想融入伦理学，构建人的生态伦理道德和生态模式，目的是从道德和精神上为人与自然关系寻求契合点，实现人与自然的和谐平等。其主要观点就是自然具有支撑人类生存与发展的工具属性，自然还具有自身内在独有的价值，主张将生态关怀惠及世界。这不仅凸显了人的内在的道德情感，也是对自然固有的主体权力和客观自在性地位的认同与尊重。生态伦理学指出人类之所以会重视自然，之所以会想要解决生态危机这样棘手的问题，主要是因为人与人之间存在着相互的责任感，人类要为自己的子孙后代考虑，要为人类社会的永续考虑。生态伦理的核心由人类中心主义变成自然中心主义生态伦理观，强调人与自然之间的关系问题，引导人们通过放弃人类的主体地位来求得人与自然的和谐发展。

(2)西方生态马克思主义

西方马克思主义生态学者认为自然为人类的发展提供了物质基础，人类当前对自然的破坏所引发的生态危机，实质是人与自然关系的异化。例如，莱斯从资本主义制度下形成的人类中心主义角度分析生态危机产生的原因是资本主义掩盖了自然与人的关系，将这种生产方式与人的主宰地位相互结合起来，自然成为人类征服的对象。马克思主义理论认为应让西方世界彻底贯彻社会主义制度，这是在将西方生态运动和社会主义思潮相结合的实践中产生的观点。生态马克思主义认为资本主义制度是造成全球性生态危机的根本原因，要想摆脱生态环境危机，就必须超越传统工业文明的逻辑，改变资本主义国家一些丑陋的做法，用生态理性取代经济理性。只有这样，未来社会才将会变成一个经济效率、社会公正、生态和谐统一的新型社会，从而完成人类文明史上的一场质的变革。

(3)西方绿色思潮与环境主义

20 世纪初，西方学者通过对长期以来主导人类社会的物质文明的分析，进行了深刻反思，在一些发达的资本主义国家兴起了一场绿色思潮和生态运动。绿色思潮的主旨是以环境改善为目的来改变现状。目前全球环境所面对的总体情况是发展经济时对环境造成了破坏，致使环境恶化陷入生态危机，而绿色潮流的目的是将其在危机中实现转变，从而更好地改善生态环境。在这种绿色思潮的推动下，生态被引进社会物质文化生活的各个领域，也分成了各个派别，例如，“红色绿党”“绿色绿党”分别代表社会主义与无政府主义、人类中心主义与生态中心主义、激进主义与改良主义。这种绿色思潮在全球化的背景下滋生出了一些道德规范和准则，主要包括人与人、人与自然关系的道德规范、人对待生态环境的道德规范和准则、协调人与自然及人与人关系的准则、人道主义的伦理原则和道德规范等。

**3. 马克思主义的生态思想**

在马克思主义理论体系中，包含着深刻的生态思想，主要有以下几方面的内容。

(1)人与自然的辩证关系

马克思坚持唯物主义观点，即自然是优先于人类存在的。马克思认为，自然是人的身体，人类的肉、血和头脑都属于自然界。自然界在人类社会产生之前就已存在，是人类赖以生存和发展的基础，人类要生存所必需的生产和生活资料必须靠自然界获取。没有自然界的给予，就不会有人类的存在。另外，人与自然又是相互独立的两个范畴，自然界有自身存在和发展的内在规律，这种规律是运动变化的，不以人的意志为转移，不能被创造，不能被消灭。因此，人类要想生存，必须要服从自然界客观规律。但是人类与其他动物又不相同，人类有主观能动性，可以有目的、有计划在自然界的承受范围内对自然界进行改造，但一切生产实践活动都必须基于对自然界固有规律的遵循，只有这样，人类社会才可以持续，若人类的社会生产实践过分地干预了自然活动，甚至破坏了自然环境，自然界就会失去平衡，进而威胁人类本身的生存和发展，这就需要人与自然和谐发展，协调共存。正如马克思所说：“任何不以伟大的自然规律为依据的人类计划，只会带来灾难”。

综上所述，马克思揭示了自然界和人类的关系，二者密不可分，相互依赖、相辅相成。自然界孕育了人类社会，人类在发挥自己的主观能动性和改造自然的同时，必须依赖自然、尊重自然，将自然界的内在规律与人类的主观能动性统一起来，最终实现人与自然的和谐发展。

(2)劳动将人与自然牢固建立在一起

人作为高级动物，为满足生活生产需要，对自然界有很大的需求。那么，人类通过何种中介将自身与自然界联系起来呢？在马克思主义看来，劳动“是制造使用价值的有目的的活动，是为了人类的需要而对自然物的占有，是人和自然之间的物质变换的一般条件，是人类生活的永恒的自然条件，因此，它不以人类生活的任何形式为转移，倒不如说，它为人类生活的一切社会形式所共有”。马克思发现了将人类与自然联系起来的中介，即人的劳动。人类通过劳动与自然之间进行着物质变换，劳动引起了人类和自然界的新进化。通过劳动作为中介，人与自然的关系具有了社会性。

(3)人与自然异化的自然思想

马克思所理解的自然其实不仅是自在的自然，而且是人化的自然。“所谓人化自然，是指以纳入人的认识和实践领域、打上人的‘印记’并成为人类社会存在和发展直接物质基础的那部分自然界”。马克思所说的自然必须有人类的参与，是经过人类生产生活中改造的自然。在自然的形成和发展中，人类起到了很大的作用。伴随人类改造自然活动的加剧，自然界发生了一系列变化，例如，生态危机的产生。生态危机的根源是资本主义制度，资本主义的发展带来了人与自然、人与人之间关系的异化。资产阶级为了扩大再生产、获取剩余价值，尽可能地刺激消费，造成生产和消费的迅速膨胀，造成资源破坏和滥用，进而引发生态环境问题。由于生态系统的有限性与扩大再生产的无限性之间的矛盾，当生产资料无法获取时，人们的社会生产和生态环境也将面临巨大的危机。生物学家阿格尔根据马克思异化劳动的实现形式，提出了“消灭异化消费”和“期望破灭”理论，主张建立社会主义经济模式。

(4)人与自然的和谐走向

“人与自然”和“人与人”这两大关系在马克思看来，最初的形式上和最基本的形态上是统一的。马克思在《1844 年经济学哲学手稿》中指出，“共产主义，是人与自然界之间、人与人之间矛盾的真正解决”。也就是说，共产主义社会才能最终实现人与自然的和解及人类本身的和解。马克思、恩格斯认为，要实现人与自然的和解，必须具备两个条件，即生产力巨大增长和高度发展、伴随生产力高度发展而产生的交往的普遍化、世界化，而这二者只有共产主义才能满足。共产主义社会，生产力高度发达，人类认识自然和改造自然的能力得到大幅提高，人类能够自觉运用自然规律，人与自然和解成为可能，从而为人类本身的和解奠定了良好的根基。因此，马克思的结论是，共产主义社会是人类最大程度的自由，社会全面发展，人与自然进行正常的物质交换，人在尊重自然规律的同时改造自然，使自然朝着人类需要发展的方向发展。与此同时，在共产主义社会中，人与自然的关系在观念上也发生了重大的变化，人类与自然和谐相处成为共识。

**(三)中国生态文明建设历程**

生态文明是一个极富中国特色的概念，它是中国共产党领导和带领中国人民探索可持续发展的一个创新理念和创新道路，又是基于对中华传统文化中的生态智慧的继承和发扬。中华人民共和国成立以后，中国共产党在带领全国各族人民进行社会主义现代化建设的实践中不断深化对人与自然关系的认识，探索并提出了一系列关于统筹人与自然关系的生态理论和观点，逐渐形成了对生态文明建设的科学认知和系统认识，丰富完善了马克思主义生态观的思想内涵。以时间轴为划分依据，中国生态文明建设共走过以下几个阶段：

1. **第一阶段**(1949—1972 年)

中华人民共和国成立初期，中央政府便关注生态环保问题。以毛泽东同志为核心的党的第一代领导集体有针对性地提出了一些保护生态环境的主张，拉开了我国生态文明建设的序幕。毛泽东向全党提出“植树造林”“绿化祖国”“实现大地园林化”的号召。虽然中国共产党在生态环境建设方面进行了初步探索，但鉴于当时的首要任务还是发展生产力，对生态文明建设的认知具有一定的局限性。虽然有些城镇生活区、水源保护区、风景游览区被污染，不少名胜古迹及自然保护区被破坏。但我国在实际工作中采取了一些保护环境的措施，如修建许多农田基础设施，疏浚京杭大运河、兴建大中型水库等工作。期间，我国对生态环境管理和建设处于早期探索阶段，缺少专设的环保机构，缺乏明确的环保目标和任务，更没有一个以环境保护为主题的法律，生态环境管理和建设成效甚微。

2. **第二阶段**(1972—1978 年)

1972—1978 年，从治理传统工业环境污染、整治局部地区生态环境破坏起步，中国政府开始探索避免走西方工业化国家“先污染后治理”的环境保护道路，开展了环境保护各方面的工作，为新时期的环境保护工作奠定了基础(表 1-1)。

表 1-1　第二阶段(1972—1978 年)

| 时间 | 事件 | 成果 |
|---|---|---|
| 1972 年 6 月 | 首届全球性环境会议 | 通过《联合国人类环境会议宣言》和《行动计划》，将 6 月 5 日定为世界环境日，中国成立国务院环境保护领导小组筹备办公室 |
| 1973 年 8 月 | 第一届全国环境会议在北京召开 | 会议提出了“全面规划、合理布局、综合利用、化害为利、依靠群众、大家动手、保护环境、造福人民”的 32 字环境保护工作方针，成为中华人民共和国环境保护立法的起点 |
| 1973 年 11 月 | 国家计委、国家建委、卫生部联合颁布了《工业“三废”排放试行标准》 | 我国历史上第一个环境保护标准 |
| 1974 年 10 月 | 国务院成立环境保护领导小组 | 中国环境保护机构初步成立 |
| 1975—1978 年 | 国务院共建立了 34 个自然保护区 | 环保理念从无到有，环保实践以末端治理为主，开展对各种点源污染治理 |

### 3. 第三阶段(1978—1992 年)

党的十一届三中全会以后，我国把工作重心转移到了经济建设上来，以邓小平同志为核心的党的第二代中央领导集体，以经济建设为中心，解放思想，开拓进取，把生态环境建设摆在了突出重要位置，提出法制工作要做到有法可依、有法必依、执法必严、违法必究，生态文明建设得到法律保护，我国环境保护工作取得重大成就(表 1-2)。

表 1-2　第三阶段(1978—1992 年)

| 时间 | 事件 | 成果 |
|---|---|---|
| 1978 年 12 月 | 党的十一届三中全会胜利召开 | 拉开了中国现代化建设的序幕。中国的发展中心从“以阶级斗争为纲”转向“以经济建设为中心”，环境保护受到国家重视 |
| 1978 年 12 月 | 中共中央工作会议 | 邓小平同志提出，环境保护要从制度上解决问题，将环境保护纳入法制化的轨道，《森林法》《草原法》《环境保护法》等，积极引导环境保护走上法治化的道路，吸收全球生态环境保护和建设的新理念、新经验，逐步形成了可持续发展战略方针 |
| 1978 年 12 月 | 环境保护列入《中华人民共和国宪法》 | 我国环境保护立法的起点 |
| 1979 年 | 《中华人民共和国环境保护法(试行)》问世 | 第一部环境法律，我国环保事业进入发展阶段 |
| 1983 年 | 将环境保护确立为基本国策 | 揭开了我国环境保护的新序幕 |
| 1983 年 | 《中华人民共和国环境保护法》颁布实施 | 标志着中国环境法治建设取得重大进展 |
| 1992 年 | 邓小平进行南方谈话，党的十四大召开 | 将保护环境提升为基本国策，重视环保的工作，提倡植树造林，绿化祖国，造福后代 |

### 4. 第四阶段(1992—2002 年)

新世纪新阶段，以江泽民同志为核心的党的第三代领导集体，立足改革开放以来推进环境保护基本国策和方针政策的实际，进一步深化对我国生态环境问题紧迫性和重要性的认识，把生态环境保护提升到关系社会主义建设全局和人类社会永续发展的战略高度，制定并实施了我国的可持续发展战略，形成了一系列关于生态环境保护的重要战略思想，对我国生态文明建设做出了突出贡献(表 1-3)。

表 1-3　第四阶段(1992—2002 年)

| 时间 | 事件 | 成果 |
| --- | --- | --- |
| 1992 年 10 月 | 党的十四大 | 江泽民提出“把实现可持续发展作为重大战略”“使经济建设与资源、环境相协调” |
| 1994 年 3 月 | 国务院通过《中国 21 世纪议程》 | 阐明中国实施可持续发展战略的行动计划和措施 |
| 1995 年 9 月 | 党的十四届五中全会 | 将可持续发展确立为我国现代化建设核心战略，把节约资源、保护环境放到重要位置，使人口增长与社会生产力相适应，使经济建设与资源、环境相协调，实现良性循环 |
| 1997 年 9 月 | 党的十五大 | 我国开始将环境保护与生产发展结合，提出实施可持续发展战略，把保护环境作为一项基本国策，要正确处理经济发展同人口、资源、环境的关系 |
| 2002 年 3 月 | 中央人口资源环境工作会议 | 实现可持续发展的核心问题是实现经济社会和人口、资源、环境协调发展 |
| 2002 年 10 月 | 全球环境基金成员国大会 | 发展经济、消除贫困是实现可持续发展的基本前提，总结可持续发展战略经验 |

5. **第五阶段**(2002—2012 年)

2002 年 11 月，党的十六大正式将“可持续发展能力不断增强，生态环境得到改善，资源利用效率显著提高，促进人与自然的和谐，推动整个社会走上生产发展、生活富裕、生态良好的文明发展道路”写入报告，并作为全面建设小康社会的四大目标之一加以贯彻实施。党的十六大以后，以胡锦涛为总书记的党中央领导集体带领全国人民密切联系中国实际，汲取人类发展的有益成果，首次提出“生态文明”的概念，主张全面、协调、可持续的发展理念，将中国生态文明建设的理论和实践推向了新的高度。

2003 年，胡锦涛同志在党的十六届三中全会上明确指出，坚持在开发利用自然中实现人与自然的和谐相处，实现经济社会的可持续发展。

2004 年 3 月 10 日，胡锦涛同志在中央人口资源环境工作座谈会上，特别指出要统筹人与自然发展，“彻底改变以牺牲环境为代价去换取一时的经济增长，不能以眼前发展损害长远利益，不能用局部发展损害全局利益”。

2005 年 1 月，胡锦涛同志在省部级主要领导干部提高构建社会主义和谐社会能力专题研讨班上的讲话中指出，要“引导全社会树立节约资源的意识，以优化资源利用、提高资源产出率、降低环境污染为重点，加快推进清洁生产，大力发展循环经济，加快建设节约型社会”。

2007 年 10 月，在中国共产党第十七次全国代表大会的开幕式上，胡锦涛同志代表第十六届中央委员会在报告中明确提出了“生态文明”概念，还详细描述了建设生态文明的主要目标。

2009 年 9 月，党的十七届四中全会，我国开始把生态文明建设纳入中国特色社会主义事业的总体布局。

6. **第六阶段**(2012 年至今)

2012 年 11 月，党的十八大报告首次独立成篇地对生态文明建设进行了系统论述，将生态文明建设提高到前所未有的高度，将其正式纳入中国特色社会主义建设总体布局，是中国特色社会主义总体布局由“四位一体”拓展为“五位一体”，使生态文明建设的重要性得到前所未有的提升，并在新的历史条件下焕发出蓬勃的生机(表1-4)。

**表1-4　第六阶段**(2012年至今)

| 时间 | 事件 | 成果 |
| --- | --- | --- |
| 2012年11月 | 党的十八大 | 将生态文明纳入中国特色社会主义“五位一体”的总体布局，首次提出“美丽中国”的生态文明建设的总体目标 |
| 2013年9月 | 习近平总书记在哈萨克斯坦纳扎尔巴耶夫大学发表重要演讲 | 习近平总书记强调，既要绿水青山，也要金山银山，把生态环境保护摆在更加突出的位置 |
| 2013年11月 | 党的十八届三中全会 | 通过了《中共中央关于全面深化改革若干重大问题的决定》，提出加快生态文明制度体系建设，推动形成人与自然、人与人、人与社会和谐发展的现代化建设新格局 |
| 2014年10月 | 党的十八届四中全会 | 从依法治国角度推进生态文明建设 |
| 2015年4月 | 中央政治局会议 | 通过《关于加快推进生态文明建设的意见》，要把生态文明建设放在突出的战略位置，融入经济建设、政治建设、文化建设、社会建设各方面和全过程，是我国生态文明建设的纲领性文件 |
| 2015年10月 | 党的十八届五中全会 | 首次将加强生态文明建设作为新内涵写入我国“十三五”规划，提出绿色发展理念 |
| 2016年12月 | 全国生态文明建设工作推进会 | 生态文明建设是“五位一体”总体布局和“四个全面”战略布局的重要内容 |
| 2017年10月 | 党的十九大 | 首次将“树立和践行绿水青山就是金山银山的理念”写入了中国共产党的党代会报告，并且在表述中与“坚持节约资源和保护环境的基本国策”一并成为新时代中国特色社会主义生态文明建设思想和基本方略。同时，《中国共产党章程(修正案)》中强化和凸显了“增强绿水青山就是金山银山的意识”的表述 |
| 2018年5月 | 全国生态环境保护大会 | 提出和确立了习近平生态文明思想 |

党的十八大以来，以习近平同志为核心的党中央，从坚持和发展中国特色社会主义、实现中华民族永续发展的战略高度，对生态文明建设作出了一系列新的重要战略部署，指导生态文明建设发生了历史性变革，生态环境保护取得了历史性成就。2018年5月18～19日，全国生态环境保护大会在北京召开。会议正式确立了习近平生态文明思想，为新时代推进生态文明、建设美丽中国提供了强大思想武器和重要依据。

作为习近平新时代中国特色社会主义思想的重要组成部分，习近平生态文明思想立足坚持和发展中国特色社会主义，实现中华民族伟大复兴中国梦，就“为什么建设生态文明、建设什么样的生态文明、怎样建设生态文明”等重大理论和实践问题进行了深刻阐述和系统部署，是推进美丽中国建设的方向指引、根本遵循和实践动力，是为世界可持续发展提供中国示范的生动体现。

## 二、生态文明的内涵与特征

### (一)生态文明的内涵

党的十七大报告中指出，“建设生态文明，基本形成节约能源资源和保护生态环境的产业结构、增长方式、消费模式。循环经济形成较大规模，可再生能源比重显著上升。主要污染物排放得到有效控制，生态环境质量明显改善。生态文明观念在全社会牢固树立”，这段话体现了生态文明内涵。生态文明是在人类对传统文明形态特别是工业文明进行深刻反思基础上，以尊重和维护自然为前提，倡导人与人、人与自然、人与社会和谐共生，在人类创建有序的生态运行机制和良好的生态环境中所取得的物质、精神和制度方面成果的总和。生态文明的内涵十分丰富且错综复杂，沈满洪教授指出，生态文明包含生态文化、生态产业、生态消费、生态环境、生态资源、生态科技与生态制度 7 个基本要素。这 7 个基本要素是生态文明的基本组成单元，相互影响又相互作用，其中生态文化繁荣是生态文明建设的精神支柱，生态产业发展是生态文明建设的物质基础，生态消费模式是生态文明建设的必要条件，生态环境保护是生态文明建设的重要目标，生态资源节约是生态文明建设的内在要求，生态科技发展是生态文明建设的驱动力量，生态制度创新是生态文明建设的根本保障。

生态文明以尊重和维护自然为前提，以人与人、人与自然、人与社会和谐共生为宗旨，以建立可持续的生产方式和消费方式为内涵，以引导人们走上持续、和谐的发展道路为着眼点，其内涵主要体现在以下 4 个方面。

**1. 生态文明是一种更高级的文明形态**

“一部人类文明的发展史，就是一部人与自然的关系史。自然生态的变迁决定着人类文明的兴衰演替”。在人类历史上，众所周知的玛雅文明、古埃及文明、古印度文明等古代文明的衰落，均与其自然环境的破坏有着密不可分的关系。工业文明的兴起，极大地提高了生产力，推动了人类社会的进步和飞跃发展，但也导致了全球性的生态环境危机。人类开始反思如何与自然和谐相处，生态文明是相对于农业文明、工业文明的社会经济形态，是人类文明新阶段，是比工业文明更进步、更高级的人类文明新形态。

**2. 生态文明是和谐的文化价值观**

生态文明是人类对物质文明的深入反思，是人与自然关系历史的总结和升华。人类在开发利用自然的时候，要从维护社会、经济、自然系统的整体利益出发，顺应自然、保护自然，致力于现代化的生态环境建设，提高生态环境质量，使现代经济社会发展建立在生态系统良性循环的基础之上，从而有效解决人类经济社会活动的需求同自然生态环境系统供给之间的矛盾。人类要深刻体悟到自然是人类生命的依托，破坏自然就是破坏人类自己的家园，人类应发挥自己的主观能动性，树立起符合自然生态法则的文化价值需求，把对自然的爱升华成为一种不同于人类中心主义的宇宙情怀和内在精神信念。

**3. 生态文明倡导可持续的生态生产观**

资源，特别是不可再生资源是有限的，而人类可支配的资源更加有限，盲目地开发、使用、浪费资源无异于人类的集体自杀。生态文明作为一种崭新的文明形态，强调人的自觉与自律，强调人与自然环境的相互依存、相互促进、共处共融，既追求人与生态的和谐，也追求人与人的和谐，且人与人的和谐是人与自然和谐的前提。生态文明同以往的农业文明、工业文明具有相同点，即均主张在改造自然的过程中发展物质生产力，不断提高人类的物质生活水平，但它们之间也有着明显的不同点，即生态文明突出生态的重要性，强调尊重和保护环境，强调人类在改造自然的同时必须尊重和爱护自然，不能随心所欲，盲目蛮干。

**4. 生态文明要求适度的消费生活观**

倡导生态文明并非阻止人类正常的消费与生活，而是提倡人们要追求健康的生活，既满足当代人自身正常生活的需要，又不破坏自然生态平衡，不损害后代人继续生存与发展的需要。这种公平、平衡和共享的道德理念，成为人与自然、人与人之间和谐发展的规范。

总而言之，在价值理念上，生态文明是社会和谐和大自然和谐相协调的文明，是指人类在遵循客观发展规律的前提下，在改造主客观世界的实践过程中，不断促进和实现人与自然、社会以及自身共生共进的一种进步状态，以及一种人与自然、社会及自身的和谐关系状态；在发展模式上，生态文明运用生态技术对传统产业进行升级改造，发展生态经济、低碳经济与循环经济，走新型工业化道路，实现由粗放型向集约型转变；在社会制度上，生态文明要深入社会制度中，但只是在社会的某些方面而不是整个社会制度发生变化。最后，生态文明的出发点是尊重自然，它的本质要求在于实现人与自然、社会及自身的和谐共生。

### (二) 生态文明主要特征

生态文明是科学、自觉的文明形态，是积极、良性发展的文明形态，是长远、可持续发展的文明形态，其特征表现在以下 8 个方面。

#### 1. 整体性

生态文明是人与自然和谐发展的整体性事业，整体性是生态文明的典型特征。生态文明的整体性，一方面体现为生态文明与物质文明、政治文明和精神文明等密不可分，是一个统一的整体；另一方面体现在自然界是人类生存和发展的基本，只有自然界顺利发展，人类才能发展。人与自然间的利益是统一的，万物均有着自己的运演规律，既要把自然界看成一个有机联系的整体，把人类看作自然界的有机组成部分，也应看到生态问题的全球性。地球生态是一个有机系统，其中的有机物、无机物、气候、生产者、消费者之间时时刻刻都进行着物质、能量及信息的交换，生态系统中每种成分、过程的变化都会影响到其他成分的变化，因此保护大气、保护海洋、保护生物多样性等世界性的问题，必须依靠全球协作。

#### 2. 和谐性

和谐性是生态文明的核心内容，生态文明的最终目标就是实现和谐。在这里，和谐包括三个层次，即人与人、人与社会、人与自然的和谐。稳定与和谐的生态，既是自然环境的福祉，更是人类自身的福祉。人类的生存与发展离不开自然界，要在自然界的基础上发展，人类就必须将自己的物质生产和消费活动控制在生态环境可持续承载力的限度之内，实现经济、社会、资源和环境保护协调发展。生态文明重在建设，要统筹和协调好人与自然的关系，加强生态建设与生态治理，保护好森林、沙漠、草原等自然生态系统，构建结构合理、功能协调的生态体系。

#### 3. 可持续性

可持续性是生态文明的基本原则。建设生态文明功在当代，利在千秋。只有追求并实现生态文明，才能使人口环境与社会生产力发展相适应，使经济建设与资源、环境相协调，实现良性循环，保证永续发展。因此，人类要树立人与自然的平等观，把发展与生态保护紧密结合起来，在保护生态环境的前提下发展，在发展的基础上改善生态环境，从而维持生态系统的可承载力，实现人与自然协调、可持续发展。生态文明是保障发展可持续性的关键，没有可持续的生态环境就没有可持续发展，保护生态就是保护可持续发展能力，改善生态就是提高可持续发展能力。只有坚持搞好生态文明建设，才能有效应对全球化带来的新挑战，实现经济社会的可持续发展。

**4. 自律性**

自律性是生态文明的基本要求，这与我国古代哲学家崇尚道法自然、效天法地、天人合一等思想不谋而合。生态文明强调人的自律性，追求人与自然协调发展是生态文明建设的核心目标，也是人类赖以生存的基础。从古至今，人类不断探索人与自然的关系，从敬畏自然到认识自然，从适应自然到改造自然，人类的生存与发展离不开自然，既不能离开自然谈生存，更不能在自然中肆意妄为、蛮干乱来。与以往的原始文明、农业文明、工业文明一样，生态文明也主张在改造自然的过程中发展物质生产力，不断提高人们的物质需要和生活水平，但更突出强调在尊重、爱护和保护自然环境前提下利用和改造自然，而这要求人类要有自律性，自觉做到尊重自然，爱护生态环境，遵循自然发展规律，实现人与自然界协调发展。

**5. 公平性**

公平性是生态文明的重要支撑。生态文明体现了一种广泛的公平，这种公平包括三个层次，即人与自然之间的公平、当代人之间的公平、当代人与后代人之间的公平。它体现在，任何人都有享受各种资源的权利，获得公平发展的机会。任何对他人的生存权利的剥夺，只会带来更严重的环境破坏和生态危机，伴随着工业革命而来的两次世界大战便是最好的反面例子。只有真正实现社会公平和公正，才能达到人与自然的和谐共生，只有建立良好的社会生态，才能真正实现发展成果共享，造福全体社会成员。

**6. 广泛性**

生态文明的范畴非常广泛。从内涵上看，生态文明包括生态意识文明、生态法制文明、生态行为文明。从外延上看，生态文明建设是具有多维性指向的有机整体，它的指向覆盖了政治、经济、文化、社会，在经济社会各个领域发挥引领和约束作用。

**7. 高级性**

生态文明是人类文明的更高级形态。农业文明和工业文明是人类文明进程必须经历的历史阶段，都是以索取和破坏自然为代价换取的，不可能永续发展。而生态文明，是人与自然共存共荣共进、和谐发展的文明，必然替代工业文明。

**8. 长期性**

生态文明作为新的社会文明形态，必然经历一个长期的复杂的历史进程，我国生态文明建设任务尤其艰巨，其长期性更为突出。

## 三、生态文明建设目标与内容

### （一）生态文明建设目标

生态文明建设关乎人类未来，建设绿色家园是各国人民的共同梦想，没有良好的生态环境，高质量发展无从谈起，美好生活也难以实现。以尊重自然规律为前提，我国生态文明的目标是对生态的人类社会发展的追求，体现在人与自然、人与社会、人与人如何相处的 3 层关系上，具体表现在以下几点。

**1. 传统观念升级，形成正确的自然观，人与自然和谐相处**

生态文明要求人们形成“人—自然”的整体价值观和生态经济方法论。人类社会的发展离不开自然界，自然界是人类社会的基础，因而人的一切活动都要充分尊重自然规律。在这种价值理念的指导下，在不破坏自然系统恢复力的前提下，有效地满足人类需求，使整个生态处于良性运行状态是生态文明的第一个目标。在这样的目标指引下，和谐共生的绿色理念代替了传统观念，尊重自然、顺应自然、保护自然，成为人类改造世界的前提和基础，符合生态文明要求的绿色生活方式和行为习惯成为首选。

**2. 节约资源格局形成，践行可持续的发展观，人与社会共同进步**

构建美丽中国的宏伟愿景依托于生态文明，因此，党的十八届五中全会提出，坚持绿色发展，必须坚持节约资源和保护环境的基本国策，坚持可持续发展，坚定走生产发展、生活富裕、生态良好的文明发展道路，加快建设资源节约型、环境友好型社会，形成人与自然和谐发展的现代化建设新格局，推进美丽中国建设，为全球生态安全作出新贡献。生态文明内涵倡导可持续的发展观，促进人与自然和谐共生，通过构建科学合理的城市化格局、农业发展格局、生态安全格局、自然岸线格局，推动建立绿色低碳循环发展产业体系。

**3. 和谐理念形成，内化于心，外化于行，自我构建和谐人格**

和谐既是一种表征，更是一种心理。和谐是一种积极向上、健康的人生态度和生存状态。只有将和谐理念内化于心，人的生命充满活力，积极向上，潜能才能得以发挥，社会功能才能有效发挥。外化于行，既是一种状态，也是过程、结果，更是一种价值。和谐人格是建设生态文明的重要基础，能够保障社会的安全运行，促进和谐社会的形成和发展，为维护社会和谐稳定发挥积极作用。

### （二）生态文明建设内容

**1. 生态理念文明**

全社会牢固树立生态文明理念是生态文明建设中一项非常重要的内容。生态理念，是人们正确对待生态问题的一种进步的观念形态，包括进步的生态意识、进步的生态心理、进步的生态道德以及体现人与自然平等、和谐的价值取向、环境保护和生态平衡的思想观念和精神追求等。全社会树立生态文明理念意味着确立一个新的价值尺度或价值核心。建设生态文明，要逐步形成尊重自然、认知自然价值，建立人类自身全面发展的文化与氛围。生态理念文明强调的是从思想意识上将传统的“征服自然”等理念转变为“人与自然和谐相处”的新型理念，将把增长简单地理解成发展并重物轻人的发展理念，转变成以人的全面发展为核心的发展理念。生态文明建设强调树立资源有限、环境有限的理念，树立人与天地一体的理念。

**2. 生态经济文明**

建设生态文明，要求社会经济与自然生态平衡发展。在生态文明理念的指导下，经济发展将致力于消除经济活动对大自然自身稳定与和谐构成的威胁，逐步形成与生态相协调的生产生活与消费方式。目前，我国已经把保护自然环境、维护生态安全、实现可持续发展等要求视为发展的基本要素，提出通过发展实现人与自然的和谐及社会经济发展与生态环境平衡的目标。

**3. 生态物质文明**

生态物质文明是指人类生活的进步状况，是生态文明成果在人们物质生产进步和物质生活改善之中的具体体现，是人们在生产、生活中感觉到的实实在在的成果，如生态产业、生态技术、生态器物等。具体地说，近年来，生态文明的成果已逐渐渗入社会生活的各个物质领域，从“绿色食品”到“绿色用品”，从“生态玩具”到“生态文具”，从“绿色汽车”到“绿色飞机”，从“绿色产业”到“绿色市场”等。生态物质文明为生态精神文明的形成与发展提供物质基础，反过来，生态精神文明又可以为生态物质文明提供科学文化条件和思想条件。

**4. 生态行为文明**

生态行为文明是指人们在一定的生态文明观和生态文明意识指导下，在生产生活实践中推动生态文明进步发展的活动。在现实生活中，生态文明的主体包括政府、企业、非政府组织、个体公民等。生态文明主体的行为受到生态文明深层结构中各种因素的影响，不同的生态文明主体所产生的行为方式和行为结果并不一样。由于不同主体的利益取向不一致，主体之间会产生各种各样的矛盾，如何协调好各个主体之间的各种矛盾，是生态文明建设能否成功的保证。2018 年，我国发布了《公民生态环境行为规范(试行)》，倡导简约适度、绿色低碳的生活方式，包括关注生态环境、节约能源资源、践行绿色消费、选择低碳出行、分类投放垃圾、减少污染产生、呵护自然生态、参加环保实践、参与监督举报、共建美丽中国 10 个方面。

**5. 生态制度文明**

生态制度是指以生态环境保护和建设为中心，调整人与生态环境关系的各项制度规范的总称，是人们正确对待生态问题的一种进步的制度形态，包括各项生态制度、法律和规范。生态制度文明是生态文明建设的制度保证，是生态环境保护制度规范建设的积极成果。生态制度文明特别强调健全和完善与生态文明建设标准相关的法制体系，重点突出强制性生态技术法制的地位和作用。

## 四、生态文明的意义

随着人类生态意识的不断提升和科学技术的飞跃发展，生态文明建设已经成为一个崭新的人类社会发展阶段。大力推进生态文明建设，树立尊重自然、顺应自然、保护自然的生态理念，实现绿色、低碳、健康、循环发展，从根本上解决经济社会发展与生态环境之间的矛盾，对于全面贯彻科学发展观，加快建设美丽中国，实现中华民族的伟大复兴具有重大而又深远的意义。

### (一)生态文明是人类文明发展的历史趋势

三百多年的工业文明发展历程中，经济的发展被摆在较为突出的位置，人们更为重视获取更多的经济价值，在追求利益最大化的同时对环境也造成了不可逆的破坏。马克思认为：人类转变的顶点就是生态危机。工业文明的快速发展造成了生态失衡的现象，通过作用力与反作用力的原理，自然资源的匮乏势必会引起多重生态危机，威胁着人类的生存，因此亟须一种新的文明形态来推动人类社会的发展，因此，实现生态文明是人类社会发展的必然和历史趋势。

### (二)生态文明是推动现代化发展的必然要求

党的十七届四中全会上，生态文明建设提升到了前所未有的战略高度，其与政治、经济、文化、社会建设形成了中国特色社会主义建设的“五位一体”政治格局。社会主义是一个要求全面发展的社会，如果没有良好的生态环境，人类无法达到更高水平的物质和精神层面。建设富强、民主、文明、和谐、美丽的社会主义现代化强国，实现中华民族的伟大复兴，生态文明建设是强有力的助推器。

**（三）生态文明是实现美丽中国的必由之路**

美丽中国应当是时代、社会、生活、环境美的总和。实现美丽中国，经济持续健康发展是重要前提，人民民主不断扩大是根本要求，科学技术不断提升是强大支撑，和谐社会人人共享是基本特征，生态环境优美宜居是显著标志，以上方面是建设美丽中国的必备条件，缺少任何条件都会阻碍实现美丽中国的进程。

# 第二章　地球生态危机

【本章描述】

地球是人类生存的家园，自古以来，地球上的所有事物均在平衡、持续地发展。随着人类文明的发展，人类对地球生态形成了人为干扰，并对生态环境造成了巨大影响，我们赖以生存的地球正在经历一场又一场的生态危机。本章介绍了目前地球上出现的典型生态环境危机现象及发生原因，通过实例强调生态保护的重要性，呼吁大家保护地球，保护生态环境。

【知识目标】

1. 了解大气污染现状；
2. 了解全球水体污染现状；
3. 了解水土流失与土地沙漠化现状；
4. 了解物种灭绝现状与实例；
5. 熟悉大气组成；
6. 掌握大气污染的概念与类型；
7. 掌握水体污染的概念；
8. 掌握物种灭绝与物种入侵的概念；
9. 掌握造成大气污染的原因；
10. 掌握造成水体污染的原因；
11. 掌握造成水土流失与土地沙漠化的原因；
12. 掌握造成物种灭绝与入侵的原因。

【能力目标】

1. 能够阐述不同生态危机出现的原因及解决对策；
2. 能够利用所学内容宣传生态环境保护相关知识。

## 第一节　大气污染

地球外层包裹着一层厚厚的大气，也就是我们常说的大气层。大气层能够为人类提供C、H、O等元素，帮助地球吸收有害气体，防止地表温度发生剧变和水分散失等，因此大气层对于人类有着非常重要的意义。然而随着人类对环境的过度干涉，排入大气中的有害物质越来越多，全球大气发生了严重的变化，大气污染现象日益严重，给人类的生存带来了极大危害。合理改善空气质量已经成为当前全球刻不容缓的环境问题之一。

## 一、大气组成与大气层

大气的主要成分为氮气、氧气、氩气、二氧化碳和约0.04%的微量气体，这些混合气体就是人们所说的空气(图2-1)。就干燥空气而言，按体积计算，在标准状态下，氮气占78%，氧气占21%，二氧化碳占0.03%，而其他气体及杂质体积大约0.02%。

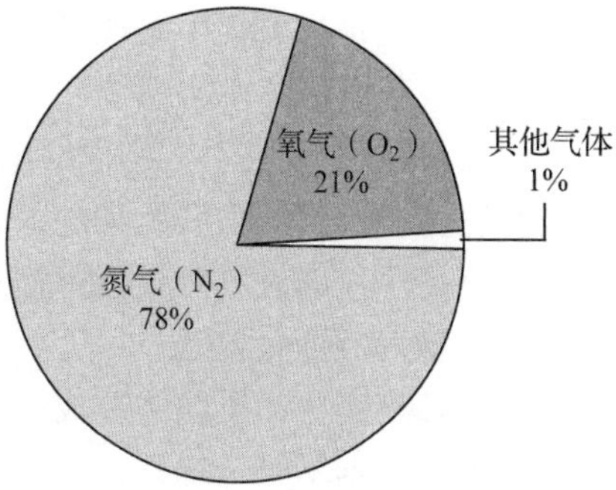


**图2-1 大气组成**

大气层是地球最外部的气体圈层，由于重力关系，这些厚厚的大气包围着海洋和陆地。大气层包括对流层、平流层、中间层、热层和散逸层，随高度的变化而呈现出不同的特点。

### (一)对流层

对流层位于大气的最低层，从地球表面开始向高空伸展，直至平流层的起点为止。对流层的厚度并不统一，整体来看该层是大气中最稠密的一层，集中了约75%的大气质量和90%以上的水汽质量。在对流层中，温度随着高度的增加而降低，并由于冷热不同出现了空气对流现象，伴随气团变冷或变热，水汽形成云、雾、霜、雹、雨、雪等天气现象。由于人类生活在对流层中，因此对流层与人类关系最为密切。对流层中的大气发生了污染，将会对人类生活造成巨大影响。

### (二)平流层

平流层位于对流层之上，中间层之下。在这层中，没有水汽，晴朗无云，很少发生天气变化，因此是良好的飞机航行通道。该层含有大量臭氧，也就是人们常说的臭氧层。整体来看，臭氧在大气圈中的含量很少，但是它对地球大气环境有着非常重要的作用，如同屏障一般将太阳光中的紫外线吸收起来，保护着地球上的生物。

### (三)中间层

中间层是自平流层向上至85 km左右的区域，也称中层。该层中温度垂直递减率很大，对流运动强盛。

### (四)热层

热层位于中间层之上，散逸层之下，也称热成层、热气层或增温层。热层中一部分大气分子处于高度电离状态，形成电离层，可以反射无线电波，因此人类利用该层进行远距离无线电通信。

### (五)散逸层

散逸层位于热层以上的大气层，是地球大气的最外层，也称外层、逃逸层。该层气温极高，气温由低到高呈垂直分布。由于距地心较远，地心引力较小，该层大气粒子经常散逸至星际空间。

## 二、大气污染及其危害

大气中组分不是一成不变的，自然灾害或是人为影响会使大气中出现新的物质，或导致空气中某种成分的含量超出了其自然状态下的平均值，或导致空气中某种成分含量减少。无论是哪一种情况，都会影响生物的正常发育和生长，给人类造成危害，这就是人们所说的大气污染。

### （一）大气污染的概念

大气污染是指大气中出现了污染物，或者原本存在于大气中的一些物质含量达到有害的程度，甚至于破坏生态系统和人类正常生存和发展的条件，对人或物造成危害的现象。大气污染最早可追溯到人类开始用火的原始文明时期，不过当时尚未对环境造成影响。而人类真正认识到大气污染及其危害是在工业革命之后，由于化石燃料燃烧造成的大气污染日益加剧，严重的大气污染事件接连发生，人类开始意识到保护大气环境的重要性。

### （二）大气污染的类型

那么都有哪些物质能够造成大气污染呢？实际上，凡是能使空气质量变差的物质都是大气污染物。据不完全统计，已知的大气污染物约有上百种，例如，粉尘颗粒、硫化物、氮化物等。按照大气污染物的存在状态可分为气溶胶状态污染物和气体状态污染物，按形成过程则可分为一次污染物和二次污染物，其中二次污染物的毒性比一次污染物强。

目前全球每年排入大气中的污染物总量超过 $10\times10^{8}$ t，包括各种粉尘、二氧化硫、一氧化碳等有害气体。按照来源，这些污染物可分为两大类，即天然污染源和人为污染源。天然污染源，顾名思义是指自然原因造成的污染。例如，刮风会将土壤颗粒吹送到大气中后再回落到地表面；火山爆发将大量的火山灰烬和二氧化硫气体带入空气中；动、植物残骸腐烂后产生臭气；森林火灾造成烟气与灰尘等。天然污染源是大自然自行向环境排放有害物质的行为，无法人为控制，但通常都在大自然的可调控范围内，不会对大气环境造成过于严重的后果，人类对此类污染尚无有效的控制方法。人为污染源则与天然污染源相反，是人类日常生活生产中形成的污染源，主要包括工业污染源、交通运输污染源、生活污染源等。工业污染源是指人类工业生产过程中向环境排放有害物质的生产场所、设备和装置。在各项工业生产过程中，通常会排放出不同的气体污染物，例如，煤炭和石油是目前我国企业的主要燃料，燃烧过程中排放出一氧化碳、二氧化硫、粉尘等有害物质，而化工生产废气中则含有硫化氢、氮氧化物、氟化氢等有害气体。总体来看，工业污染对大气环境污染危害非常大。交通运输污染源指对周围环境造成污染的交通运输设施和设备，例如，汽车、飞机、火车、轮船等机动交通工具，这些交通工具大多数使用汽油、柴油及其他石油制品作为燃料，排放出的尾气包括一氧化碳、二氧化氮、二氧化硫、碳氢化合物等。在过去，由于机动车数量不多，交通运输污染尚不严重，但随着人类生活水平的不断提高，道路建设加快，交通工具数量快速提高，造成的大气污染问题也越来越严重。生活污染源是指人类由于日常生活中各项活动需要而产生废气的污染源。城市人口密集，是消费活动的集中地，因此是主要的生活污染源，例如，烧煤做饭、分散（或集中）采暖排出废气会造成大气污染，而生活垃圾的管理、回收、处理方法不规范、垃圾分类的意识薄弱，也会对大气造成污染。

### （三）大气污染的危害

空气是人类生存必不可少的重要条件，因此大气污染会对人类身体健康造成巨大影响，每年因大气污染死亡的人数高达 700 万人。大气污染物对人体的危害主要表现为呼吸道疾病，当大气中某种有害气体的浓度很高时，会造成急性污染中毒，快速夺去人类生命。即使污染物浓度不高，但长年累月的积累也会引起慢性支气管炎、支气管哮喘、肺气肿及肺癌等疾病。例如，一氧化碳是一种对血液和神经系统毒性很强的污染物，当被吸入呼吸系统后，一氧化碳结合血液中的血红蛋白，降低了血细胞携带氧的能力，而且还抑制、延缓氧血红蛋白的解析和释放，导致机体组织因缺氧而坏死，严重者可能危及人的生命；硫化氢是一种急性剧毒气体，是强烈的神经毒素，对黏膜有强烈刺激作用，如果被吸入，对眼、呼吸系统及中枢神经都有影响，吸入少量高浓度硫化氢可于短时间内致命；二氧化硫是由煤和矿石加工、燃烧形成的，易被湿润的黏膜表面吸收生成亚硫酸、硫酸，对眼及呼吸道黏膜有强烈的刺激作用。轻度中毒时，发生流泪、畏光、咳嗽及咽、喉灼痛等症状，大量吸入可引起肺水肿、喉水肿、声带痉挛而致窒息。

除了对人类健康造成危害，大气污染还会对环境造成巨大伤害。例如，植物在生长期中接触高浓度大气污染时，会产生急性危害，使植物叶表面产生伤斑，减弱光合作用，或者直接使叶枯萎脱落；大气污染还会通过酸雨形式杀死土壤微生物，使土壤酸化，降低土壤肥力，危害农作物和森林；大气污染物对仪器、设备和建筑物等，都有腐蚀作用，如金属建筑物出现的锈斑、古代文物的严重风化等；在大工业城市上空，由于有大量废热排放到空中，导致热岛效应。

## 三、全球大气污染危机

2018 年，世界卫生组织(WHO)发布了最新全球空气质量报告，报告显示全球空气污染严重，每 10 人中有 9 人呼吸的空气含有高浓度污染物。由于大气的流动性和整体性，大气污染往往带有全局性的特征，例如，全球性的酸雨问题、温室效应问题、臭氧层破坏等。空气污染无边界，世界各国各级政府应持续采取协调一致的行动，来共同解决大气污染这一全球性问题。

### (一)臭氧层破坏

自然界中的臭氧，大多分布在距地面 20 ~ 50 km 的大气中，称为臭氧层。整体来看，臭氧在大气圈中的含量很少，但是它对地球大气环境有着非常重要的作用，臭氧如同屏障一样保护着地球上的生物。臭氧层能够吸收太阳光中波长小于 306. 3nm 的紫外线，因此只有长波紫外线和少量的中波紫外线能够辐射到地面，长波紫外线对生物细胞的伤害比较轻微，臭氧层犹如一把保护伞使地球上的人类和动植物免遭短波紫外线的伤害，而透过的少量紫外辐射，有杀菌作用。除此以外，臭氧吸收太阳光中的紫外线后，将其转换为热能加热大气，形成升温层，对于大气的循环具有重要的影响。

目前人类活动对臭氧层造成了巨大影响，主要表现为对消耗臭氧层物质的排放。大气中的臭氧可以与许多物质反应而被消耗和破坏，其中最简单而又最活泼的是含碳、氢、氯和氮等元素的化学物质，如四氯化碳、甲烷、氯氟烃等，其中最为人所知的是氟利昂。氟利昂在大气中存留时间较长，大约可存留一个世纪，当氟利昂进入平流层后，会在强烈紫外线的作用下分解出氯原子，与臭氧发生连锁反应，一个氟利昂分子就可以破坏近十万个臭氧分子，打破臭氧层原来的平衡，破坏臭氧层原有的保护作用，导致地面紫外线辐射的增加，从而给地球生态和人类带来一系列问题。卫星观测资料表明，自 20 世纪 70 年代以来，全球臭氧总量明显减少，1979—1990 年全球臭氧总量大致下降了 3%。南极附近臭氧量减少尤为严重，1985 年，英国南极调查小组在南纬 60°地区观测发现臭氧层空洞并在《自然》杂志上发表论文，引起世界各国极大关注。1987 年，人们发现，臭氧层空洞变得更宽更深，虽然1988年有所缓解，但每年南半球春季都出现了很强的“臭氧洞”，1994年至1996年南极臭氧洞还在扩大。

臭氧层被大量损耗后，吸收紫外辐射的能力大大减弱，导致到达地球表面的紫外线明显增加，给人类健康和生态环境带来多方面的危害。美国太空飞行中心研究员纽曼与同事进行了实验模拟研究，如果破坏臭氧层的物质每年增长3%，2065年后全球2/3的臭氧层将会消失，人类会直接暴晒于强烈紫外线下，在5min之内造成严重晒伤，DNA突变概率会增加6倍，罹患皮肤癌概率急剧上升。臭氧量的减少、臭氧层的破坏使得到达地面的紫外线辐射量增加，对人体的危害较大，主要表现在影响人类皮肤、眼睛及免疫系统。实验证明紫外线会损伤角膜和眼晶体，如引起白内障、眼球晶体变形等。据分析，平流层臭氧减少万分之一，全球白内障的发病率将增加0.6%~0.8%，全世界由于白内障而引起失明的人数将增加1万~1.5万人。紫外线UV-B段的增加能明显地诱发人类常患的三种皮肤疾病，最新的研究结果显示，若臭氧浓度下降10%，非恶性皮肤瘤的发病率将会增加26%。除了对人类的影响，臭氧层破坏对植物的影响也非常大。虽然植物已发展了高水平紫外线的保护性机制，但实验研究表明，植物对波长为280~320nm水平增加的应变能力差异甚大。敏感的物种尤其是农作物如棉花、豆类、瓜类和一些蔬菜的生长都会发生受阻现象。

臭氧减少带来的危险已受到国际社会的普遍关注，1987年在世界范围内签订的《关于消耗臭氧层物质的蒙特利尔议定书》(限量生产和使用氯氟烷烃等物质)拉开了国际臭氧层保护的序幕。为更好地保护臭氧层免遭破坏，全球范围内建立了国际间和各国的臭氧层保护法律约束机制，控制破坏臭氧层物质的排放，国际上先后通过了《关于臭氧层保护计划》《保护臭氧层维也纳公约》等文件，1994年第52次联合国大会决定，把每年的9月16日定为国际保护臭氧层日。中国正在为实现《议定书》规定的指标而努力，制定并实施了20余项有关保护臭氧层的政策，对减少消耗臭氧层物质浓度及保护臭氧层具有重要意义。

**(二)温室效应**

太阳短波辐射可以透过大气射入地面，而地面受热增暖后放出的大量长波热辐射却被大气吸收，大气中的二氧化碳就像一层厚厚的玻璃，使地球变成了类似于栽培农作物的温室，故名温室效应。

温室效应实际上自古便存在，如果没有温室效应，地表平均气温将下降到-23℃。然而自工业革命以来，人类燃烧煤炭、石油和天然气，以及汽车尾气中产生了大量二氧化碳，排入大气中，温室效应也随之增强。粗略估算，如果大气中二氧化碳含量增加25%，近地面气温可以增加0.5~2℃。如果增加100%，近地面温度可以增高1.5~6℃。19世纪以来的100年间全球地表气温上升0.2~0.69℃。若温室效应不断加剧，全球温度也必将逐年持续升高，这将会使南北极的冰层迅速融化，海平面上升，淹没土地，侵蚀海岸，全世界岛屿国家有40多个，海平面上升将使这些岛屿国家和沿海低洼地区面临严重灾害。此外，由于全球气温上升令北极冰层融化，可能会使一些原本被冰冻十几万年的史前病毒被释放，目前人类对这些原始病毒没有抵抗能力，易导致全球陷入疫症恐慌，人类生命受到严重威胁。随着二氧化碳浓度的增加，粮食质量可能会下降，植物病虫害较易蔓延，一些强对流天气将会被加重，例如，龙卷风、冰雹等，气候异常现象也将越来越频繁，如旱灾、水灾、沙尘暴等。

迄今为止，对于温室效应尚无有效的解决对策，但改善汽车燃料、限制化石燃料、保护森林、开发利用生物能源等，都能够为改善温室效应贡献力量。

### (三)光化学烟雾

因工业文明的兴起和发展，工业“三废”排放量不断增加，环境污染和破坏事件频频发生，在20世纪30~60年代，发生了8起震惊世界的公害事件，美国洛杉矶光化学烟雾事件便是其中之一。

洛杉矶位于美国加利福尼亚州西南部，是美国重要的工商业、国际贸易、科教、娱乐和体育中心之一，也是美国石油化工、海洋、航天工业和电子业的主要基地之一。从1940年初开始，洛杉矶每年5~10月，只要是晴朗的日子，城市上空就弥漫出浅蓝色烟雾，使整座城市上空变得浑浊不清。这些烟雾使人咽喉疼痛、头晕头疼、胸闷，汽车、飞机安全运行受威胁，交通事故增加。1943年以后，这种烟雾更加肆虐，以致远离城市100 km以外的海拔2000 m高山上的大片松林也因此枯死，柑橘减产。1952年12月的一次光化学烟雾事件中，洛杉矶市65岁以上的老人死亡400多人。1955年9月，由于大气污染和高温，短短两天之内，65岁以上的老人又死亡400余人，直到20世纪70年代，洛杉矶市还被称为“美国的烟雾城”。

这一现象的出现是由于汽车、工厂等污染源排入大气的碳氢化合物和氮氧化物等一次污染物在阳光作用下发生光化学反应生成二次污染物，呈浅蓝色烟雾状，即光化学烟雾。洛杉矶在1940年就拥有250万辆汽车，每天大约消耗1100 t汽油，大约排出1000 t碳氢化合物、300 t氮氧化合物、700 t一氧化碳。另外，还有炼油厂、供油站等其他石油燃烧排放，成了一个“毒烟雾工厂”。光化学烟雾除受太阳辐射强度的日变化影响外，还受该地的纬度、海拔、季节、天气和大气污染状况等条件的影响，通常白天生成，傍晚消失。除了洛杉矶以外，欧洲、大洋洲和亚洲地区也先后出现过这种烟雾。

由于污染物质中的气溶胶颗粒长时间悬浮于空气中或长距离迁移，散射太阳光，光化学烟雾使大气能见度降低，视程缩短，导致交通事故增多，并会刺激人类眼睛和黏膜，使慢性呼吸系统疾病恶化，损害肺部功能，长时间接触会出现一系列中枢神经损害或引起肺水肿。光化学烟雾还会影响植物生长，使植物表皮褪色，呈蜡质状，叶片上出现红褐色斑点，叶子背面呈银灰色或古铜色，降低植物对病虫害的抵抗力。同时光化学烟雾对建筑材料也会造成破坏，加速建筑、喷涂、包装及电线电缆等所用材料，尤其是聚合物材料的降解和老化变质。

日益严重的光化学烟雾问题，逐渐引起人们的重视。人们对光化学烟雾的发生机理与模式、其对生物体的毒性以及对应的监测和控制技术等方面进行了广泛的研究，发现控制污染源，减少汽车燃烧汽油时产生的碳氢化合物和氮氧化物是有效措施，因此提倡采用无污染运输，如电动车、超导悬浮列车等，同时鉴于森林净化空气的功能，还应大力植树造林，绿化环境。

### (四)酸雨

“好雨知时节，当春乃发生。随风潜入夜，润物细无声”，雨水可以扫去空中尘埃，滋润万物，然而有一种雨却对万物有着极大的伤害，那就是酸雨。酸雨是指pH值小于5.6的雨雪或其他形式的降水，之所以呈现出酸性，是因为雨、雪等在形成和降落过程中，吸收并溶解了空气中的二氧化硫、氮氧化合物等物质。酸雨主要是人为地向大气中排放大量酸性物质所造成的，例如，煤、石油和天然气等化石燃料中含有硫，燃烧过程中生成了大量二氧化硫。此外，煤燃烧过程中的高温也使空气中的氮气和氧气生成一氧化氮，继而转化为二氧化氮，造成酸雨。各种机动车排放的尾气也是形成酸雨的重要原因。

20 世纪 70 年代，美国东北部及加拿大东南部地区的湖泊水质发生酸化，4000 多个大小湖泊中生命绝迹，大片森林枯败坏死。十多年来，由于二氧化硫和氮氧化物的排放量日渐增多，中国已是仅次于欧洲和北美的第三大酸雨区。80 年代初，重庆南山风景区 $1\times10^4$ 亩①马尾松突然死亡，成为我国首次酸雨急性伤害事件；90 年代初，我国酸雨面积达 $280\times10^4\ km^2$，1993 年，中国超过美国成为当时世界上排放二氧化硫最多的国家。但随着国家对大气污染的治理力度不断加强，二氧化硫排放量开始不断下降，2017 年火电的二氧化硫排放量是 1991 年的 1/7，酸雨面积占国土面积 5% 以下。

酸雨对人体健康、生态环境和建筑设施都有直接和潜在的危害，可造成巨大的经济损失。酸雨可使人类眼部、呼吸道患病率增加，也可诱发肺病，若人类饮用了酸化物造成的地下水，会对健康造成伤害。酸雨可导致土壤酸化，形成植物可吸收的铝化合物，植物长期和过量的吸收铝，会中毒甚至死亡，抑制林木的生长。酸雨还会加速土壤矿物质营养元素的流失，造成土壤中营养元素严重缺乏，从而使土壤变得贫瘠，影响植物正常发育。酸雨还会损坏植物叶面，诱发植物病虫害，使农作物大幅度减产。酸雨还会腐蚀建筑物和工业设备，使非金属建筑材料表面硬化，水泥溶解，出现空洞和裂缝，损坏露天的建筑物。

酸雨污染的范围和程度已经引起人们的密切关注，防治酸雨成了一个国际性的环境问题，必须全球共同采取对策。1979 年 11 月，联合国欧洲经济委员会环境部长会议在日内瓦举行，该会议通过了《控制长距离越境空气污染公约》(以下简称《公约》)，该《公约》规定，到 1993 年底，缔约国必须把二氧化硫排放量削减为 1980 年排放量的 70%。由于酸雨主要是人为排放二氧化硫造成的，因此治理好酸雨主要的主要措施是减少烧煤排放的二氧化硫和汽车排放的氮氧化物，使用燃煤脱硫技术、提高煤炭燃烧的利用率可有效减少二氧化硫排放，也可开发新能源，如太阳能、水能、潮汐能等，代替烧煤等。

**(五)雾霾**

2013 年，“雾霾”成为这一年的年度关键词。有报告显示，中国最大的 500 个城市中，只有不到 1% 的城市达到世界卫生组织推荐的空气质量标准，与此同时，世界上污染最严重的 10 个城市有 7 个在中国。

雾霾，实际上是雾和霾的组合词，是特定气候条件与人类活动相互作用的结果。雾是由大量悬浮在近地面空气中的微小水滴或冰晶组成的气溶胶系统，是近地面层空气中水汽凝结(或凝华)的产物。霾是由空气中的灰尘、二氧化硫、氮氧化物以及可吸入颗粒物等构成，其中颗粒物是加重雾霾天气污染的罪魁祸首。颗粒物是指大气中的固态和液态的颗粒状物质，按照粒径范围，可分成 TSP、PM10、PM2. 5，其中的 PM2. 5 可被人体吸入支气管甚至肺部，对人类健康产生极大影响，极易导致呼吸道疾病、脑血管疾病、鼻腔炎症等。同时，雾霾出现时空气流动性差，有害细菌和病毒向周围扩散的速度变慢，细菌与病毒浓度增高，使得疾病传播的风险变高。

雾霾出现的原因多种多样，大气空气不流动、汽车尾气、工业排放、建筑扬尘、垃圾

---

① 注：1 亩 $=1/15hm^2\approx666.67m^2$。

焚烧，甚至火山喷发等都会造成雾霾天气。近些年来，急剧的工业化和城市化导致能源迅猛消耗、人口高度聚集、生态环境破坏，都为雾霾天气的形成埋下伏笔。

近些年来，持续高发且越来越严重的雾霾，使城市空气污染问题成为公众最关心的问题之一。然而治理雾霾并不是一蹴而就的事情，减少污染源，削减大气污染物，是解决雾霾的根本之道。

## 第二节 水体污染

水是一切生物必不可少的物质，是地球生物赖以生存的物质基础，生命的形成离不开水，水资源是维系地球生态环境可持续发展的首要条件。但是随着地球上人口急剧膨胀，资源急剧消耗，水资源短缺与水体污染问题正愈演愈烈。根据联合国发布的资料表明，目前全球有 11 亿人缺乏安全饮用水，每年有 500 多万人死于与水有关的疾病。保护水资源是人类最伟大、最神圣的天职，只有保护好每一滴水，才能拯救我们的地球。

### 一、地球上的水资源

地球被称为“蓝色星球”，72% 的面积被水覆盖，储有大量水资源。但实际上，近 70% 的淡水固定在南极和格陵兰的冰层中，淡水资源仅占所有水资源的 0.5%，其余的大部分是土壤中的水分或是深层地下水，不能被人类利用，也就是说，地球上只有不到 1% 的淡水或约 0.007% 的水可为人类直接利用，人类的淡水资源并不充裕。水是大气的重要成分，大气和水之间相互作用，形成了地球的水循环运动，对气候调节有着重要作用。水也是形成土壤的关键因素，在岩石的物理风化中起着重要作用。水还是生命之源，是细胞中原生质的组成部分，作为流动液体，可以输送多种多样材料和营养物质，参与细胞的新陈代谢，促进各种生理活动和生化反应的进行。没有水，血液循环无法维持，呼吸、消化、吸收、分泌、排泄等生理活动也无法进行。

水与人类的关系非常密切，无论是生活生产，各项活动都离不开水。但是，随着人口迅速增长和经济活动的加剧，水资源的消耗逐渐上升，工、农业的生产发展严重污染了水体，森林破坏改变了水分蒸发和径流方向……这些人类活动严重地破坏了水资源平衡，使世界面临着水危机。

### 二、水体污染及其危害

#### (一) 水体污染的原因

地球上的水时刻运动变化着，形成一个完整的循环系统。当进入水体的污染物质超过了水体的环境容量或水体的自净能力时，便会破坏水体的原有价值和作用，也就形成了水体污染。水体污染的原因有两类，一是自然造成的污染，例如，特殊地质条件富集大量化学元素、天然植物在腐烂时产生某些有害物质等都属于自然污染，水体可进行自净；二是人为造成的污染，即人类生活生产中所排放出的各种污染物。

#### (二) 水体污染的危害

世界各地水污染的严重程度主要取决于人口密度、工业和农业发展的类型和数量以及所使用的三废处理系统的数量和效率。第四届世界水论坛提供的联合国水资源世界评估报告显示，全世界每天约有数百万吨垃圾倒进河流、湖泊和小溪，每升废水会污染 8 L 淡水；所有流经亚洲城市的河流均被污染；美国 40% 的水资源流域被加工食品废料、金属、肥料和杀虫剂污染；欧洲 55 条河流中仅有 5 条水质勉强能用。水污染对人类健康造成很大危害。发展中国家约有 10 亿人饮用不清洁水，每年约有 2500 多万人死于饮用不洁水，全世界平均每天 5000 名儿童死于饮用不洁水，3 亿城市居民面临水污染。联合国资料表明，如果人类不改变目前的消费方式，到 2025 年全球将有 50 亿人生活在用水难以完全满足的地区，其中 25 亿人将面临用水短缺。

## 三、全球水体危机

水是地球生物赖以存在的物质基础，水资源是维系地球生态环境可持续发展的首要条件，但是随着地球上人口急剧膨胀，资源急剧消耗，水资源短缺与水体污染问题正越演越烈。

### （一）水资源短缺

据统计，全球每年水资源降落在大陆上的降水量约为 $110\times10^{12}$ $m^3$，扣除大气蒸发和被植物吸收的水量，世界上江河径流量约为 $42.7\times10^{12}$ $m^3$。按世界人均计算，每人每年可获得的平均水量为 7300 $m^3$。但是随着世界人口的高速增长以及工农业生产的发展，人们对水资源的消耗量越来越大，世界用水量逐年增长。据统计，1900—1975 年，世界用水量每年以 3%~5% 的速率递增，即每 20 年左右增长 1 倍，近 40 年来，全世界农业用水量增加了 2 倍，工业用水增加了 7 倍，而生活用水增加得更多。

当今世界的水资源分布十分不均。欧洲地理环境优越，水资源较为丰富，其他各洲均不同程度地存在一些严重缺水地区，非洲撒哈拉以南的内陆国家最为明显。世界水资源研究所 2019 年发布的报告显示，全球有超过 10 亿人生活在缺水地区，到 2025 年，将有多达 35 亿人面临缺水。中国水资源总储量约 $2.8\times10^{12}$ $m^3$，由于人口众多，人均占有量仅为世界平均水平的 1/4，是全球人均水资源占有量贫乏的国家之一。

保护水资源，要改变传统的用水观念，合理开发水资源，避免水资源破坏，提高水资源利用率，减少水资源浪费，还可通过增加森林面积涵养水源。

### （二）重金属污染

人类生产活动造成的重金属水体污染主要有工业、农业及城市三个污染源。工业废水是工业污染引起水体污染的最重要的原因。因工厂种类不同，工业废水含有污染物众多，成分复杂，处理比较困难。农业污染主要体现在农药、化肥的使用上。现代农业农药及化肥的使用越来越多，只有少量被吸收，大部分残留在土壤和漂浮在大气中，通过降雨冲刷进入地表水从而形成污染。城市污染源是由城市生活污水、垃圾和废气引起水体污染造成的，例如，厨房、浴室、厕所排出的污水。据统计，世界上仅城市地区一年排出的工业和生活废水就多达 500 $km^3$，而每一滴污水将污染数倍乃至数十倍的水体。

中国也是一个水污染严重的国家，海河、辽河、淮河、黄河、松花江、长江和珠江七大江河水系，均受到不同程度的污染。1994 年，淮河上游因暴雨开闸泄洪，将积蓄的 $2\times10^8$ $m^3$ 水放下来，水经之处河水泛浊，泡沫密布，鱼虾丧失，居民饮用了虽经处理但仍未能达标的河水后，出现恶心、腹泻、呕吐等症状；2004 年，川化某公司排放出含大量氨氮的工艺冷凝液

工业文明典型污染事件

流进沱江，四川五个市区近百万老百姓顿时陷入了无水可用的困境，直接经济损失高达2.19亿元；2005年，由于某冶炼厂在设备检修期间超标排放含镉废水，北江韶关段出现严重镉污染；同年，某石化公司双苯厂苯胺车间发生爆炸事故，约100 t苯、苯胺和硝基苯等有机污染物流入松花江。水利部对全国700余条河流，约$10 \times 10^4$ km河长的水资源质量进行了评价，调查显示46.5%的河水受到污染，水质只达到四、五类，10.6%的河长严重污染，水质为超五类，水体已丧失使用价值，90%以上的城市水域污染严重。

### (三)海洋污染

长期以来，海洋是地球上最稳定的生态系统，由陆地流入海洋的各种物质被海洋接纳、吸收、分解，海洋并没有发生显著的变化。然而近几十年，随着世界工业的发展，人类使海洋生态系统遭到破坏。海洋污染通常是指有害物质进入海洋环境而造成的污染。海洋污染物主要包括石油、汞等重金属、磷等非金属、放射性物质、农药、生活污水等。海洋污染的污染源广泛，人类在海洋中的直接活动可以污染海洋，在陆地所产生的污染物，也将通过江河径流、雨雪等形式，污染海水。海洋是地球上地势最低的区域，一旦污染物进入海洋后，不易分解，越积越多，持续性非常强。同时由于全球海洋相互连通，一个海域污染了，往往会扩散到周边，影响范围非常广。因此，海洋污染有很长的积累过程，不易及时发现，一旦形成污染，防治较困难。

2010年4月20日，在距美国路易斯安那州不远的墨西哥湾上，一个钻井平台发生爆炸，导致石油大面积泄漏，此次泄漏入海的油污需要5年时间才能清理干净。而这并不仅仅是个例，据统计，仅1970—1990年，发生的油轮事故便多达1000起，每年排入海洋的石油有$1000 \times 10^4 \sim 1500 \times 10^4$ t。由于原油中含有苯、甲苯等有毒有害物质，与海水混合后，改变了海水的理化参数，也意味着改变海洋生物原有的生长环境。另外，大面积的油膜减少了太阳辐射投入海水的能量，造成海水缺氧，影响海洋生物食物链循环，严重破坏了海洋环境中正常的生态平衡。除此之外，污染中存活下来的生物将有毒物质遗传给后代，经生物富集，通过食物链进入人体，危害人类健康。

绿色和平组织日前发表报告指出，全世界每秒钟有超过200 kg塑料被倾倒入海洋，累计每年有超过$800 \times 10^4$ t塑料留在海洋当中。虽然有些可在6个月内降解消失，但有些却可能存留数百年。这些塑料垃圾有15%漂在海面，15%在海面以下顺水而动，还有70%沉积在海底。目前污染最严重的海域有波罗的海、地中海、东京湾、纽约湾、墨西哥湾等，我国的渤海湾、黄海、东海和南海的污染状况也相当严重，虽然汞、镉、铅的浓度总体上尚在标准允许范围之内，但已有局部的超标区。

海洋环境是人类赖以生存和发展的自然环境的重要组成部分，海洋环境保护问题已成为当今全球关注的热点之一。保护海洋已迫在眉睫。

### (四)水体富营养化

水体富营养化指的是在水体中，由于氮、磷等植物营养成分含量过多，使水生生物，特别是藻类过分繁殖从而引起的水质污染现象，其实质是单一物种疯长，破坏了水体生态系统的平衡。自然条件下，湖泊会非常缓慢地从贫营养状态过渡到富营养状态，一般水中总磷达到0.02mg/L、无机氮达到0.3mg/L的水体已处于富营养化，而人为造成的水体富营养化则可以在短时间内出现，浮游藻类大量繁殖，形成水华，因藻类颜色不同，水面呈现蓝色、红色等。

水体富营养化主要是排放含营养物质的工业废水和生活污水所引起的，这些水中含有大量的氮、磷及其他无机盐类，能够促使自养型生物旺盛生长，特别是蓝藻和红藻，蓝藻的大量出现是富营养化的征兆。富营养化会影响水体水质，水体中的藻类繁殖迅速，不断消耗水中的溶解氧，或被厌氧微生物分解，不断产生硫化氢等气体，使水质恶化。同时，水体表面生长着的蓝藻、绿藻等会形成一层“绿色浮渣”，造成水体透明度降低，阳光难以穿透，从而影响水中植物的光合作用，氧气减少，鱼类大量死亡。而这些鱼类在腐烂过程中，又把大量的氮、磷等营养物质释放入水中，供新的一代藻类利用。因此，富营养化了的水体很难自净和恢复到正常状态。因富营养化水中含有硝酸盐和亚硝酸盐，人畜长期饮用这些物质含量超过一定标准的水，也会中毒致病。2007 年，我国江苏太湖发生蓝藻污染事件，水源地附近蓝藻大量堆积，厌氧分解过程中产生了大量硫醇、硫醚以及硫化氢等异味物质，造成无锡全城自来水污染，生活用水和饮用水严重短缺，超市、商店里的桶装水被抢购一空。

富营养化的防治是水污染处理中最为复杂和困难的问题。由于氨、氮的富集是造成水体富营养化的主要原因之一，因此，快速消减水体中的氨、氮，是今后治理水体富营养化问题的重要方向。

## 第三节　土壤危机

土壤是陆地生态系统和生命发展的基础，是环境的基石，也是微生物、植物和动物等生命的基础，没有土地，人类将不能生存。几千年来，土壤已经被富有成效地利用，但也常常遭受人类带来的不利影响。由于气候变化和人类活动，许多原本具有生产力的土壤表土流失、土质恶化，加上土壤污染问题日益严重，水土流失不断，土壤蓄水量下降，土地沙漠化也成为全球性环境危机之一。

### 一、土壤组成

地球上早期的生命体利用太阳能制造出大量的有机质，在海滩上不断积累并混入矿物质成分，逐渐形成了最早的真正的土壤。土壤是指地球表面的一层疏松的物质，由各种颗粒状矿物质、有机物质、水分、空气、微生物等组成，能生长植物。土壤并非生来就具有肥力特征并能够生长绿色植物的，与生物发育一样，土壤发育也有一系列的过程，其中母质、气候、生物、地形、时间是土壤形成的五大关键成土因素，地球表面形成 1cm 厚的土壤，至少需要上百年时间。完整的土壤剖面分层通常包括 O（枯枝落叶层）、A（淋溶层）、B（淀积层）、C（母质层）、R（基岩）层。

土壤为地球上的植物提供了必需的营养和水分，也是土壤动物及微生物赖以生存的栖息场所，例如，蚯蚓、部分细菌与真菌等，少数高等动物（如鼹鼠）等终生都生活在土壤中。因此，土壤是生物和非生物环境复合体，生物的活动促进了土壤的形成，而生物又生活在土壤之中，可以说，地球上所有的陆生生物和一部分海洋生物都直接或间接地被土壤所影响着。

## 二、土壤危机类型

### (一)土壤污染

正常情况下，土壤对进入其中的污染物具有一定的自净能力，能够使污染物浓度降低、毒性减轻或者消失，主要通过4种净化方法来实现，包括物理自净、化学自净、物理化学自净及生物自净。但是土壤自净能力是有限的，当土壤中含有的害物质过多，就会导致土壤自净性能的衰竭甚至丧失。由于人口急剧增长，工业迅猛发展，有害物质不断向土壤表面倾倒，有害废水不断向土壤中渗透，有害气体及飘尘也不断降落在土壤中，有害物质或其分解产物在土壤中逐渐积累，最终形成日益严重的土壤污染。

凡是妨碍土壤正常功能，引起土壤组成、结构和功能发生变化，降低作物产量和质量，甚至间接影响人体健康的物质，都称为土壤污染物。土壤污染物来源广、种类多，主要分为无机污染物和有机污染物两大类。无机污染物主要包括酸、碱、重金属等，目前我国受镉、砷、铬、铅等重金属污染的耕地面积近 $2000\times10^4$ $hm^2$，约占总耕地面积的1/5，其中工业“三废”污染耕地 $1000\times10^4$ $hm^2$。有机污染物主要包括有机农药、酚类、氰化物、石油以及由城市污水、污泥等带来的有害微生物等。目前，污水灌溉等废弃物对农田土壤已经造成了大面积污染，如沈阳张士灌区用污水灌溉20多年后，污染耕地逾2500 $hm^2$，造成了严重的镉污染，稻田含镉5~7mg/kg；天津近郊因污水灌溉导致 $2.3\times10^4$ $hm^2$农田受到污染；广州近郊因为污水灌溉而污染农田2700 $hm^2$，因施用含污染物的底泥造成1333 $hm^2$的土壤被污染，污染面积占郊区耕地面积的46%。

土壤污染对人类健康与社会经济造成了严重损失。以土壤重金属污染为例，全国每年因重金属污染而减产粮食达 $1000\times10^4$ t，另外被重金属污染的粮食每年也多达 $1200\times10^4$ t，合计经济损失至少200亿元；我国大多数城市近郊土壤都受到了不同程度的污染，导致农作物污染、减产，影响食物的卫生品质，污染物在植物体中积累，并通过食物链富集到人体和动物体中，危害人畜健康；土壤被病原体、有毒物质、放射性物质污染后，极易传播疾病；土壤污染后，含重金属浓度较高的污染表土容易在风力和水力的作用下分别进入大气和水体中，导致其他环境问题。

大气污染、水污染等问题一般都比较直观，而土壤污染则不同，具有很强的隐蔽性和滞后性，往往要通过对土壤样品进行分析化验才能确定。因此，土壤污染从产生到出现问题通常会滞后较长时间，容易被忽视。由于土壤的理化性质，污染物在土壤中并不像在大气和水体中那样容易扩散和稀释，因此极易不断积累而超标，也使土壤污染具有很强的地域性。土壤污染一旦发生，很多污染物需要很长时间才能降解，例如，某些重金属对土壤的污染基本上是一个不可逆转的过程。因此，土壤污染很难靠稀释、自净作用来消除，治理成本较高，周期较长。

### (二)水土流失

水土流失也称水土损失，是指由于自然或人为因素的影响，雨水不能及时吸收，顺势下流冲刷土壤，造成水分和土壤同时流失的现象。水土流失有3种类型，即水力侵蚀、重力侵蚀及风力侵蚀。一切有坡度的地面，暴雨时都会产生水力侵蚀，以地面的水为动力冲走土壤，分布比较广泛；重力侵蚀主要分布在山区、丘陵区的沟壑和陡坡上，下部被水流淘空后，一部分土壤在重力作用下，分散或成片塌落；风力侵蚀主要分布在一些沙地和丘陵盖沙地区，沙粒被风力扬起，飘浮到另外的地方降落。

自然状态下，以上过程均有可能发生，发生速度较缓慢，通常与土壤形成过程处于相对平衡状态，属于自然侵蚀。自然侵蚀发生的原因包括地形、降水、地面物组成、植被。地面坡度越陡，地表径流的流速越快，对土壤的冲刷侵蚀力就越强。当暴雨的降雨强度超过土壤入渗强度时，便会对地表的形成冲刷侵蚀。土质疏松的地方更易发生水土流失，而郁闭度高、植被茂密的森林则具有较强的保持水土的能力。然而随着人类活动日益增强，人为原因造成的水土流失现象越来越严重，土地利用不合理、植被严重破坏、耕作制度不合理、过度放牧、乱砍滥伐、毁林开荒，种种行为使得树木锐减，地表裸露，加剧了水土流失。一些地区对土地实行掠夺性开垦，破坏了生态环境，使土壤表土流失，肥力衰退，形成了“越穷越垦、越垦越穷”的恶性循环，而不合理的修筑公路、挖煤、采石等，不但破坏植被，更会引起滑坡、塌方、泥石流等严重的地质灾害。

水土流失具有很大的危害。首先，由于土壤耕作层被侵蚀及破坏，暴雨会将含腐殖质多的表层土壤冲刷掉，导致有机质无法有效积累，使土壤肥力日趋衰竭。其次，由于暴雨径流冲刷，形成的沟壑面积越来越大，导致耕地面积越来越小。此外，水土流失导致大量泥土下泄河道，造成河流淤塞，影响水利工程。1958 年以前，从嵊县城到曹娥江可通行 10 t 载重的木船，但由于河床淤沙太多，已被迫停航。四川嘉陵江、涪江、沱江等水土流失十分严重，约 20% 以上的泥沙淤积于水库。黄河流域、黄土高原区每年进入黄河的泥沙多达 $16 \times 10^8$ t。

我国是世界上水土流失最为严重的国家之一，易于发生水土流失的地质地貌、气候条件及人类的过度开发是中国水土流失的重要原因。中国是个多山国家，又是世界上黄土分布最广的国家，大部分地区属于季风气候，降水量集中且多暴雨，在缺乏植被保护情况下极易发生侵蚀。几千年前黄土高原森林密布，气候湿润，然而随着自然气候发生变化，降水逐渐减少，加之人类过度开发，使得植被迅速消失，水土流失现象日益严重，成为水土流失的重灾区。2011 年，第一次全国水利普查数据显示，中国土壤流失严重，水土流失总面积 $294.9 \times 10^4$ $km^2$，占普查范围总面积的 31.1%，其中，水力侵蚀 $129.3 \times 10^4$ $km^2$，风力侵蚀 $165.6 \times 10^4$ $km^2$，西北黄土高原区侵蚀沟道共计 666 719 条，东北黑土区侵蚀沟道共计 295 663 条。

严重的水土流失对国家生态安全、饮水安全、防洪安全和粮食安全都会造成严重威胁，因此必须要采取措施进行防治。目前防止水土流失主要是以植树种草为主，防止过度开荒。党的十八大以来，我国水土流失综合防治取得显著成效，5 年完成水土流失综合治理面积 $27.22 \times 10^4$ $km^2$，改造坡耕地达 $133 \times 10^4$ $hm^2$，实施生态修复 $8.8 \times 10^4$ $km^2$，新建生态清洁小流域 1000 多条，取得了明显的生态、经济和社会效益，治理区农业生产条件和生态环境明显改善，林草覆盖率增加 10% ~30%，平均每年减少土壤侵蚀量近 $4 \times 10^8$t。根据全国水土流失动态监测工作结果显示，2019 年我国水土流失面积为 $271.08 \times 10^4$ $km^2$，较 2018 年减少 $2.61 \times 10^4$ $km^2$，减幅 0.95%。与 2011 年第一次全国水利普查数据相比，水土流失面积减少了 $23.83 \times 10^4$ $km^2$，总体降幅 8.08%，平均每年以近 $3 \times 10^4$ $km^2$ 的速率减少。可以看出，我国水土流失状况持续好转，正在逐步实现面积强度“双下降”、水蚀风蚀“双减少”的目标。

### （三）土地荒漠化

20 世纪 30 年代，美国南部大平原发生了一系列沙尘暴侵袭事件，波及美国本土 27 个州。1930 年 9 月 14 日，连续 27 天的大风将得克萨斯州的 $3000 \times 10^4$ 亩麦田掩埋进沙土；1934 年 5 月 12 日，美国东部地区也被“黑风暴”席卷，南部平原刮起的沙尘暴携带了约 $3 \times 10^8$ t 尘土，横扫中东部，形成东西长 2400 km、南北宽 1500 km、高 3.2 km 的移动尘土带。持续 3 天横扫美国三分之二地区的尘暴，给大半个美国铺上了一层厚土。风暴后，清洁工从堪萨斯州道奇城的 227 户人家的阁楼上扫出了 2 t 多的尘土；1935 年 4 月 14 日，美国南部大平原出现一股沙尘“黑云”，严重时云雾所到之处遮天蔽日，甚至能够抵达美国东海岸，例如，纽约和华盛顿等地，多数沙尘抵达大西洋后才逐渐沉降、固定下来。《新共和国》杂志的阿卫斯·卡尔森在一篇文章中写道：“就像用铁锹往脸上扬沙一样”“人们在自家庭院赶上沙尘暴，得摸着台阶进门。行进中的汽车必须停下，世界上没有一只车灯可以照亮那漆黑的沙尘漩涡……”然而这仅是美国当时发生的沙尘暴中几个例子，20 世纪 30 年代的美国有无数个这样的黑色日子。黑色风暴一路洗劫，将肥沃的土壤表层刮走，露出贫瘠的沙质土层，使受害之地的土壤结构发生变化，严重制约了大平原日后农业生产的发展，这实际上就是土地荒漠化。

土地荒漠化广义上包括气候变异和人类活动在内的种种因素造成的干旱、半干旱和亚湿润干旱地区的土地退化。通常人们所说的土地沙漠化是指在干旱多风和具有疏松沙质地表的情况下，由于人为不合理的活动，破坏生态系统，使原来非沙漠的地区出现了以风沙活动为主要标志的类似沙漠环境的变化。土地荒漠化最终结果大多是沙漠化。土地荒漠化是一个复杂过程，是人类不合理经济活动和脆弱生态环境相互作用的结果，既有自然因素影响，也有人为因素干扰，例如，自然地理条件和气候变异为荒漠化形成、发展创造了条件。沙漠是干旱气候的产物，当干旱严重时，容易造成植被退化，风蚀加快，引起沙漠化。因此，全球变暖、半干旱化趋势等都造成荒漠化加剧。随着人口增长和经济发展，人类为了获得更多的食物，不管气候、土地条件如何，过度开垦与放牧，乱砍滥伐破坏森林，导致土地严重退化。特别是一些干旱和半干旱地区，原本便是干旱、缺水、多风的气候条件，随着植被遭破坏，气候更加干燥，大风强劲地侵蚀表土，沙子越来越多，最终形成沙漠。美国的“黑风暴”事件，正是自然条件与人为活动综合影响的结果。

2021 年 3 月 15 日，北京遭遇严重沙尘污染，中国北方大部分地区也均不同程度地遭遇了沙尘侵袭。这场几乎“席卷”东北亚地区的沙尘暴，源于中国邻国蒙古国，造成该国 10 人遇难。2015 年调查显示，蒙古国境内沙漠化和退化的土地总面积占国土面积的 76.9%，并且沙化仍以较快速度在一些地区蔓延，中等、严重和非常严重的退化面积正在扩大。2019 年，蒙古国减灾专题报告中指出，该国 75% 的土地以半干旱的草地为主，是世界上最容易发生自然灾害的国家之一。随着全球气候不断变暖，蒙古国平均气温升高，导致该国水资源蒸发加剧，森林覆盖率大幅度下降，是蒙古国沙漠化的重要原因之一。同时，由于畜牧业是蒙古国的重要产业，因此该国还存在着过度放牧现象。根据联合国发展署 2021 年 1 月公布的数据显示，至 2019 年蒙古国全国牲畜数量已达 7090 万头，比牧场总承载能力足足超出 3300 万，不同地区放牧牲畜数量达到牧场环境承载力的 2 ~ 7 倍。这是造成该国土地退化的重要原因之一。

土地荒漠化是环境退化的标志，是环境不稳定的正反馈过程，也是一个全球性的环境问题，如不采取根本措施，土地风蚀沙化过程不仅不会自动停止，反而会加剧发展。1996年6月17日是第二个世界防治荒漠化和干旱日，联合国防治荒漠化公约秘书处指出当时全球有12亿多人受到荒漠化的直接威胁，其中有1.35亿人在短期内有失去土地的危险。截至1996年，全球荒漠化的土地已达到$3600\times10^4$ $km^2$，占到整个地球陆地面积的1/4，相当于俄罗斯、加拿大、中国和美国国土面积的总和。据联合国环境规划署(UNEP)调查，在撒哈拉沙漠的南部，沙漠每年大约向外扩展$150\times10^4$ $hm^2$。全世界每年有$600\times10^4$ $hm^2$的土地发生沙漠化，每年给农业生产造成的损失达260亿美元。当前全球沙漠化仍在蔓延，已经从单纯的生态环境问题，逐渐演变为经济问题和社会问题，给人类带来贫困，造成了社会的不稳定。尽管世界各国都在与土地沙化作抗争，但土地沙漠化现象仍在加剧。

中国土地荒漠化问题也十分严重。据记载，中国西北地区从公元前3世纪到1949年间，共发生强沙尘暴70次，平均31年发生一次。根据1998年全国沙漠、戈壁和沙化土地普查及荒漠化调研结果表明，中国荒漠化土地面积为$263.62\times10^4$ $km^2$，占国土面积的27.46%，近4亿人口受到荒漠化的影响，每年因风沙危害造成的经济损失超过540亿元人民币。其中以大风造成的风蚀荒漠化面积最大，占了$160.7\times10^4$ $km^2$。不断沙土化的土地给大风扬尘制造了物质条件，中国北方地区沙尘暴发生越来越频繁，且强度大、范围广。经统计，20世纪60年代特大沙尘暴在我国发生过8次，70年代发生过13次，80年代发生过14次，而90年代至今已发生过20多次，并且波及的范围越来越广，造成的损失越来越重。1993年5月，新疆、甘肃、宁夏先后发生强沙尘暴，造成116人死亡或失踪，264人受伤，农作物受灾面积$33.7\times10^4$ $hm^2$，直接经济损失5.4亿元；1998年4月，发生了一场自西向东席卷中国干旱、半干旱和亚湿润地区的强沙尘暴，途经新疆、甘肃、宁夏、陕西、内蒙古、河北和山西西部，形成大面积浮尘天气；2002年3月，北京遭遇沙尘风暴，累计持续时间达100 h，总降尘量高达$3\times10^4$ t，相当于人均2 kg，是20世纪90年代以来范围最大、强度最强、影响最严重、持续时间最长的沙尘天气。

随着我国生态环境治理的不断推进，防沙治沙工作取得显著成效。根据2015年12月29日发布的第五次全国荒漠化和沙化状况公报显示，我国荒漠化与沙化土地监测结果与第四次监测结果相比，呈现出整体遏制、持续缩减、功能增强的良好态势。荒漠化土地面积由20世纪末每年扩展$1.04\times10^4$ $hm^2$，转变为目前每年缩减2424 $km^2$；沙化土地面积由20世纪末每年扩展3436 $km^2$，转变为每年缩减1980 $km^2$，实现从沙进人退到绿进沙退的历史性转变。

## 第四节　物种灭绝与入侵

自35亿年前出现生命以来，地球上已有5亿种生物生存过，其中绝大多数已经灭绝。从进化论的角度来看，物种灭绝本是自然规律，但人类出现后，人口不断增加，活动范围越来越大，对自然的干扰越来越多，大批的森林、草原、河流消失了，取而代之的是公路、农田……生物的自然栖息地被人类割裂得支离破碎，许多动植物失去了原有的生活环境，本不该消失的物种走向灭绝，目前世界范围内，生物物种正以前所未有的速度消失。自然界中的物种总是处在不断迁移、扩散的动态中，原本海洋、山脉、河流为物种提供了天然的隔离屏障，然而随着交通工具的发达，运输业、旅游业的发展越来越快，人类活动加剧了物种的扩散，使许多生物突破了地理隔绝，拓展至其他环境当中，改变了生存环境和食物链，在当地缺乏天敌制约的情况下泛滥成灾，繁衍扩散成为入侵物种。

## 一、物种灭绝

### (一)物种灭绝的概念

物种是生物分类学的基本单位，是指形态相似，结构相同，能相互交配并产生可育后代的相同个体形成的自然群体。根据世界自然保护联盟(IUCN)的物种等级标准，如果某种植物或动物不可再生性地消失或破坏(50 年里在野外没有被肯定地发现)，称为物种灭绝即绝种，如渡渡鸟。如果某物种的个体已全部从自然界里消失，但还有部分群体仅在人们控制下存活，如麋鹿，称为野生灭绝。如果某一物种在某一地区灭绝而在其他地区还有该物种存在，如中国犀牛，称为局部灭绝。亚种灭绝是指某物种因分布个体大小不同而取名不同的一个种的灭绝，如虎、狼等。除此以外，还有一些野生动物数量少，遗传变异性丧失，自身存亡无法保证，对生态环境影响甚微，称为生态灭绝。

地球上约有 $500\times10^4$~$900\times10^4$ 种动物，由于气候变化、栖息地破坏、疾病、外来物种入侵等各类因素，其中 16%~33% 有灭绝风险，而全球 21% 的植物物种也正面临着灭绝风险。据科学家估计，因受人类的干扰，在过去的 1600 年里，有记录的高等动物和植物已灭绝 724 种。1681 年，渡渡鸟在地球上消失；1600—1800 年，地球上的鸟类和兽类物种灭绝 25 种；1800—1950 年，地球上的鸟类和兽类物种灭绝了 78 种。曾经生活在地球上的冰岛大海雀、北美旅鸽、澳洲袋狼、高鼻羚羊、台湾云豹、中国犀牛等物种已不复存在，白鱀豚、苏门答腊虎、小嘴狐猴等动物也濒临灭绝。

### (二)物种灭绝的原因

关于物种灭绝的原因，美国科学家提出了断续性平衡理论。该理论认为，物种在进化过程中，每隔一段较长时期的稳定，就会有短期的急剧变化，导致某些物种灭绝、某些新物种出现。从进化论的角度来看，物种灭绝本是自然规律，也就是说，物种灭绝实际上自古就有。自从 6 亿年前多细胞生物在地球上诞生以来，物种大灭绝已经发生过 5 次。距今 4.4 亿年前的奥陶纪末期，在地球上发生了第一次物种大灭绝，全球气候变冷，约有 85% 的物种灭绝；第二次物种大灭绝发生距今约 3.65 亿年前的泥盆纪后期，海洋生物遭到重创；第三次物种大灭绝，是地球史上最大最严重的一次，发生在距今约 2.5 亿年前二叠纪末期，约有 96% 的物种灭绝，其中 90% 的海洋生物和 70% 的陆地脊椎动物灭绝；第四次发生在 1.85 亿年前，80% 的爬行动物灭绝；第五次发生在 6500 万年前的白垩纪，小行星撞击地球，统治地球达 1.6 亿年的恐龙灭绝。以上五次物种灭绝主要原因是地质灾难和气候变化，不可避免，然而随着生境破坏、过度开发、环境污染、人口迅速增长，现在物种的灭绝速率已是正常情况下灭绝速率的 1000 倍，地球上每天都有物种灭绝或濒临灭绝。

人类对自然环境的破坏是造成物种灭绝的重要原因。森林是空气净化师，也是土壤保护者，更被誉为“物种之家”。而位于南美洲、全世界面积最大的热带雨林——亚马孙雨林正渐渐消失。亚马孙雨林被称为“地球之肺”，涵盖了地球表面 5% 的面积，制造了全世界 20% 的氧气及 30% 的生物物种。由于盗伐和滥垦，在过去的 40 年，雨林已经消失了两成。人类无限度地利用和开发土地，对森林大肆砍伐，百年内使全球森林减少 50%，这种毁灭性的干预导致了严重的环境突变。俗话说，树倒猢狲散，森林的消退使许多动植物失去它们赖以生存的家园。同时许多化工产业排泄的有害物质对动植物更是构成了极为严重的环境威胁，例如，工业废水、有毒金属、水体污染、酸雨、温室效应等，对物种的恶性影响不断积累。1962 年，美国蕾切尔・卡逊的《寂静的春天》引起了全球对农药危害性的关注，野生动物呈现出的"寂静春天"，正是对人类的警告。

为了满足自己的利益，人类对动植物的大量捕杀和肆意采摘也是造成物种灭绝的重要原因。野生动植物贸易是指人类出售或交换任何野生动植物资源的行为，包括因人类需求而买卖的很多种活体动植物。野生动植物贸易可分为合法贸易与非法贸易两类。前者是在各种国内和国际的法律或条约许可范围内的正常贸易活动，是贸易活动中重要的组成部分。非法野生动物贸易则是国内或国际法律或条约禁止的贸易活动。全球每年非法贸易灵长类 5 万只、象牙 14 万根、爬行动物皮 1000 万张、哺乳动物皮 1500 万张、热带鱼类 3. 5 亿尾，地球上至少有 1/5 的脊椎动物在野生动物市场上被买卖。

象牙是世界著名的文玩材料，一些非洲落后国家的人靠猎杀大象取象牙来致富，中非每年有超过 12 000 头大象因为象牙而被偷猎，仅 2012 年的前六周里，就有超过 300 头大象在喀麦隆遭到猎杀，非洲大象数量急剧减少。2021 年 3 月，非洲象被 IUCN 确定为已濒临灭绝和极度濒危；作为现存唯一的鳞甲目哺乳动物，穿山甲被称为"森林卫士"，每年最多能够吃掉大约 700 万只白蚁和蚂蚁，在一片面积约 350 亩的森林中，只要有一只中华穿山甲存在，就可以有效控制白蚁种群。但由于人类的大肆捕杀，20 世纪 60 年代到 2004 年，我国境内的穿山甲数量减少了 89% ~94%，如今遭受近乎灭顶之灾。2020 年 6 月，穿山甲从国家二级保护动物提升为国家一级保护动物；20 世纪 60 年代，世界上有超过 2000 头北部白犀牛，但由于犀牛角的价值非常高，偷猎者们开始了大规模的捕杀，南非的犀牛偷猎行为在 2007—2011 年增长了 30 倍，2012 年更是达到了创历史纪录的 668 头。20 世纪 80 年代末，野外白犀牛仅存 15 只，2018 年 3 月 20 日，地球上最后一头雄性北部白犀牛苏丹离世，宣告着自然界中该物种的灭绝；铁皮石斛被誉为"救命仙草"，药用价值很高，但生长环境要求比较严苛，自然增长速度非常缓慢，经历了 20 多年的疯狂采挖之后，贵州野生铁皮石斛采挖量已从 1995 年的 1800 kg，降至 2010 年的 30 kg，陷入了濒临灭绝的境地。而这些只是全球野生动植物贸易的冰山一角。

除此以外，异域宠物贸易的出现也对野生动物的生存造成了巨大影响。近年来，亚洲水獭、印度星龟、各类的蛇和蜥蜴……许多野生动物越来越多地出现在宠物市场。与猫、狗等驯化了几千年的家养动物不同，这些宠物大多来源于野外，或是野生种源人工繁育的后代，且往往来自其他国家和地区，被称为异域宠物。2019 年 2 月，世界动物保护协会发布全球首个野生动物异域宠物全球贸易报告，报告指出，目前有超过 500 种鸟类及 500 种爬行动物在全球交易，因空间狭小，环境恶劣，每年至少 1/3 的野生动物在贸易运输过程中死去。因缺乏合适的居住环境、食物、活动空间以及适宜的温湿度，至少 3/4 的宠物蛇、蜥蜴、陆龟和海龟会在家庭饲养一年内死亡。异域宠物贸易的繁荣对全球野生动物种群数量构成严重威胁，并导致一些物种出现区域性灭绝。

许多专家预测，地球正处于第六次物种大灭绝中。著名生物学家斯图亚特・皮姆认为，如果物种以这样的速率减少下去，到 2050 年，1/4 ~1/2 的物种将会灭绝或濒临灭绝。

### (三)物种灭绝现状

曾经有一位联合国的官员说道:“如果达尔文活到今天,他的工作可能就会集中于物种的讣告,而不是物种的起源了。”此句虽是玩笑话,但却一语道出了物种灭绝的现状。据世界《红皮书》统计,20 世纪已有 110 个种、亚种的哺乳动物以及 139 种、亚种的鸟类在地球上消失,截至 2021 年 4 月,超过 37 400 种生物处于危险状态,1627 年波兰原牛灭绝、1681 年渡渡鸟灭绝、1780 年太平洋辉椋鸟灭绝、1876 年福岛胡狼灭绝、1854 年无齿海牛灭绝、1860 年南非斑驴灭绝、1883 年斑驴灭绝、1875 年南极狼灭绝、1911 年北美白狼灭绝、1914 年北美旅鸽灭绝、1936 年袋狼灭绝、1952 年加勒比僧海豹灭绝、1964 年亚洲冠麻鸭灭绝、1983 年台湾云豹灭绝、2018 年地球最后一头雄性北部白犀牛死亡、2019 年中国淡水鱼之王长江白鲟灭绝……一个个触目惊心的事实在警告着人类地球生物多样性在不断丧失。这还仅仅是被记录在案的,未被记录的灭绝物种则要更多,甚至很多新物种尚未被人类所认知,便已经逝去了。

我国也有许多物种濒危或灭绝。大熊猫已在地球上生存了至少 800 万年,与其同时代的古动物剑齿虎、猛犸象等均已因冰川侵袭而灭绝,唯有大熊猫遗存下来,被称为动物界“活化石”,为中国特有种,现仅分布于中国四川、陕西、甘肃等地的竹林中,中国国家重点一级保护野生动物。气候变迁及人为干扰是现今影响大熊猫分布的主要因素,由于人类活动范围扩大,食物与配偶资源贫乏,近亲繁殖严重等原因使得大熊猫数量始终无法大幅度提高。截至 2020 年 12 月,我国圈养大熊猫数量达到 633 只,野生大熊猫超过 1860 只。朱鹮有着鸟中“东方宝石”之称,20 世纪 50 年代我国分布很广,如今仅在陕西境内有屈指可数的几十只了。全球豚类有 70 多种,淡水仅 5 种,中国仅白鳍豚一种淡水豚,1918 年法国动物学家米勒在洞庭湖采到首只标本并命名,命名为中华江豚。白鳍豚 2500 万年前便已经出现在地球上,分布狭窄,大约 2000 万年前进入中国长江,为长江中下游的特有水兽,比大熊猫更古老、更稀少,被誉为“水中大熊猫”和“长江女神”,是研究鲸类进化的珍贵“活化石”。20 世纪 50 多年代,科学家统计白鳍豚数量有 6000 多头。但随着长江的围湖造田、修闸建坝、航运、渔业及严重污染的出现,白鳍豚的数量急剧变少,1979 年成为濒危物种。2006 年后,人类再也没有在长江流域观测到白鳍豚的影子。2007 年,已在地球上生存了 2000 多万年、只在中国长江出没的白鱀豚,随着仅有的一只人工饲养白鳍豚衰老死亡,正式宣告功能性绝种;长江白鲟是中国特有物种,历史悠久,是距今 1.5 亿年的中生代白垩纪残存下来的古代鱼类之一,其身长可达 7 m,体重可逾 700 kg,寿命一般在 30 年左右,被列为国家一级重点保护动物。由于过度捕捞、栖息地破碎及产卵迁徙受阻,长江白鲟数量骤减,上一次发现长江白鲟已是 17 年前的事情。2019 年 12 月 23 日,曾经长江淡水中的顶极捕食者长江白鲟宣告灭绝;华南虎又称“中国虎”,仅分布在中国,是我国特有的虎亚种,曾几乎遍布中国各个林地,但由于栖息地割裂且破碎化加上虎制品贸易所导致的商业性捕杀,如今野生华南虎存在的可能性已经微乎其微。20 世纪 70 年代末估计全国野生华南虎的数量为 40~80 只,20 世纪 80 年代野生华南虎数量极少,1990—1992 年、2000—2001 年、2007 年、2008 年,不同组织机构多次展开了华南虎野外调查,均未发现野生华南虎的存在,许多专家都认为,华南虎的自然种群已经灭绝。截至 2019 年,全世界人工饲养华南虎数量共有 110 余只,被国际自然保护联盟列为极度濒危的十大物种之一,也是中国国家一级保护动物。

能够自由移动躲避灾难的动物尚且如此，相比之下，野生植物更加容易被人们所忽略，濒危野生植物的数量同样稀少，同样遭受着严重的盗挖、走私，许多植物甚至还没被人类了解就已经消失。中国地域辽阔、横跨寒温带、温带、暖温带、亚热带和热带，因此植被类型非常丰富，高等植物数量居北半球第一、世界第三。数据显示，全球 30 多万种植物，中国占了 1/10，高等植物 35 784 种，其中 1.5 万多种植物是中国特有的，数据显示，仅云南一省就有超过 1.9 万种高等植物种类，相当于整个欧洲的数量。然而随着环境被破坏，我国 3 万多种高等植物中 15%~20% 的物种处于濒临灭绝，近 40 年来有 200 个物种已经灭绝。2013 年，中国环境保护部和中国科学院联合发布《中国生物多样性红色名录：高等植物卷》评估报告，采用世界自然保护联盟研发物种红色名录等级和标准，对国内的超 3.5 万种高等植物进行评估，每种植物都有(受威胁)等级，其中兰科是中国高等植物特有种受威胁程度最高的一个家族，该家族中有 532 个物种为中国特有，其中 271 种受到了威胁。

## 二、物种入侵

自古以来，地球上的生物总是处在不断迁移的动态平衡中，由于地理隔离及环境约束，不同物种通常仅在自然分布范围内活动，从而达到生态平衡，直到人类的出现。频繁的人类活动加剧了物种的扩散，使得许多物种突破地理隔绝，拓展至其他环境当中。这些并不是当地原有、而是因为人为活动等因素出现的物种，被称为外来物种。这些外来物种中，很大一部分是由于某种用途，被人类有意引进，例如，美国樱桃、野生大豆等，多数对环境并没有危害。但是也有一部分外来物种由于适应力强、繁殖能力强、缺乏自然天敌而失去控制，排挤环境中的原生种，对当地生态系统造成一定危害，也就是人们常说的物种入侵，例如，福寿螺、巴西龟、松材线虫等，物种入侵被称为地球上没有硝烟的“生态战争”。

### (一)物种入侵原因

物种入侵包括自然入侵和人类导致的入侵两种，其中后者为主要原因。自然入侵往往是通过风、水、昆虫、鸟类及动物的传带，使种子或动物幼虫、卵、微生物发生自然迁移，人类没有直接参与。而人类导致的物种入侵包括无意引种和有意引种两种情况。无意引种是指许多入侵生物虽然是人为引进的，但该种引进是随人类活动无意传入的。随着全球国际进出口贸易的不断增加，国际旅游业的快速升温，各项交通工具使用越来越频繁，许多物种伴随着人或其产品借助飞机、轮船、火车、汽车等途径被引入到新的环境中，例如，豚草多发生于铁路公路两侧、藤壶等海洋生物附着在船只上被带入新的海域。人类的有意引进则是外来物种入侵的最主要原因。出于发展农业、林业、水产、畜牧等需要，世界各国往往会有意引进一些其他地区的优良动植物品种来改善当地情况，来提高经济收益或改善景观效果，解决生态环境问题等。例如，20 世纪初，新西兰从中国引种猕猴桃、美国从中国引种大豆，中国也从国外引入过许多优良品种，例如，葡萄、石榴、红花、马铃薯、玉米、番茄等。但由于缺少引种风险评估，对引种可能造成的危害认识不足，世界各国在引进优良品种的同时也引进了大量的其他生物，由于被改变了生存环境和食物链，这些生物在缺乏天敌的情况下泛滥成灾，最终成为有害的入侵物种。在我国已知的外来有害植物中，超过 50% 的种类是人为引种的，例如，薇甘菊、凤眼莲、福寿螺等。

### (二)物种入侵危害

生态系统是经过长期进化形成的，在某个生态系统中的物种经过相当长时间的竞争、适应和互利互助，才最终达到生态平衡。当引入一个外来物种之后，会打破当地生态系统平衡，在缺乏管理的情况下往往会造成比较严重的后果。

首先，入侵物种对于本地物种的生长发育往往具有一定干扰，这种干扰既可能体现在形态上，也可能体现在一些捕食、繁殖等生理行为上，使本地物种生长受限甚至逐步死亡。同时入侵物种有可能会和当地相近物种通过杂交等方式产生新的基因类型，通过“基因污染”而导致本地物种基因的灭绝。其次，虽然入侵物种可以增大当地的物种多样性，但是由于入侵物种的竞争力往往非常强，会影响当地群落的组成与结构，渐渐改变当地生境条件，导致其他的本地物种的消失。例如，澳大利亚北部引进了含羞草，含羞草的生长特性将开阔的莎草湿地转变成灌木丛，导致一些本地动植物因生境流失而消失，最终引起了生物多样性的下降。再者，物种入侵对于人畜健康及人类生产也有着非常大的影响，一些引进的微生物或昆虫会造成农业损失，而外来物种携带的传染病病原体往往是非当地类型，本地物种对其缺乏免疫力，极易引发新疾病。

除此之外，入侵物种不仅破坏食物链，威胁其他生物的生存，还给全球带来了巨大的经济损失。据国际自然资源保护联盟的报告显示，外来物种入侵给全球造成的经济损失每年超过 4000 亿美元。据不完全统计，美国国土上生长着约 20 万种来自世界各地的移民植物，每年花费的用于外来物种控制的费用多达 60 亿美元，而外来入侵物种每年带来的经济损失则高达 1500 亿美元。印度和南非向联合国提交的报告称，这两个国家每年由外来入侵物种造成的经济损失分别为 1300 亿美元和 800 多亿美元。而我国已经发现了 188 种入侵植物、81 种入侵动物、19 种入侵微生物，世界自然保护联盟公布的全球 100 种最具威胁的外来入侵物种中，我国发现了 50 种，其中危害最严重的有 11 种，对我国农业、林业、水利、畜牧业等造成严重危害。据农业农村部的初步统计，截至 2012 年年底，中国有 400 多种外来入侵物种，每年造成直接经济损失高达 1200 亿元。除了经济损失外，物种入侵也使中国维护生物多样性的任务更加艰巨。

**物种入侵实例**

**【拓展阅读】**

#### 地球生态超载日

地球生态超载日(Earth Overshoot Day)又称“生态负债日”或“生态越界日”，是由国际民间组织“全球足迹网络”发起的，并于 2012 年 8 月 23 日设立，旨在提高人们对生态“超支”的认识，鼓励可持续发展。地球生态超载日是利用网络来估算人类对生态自然资源的需求和地球本身的生态承载力，结合对应时间，得到人类在一年之内何时起生态资源开始入不敷出，也就是说地球于某一天已用完了当年地球可再生的自然资源总量。据统计，1961 年，人类一年只消耗大约 2/3 的地球年度可再生资源，大多数国家还有生态盈余。然而随着全球消费及人口数量的增长，约从 1970 年起，人类对自然的索取开始超越地球生态的临界点。1994 年的地球超载日为 10 月 22 日，2003 年为 9 月 20 日，十年后，到了 2013 年，地球超载日已经提前到了 8 月 20 日，也就是说，在那一年里，人类 8 个月的时间用完了地球一整年的生态资源预算，剩下的 4 个多月里人类开始进入了生态超载阶段。

而2015年、2016年、2018年的生态超载日分别为8月12日、8月8日、8月1日，可以看出人类生态超载阶段不断提前。2019年地球生态超载日为7月29日，人类使用生态资源的速度超过地球自然生态系统的更新速度75%，即人类生存需要1.75个地球。

### 世界水日

1977年"联合国水事会议"向全世界发出严正警告：水不久将成为一个深刻的社会危机，继石油危机之后的下一个危机便是水。1993年1月18日，第47届联合国大会根据联合国环境与发展大会制定的《21世纪行动议程》中提出建议，通过第193号决议，确定自1993年起，每年3月22日为"世界水日"(World Water Day)。世界水日宗旨是推动对水资源进行综合性统筹规划和管理，加强水资源保护，并通过开展广泛的宣传教育活动，唤起公众的节水意识，提醒公众重视水资源问题。1988年《中华人民共和国水法》颁布实施，并确定每年7月第1周为"水法宣传周"。以后结合世界水日，把每年的3月22日所在的一周，定为"中国水周"，每年有特定的宣传主题。1981—1990年，世界首个国际水行动十年计划得以实施，其间全世界共有10亿多人获得水供应，近7.7亿人的卫生条件得到改善。在2003年12月23日的58/217号决议中，联合国第58届大会宣布从2005年3月22日的世界水日开始，2005—2015年为"生命之水"国际行动十年。

### 世界土壤日

土壤是粮食安全、水安全和更广泛的生态系统安全的基础。2013年6月，联合国粮农组织大会通过了将每年的12月5日作为世界土壤日(World Soil Day)，以及确定2015年为国际土壤年(International Year of Soils 2015，IYS 2015)的决议。2018年的第5个"世界土壤日"的全球主题为"土壤污染解决方案"，也正是在2018年的5月，习近平总书记在全国生态环境保护大会上提出，"要全面落实《土壤污染防治行动计划》，突出重点区域、行业和污染物，强化土壤污染管控和修复，有效防范风险，让老百姓吃得放心、住得安心"。2018年8月，《土壤污染防治法》正式颁布，旨在让人们意识到健康土壤的重要性和提倡可持续的土壤资源管理。目前中国土壤修复产业仍在起步阶段，未来发展可期。

### 世界防治荒漠化和干旱日

在人类当今面临的诸多生态和环境问题中，荒漠化是最为严重的灾难。1968—1974年的干旱期造成了非洲撒哈拉地区的特大干旱，夺走了20万人和数百万头牲口的生命，引起了人们对荒漠化问题的极大关注。为此，联合国在1975年3337号决议提出"向荒漠化进行斗争"的口号，并于1977年8月29日至9月9日在肯尼亚首都内罗毕召开荒漠化问题会议，正式提出了土地荒漠化这个世界上最严重的环境问题，并产生了一项全球共同行动的综合的和协调一致的方案，制订了防治荒漠化的行动计划，投入数十亿美元来进行治沙行动，各种抗旱防荒漠化的行动计划随之产生。1994年12月19日第49届联合国大会根据联大第二委员会(经济和财政)的建议，通过了49/115号决议，从1995年起，每年的6月17日定为"世界防治荒漠化与干旱日(World Day to Combat Desertification)"，旨在进一步提高世界各国人民对防治荒漠化重要性的认识，唤起人们防治荒漠化的责任心和紧迫感。

### 国际生物多样性日

生物多样性是地球生命经过几十亿年发展进化的结果，是人类赖以生存和持续发展的物质基础。它提供人类所有的食物和木材、纤维、油料、橡胶等重要的工业原料，保护生物多样性就等于保护了人类生存和社会发展的基石。20世纪80年代，国际社会开始意识到保护生物多样性的重要性，制定了一系列的国际公约。1992 年，我国成为世界上首先批准《生物多样性公约》的六个国家之一，并成立了生物多样性保护委员会，制定了《中国生物多样性保护行动计划》。1994 年 12 月，联合国大会通过决议，将每年的 12 月 29 日定为“国际生物多样性日”(International Day for Biodiversity Diversity)，以提高人们对保护生物多样性重要性的认识。2000 年 12 月 20 日，联合国大会通过第 55/201 号决议，宣布将“国际生物多样性日”由每年 12 月 29 日改为 5 月 22 日。

# 第三章 生物多样性与生态文明

【本章描述】

自党的十八大召开以来，生态文明建设被提升至前所未有的战略高度，党的十九大的胜利召开更是将生态文明建设视为中华民族永续生存和发展的千年大计。新时代生态文明理论的提出不仅是我国传统生态思想的继承与延续，更与当前我国乃至全球的日益显现的生态问题密切相关。工业革命的兴起引发了全球生态问题，被称为地球免疫系统的生物多样性也出现了锐减现象，直接影响着全球的生态平衡。本章将从生物多样性的概念与内涵、生物多样性危机及其保护入手，探究生物多样性的保护问题。

【知识目标】

1. 了解生物多样性的现状；
2. 了解我国代表动植物的特点及价值；
3. 熟悉我国生物多样性保护现状；
4. 熟悉植物与人类、动物与人类、微生物与人类的关系；
5. 掌握生物多样性的概念、内涵与价值；
6. 掌握生物多样性丧失的原因及危害；
7. 掌握生物多样性保护途径；
8. 掌握生物多样性与生态文明的关系。

【能力目标】

1. 能深入体会生物多样性的价值；
2. 能利用所学知识阐述动植物及微生物与人类生活的关系；
3. 能总结和描述生物多样性锐减与影响因素；
4. 能对生物多样性的保护与利用开展实践活动；
5. 能将生物多样性保护理念与所学专业及未来岗位紧密结合，积极保护生物多样性。

## 第一节 生物多样性概述

生物多样性是地球约 30 亿年来不断发展和进化的结果，也是地球的生命支撑系统。作为自然资源的重要组成部分，生物多样性为人类的生存和发展提供了丰富的物质基础，其作为可再生资源，对人类与社会的贡献更是无可替代的。发生于 20 世纪的生态危机以及凸显的人口、粮食、资源、环境、能源问题均会引发和导致生物多样性的锐减，造成地球环境恶化、生态失衡，严重影响着人类的生存和社会经济的可持续性发展，为此，作为全球生态环境保护的热点问题之一和新时代生态文明建设的重要组成部分，保护和合理利用生物多样性备受人类的关注。

## 一、生物多样性的概念

生物多样性被誉为“地球的免疫系统”，如同人类自身的免疫系统一样，无时无刻不在保护着地球的生态平衡，影响着人类与自然的和谐发展。地球有别于其他星球的主要特点之一在于有着丰富多彩、形式多样的生命体的存在，而生命体的最重要特征即是丰富的生物多样性的存在。46 亿年的时代变迁、沧海桑田，美丽蔚蓝的星球孕育了约 870 万个生命物种，它们有的生存于陆地，有的栖息于海洋，在不断自然演化的过程中形成了各自的特征、功能和结构，同时不断有已有物种消失和新物种诞生，物种更替维系着地球的生态平衡，保障着人类的生存与发展。生物多样性是各种各样的生物及其与环境形成的生态复合体，以及与此相关的各种生态过程的总和。它包括地球上所有的动物、植物、微生物，以及它们所拥有的遗传物质、所形成的群落和与其生存环境所产生的各类生态系统。

## 二、生物多样性的内涵

生物多样性既是生物资源丰富多彩的标志，又是生物之间、生物与环境之间复杂关系的体现，是对自然界生态平衡基本规律的一个简明的科学概括，也是衡量生产发展是否符合客观规律的主要尺码，其作为地球在不断地进化发展中所产生的一种自然现象、一种生物不断演变和进化的结果，会随时间和空间不断变化，因此，生物多样性是生物与环境相互作用所产生的自然现象。然而，地球生物多样性是复杂的，既受分布区环境的影响，又受生物本身变异和进化规律的支配。随着人们对于生物进化研究的不断深入及生物多样性科学的不断发展，生物多样性的概念正在逐渐被赋予新的内涵。

## 三、生物多样性的层次

从生物多样性的概念中可以看出，生物多样性是一个内涵非常广泛的概念，其研究范围包括微观的种内遗传基因变化一直到宏观的生物圈，在不同的层次上生物多样性显示出不同动态过程。目前，生物多样性的四个主要层次为物种多样性、遗传多样性、生态系统多样性、景观多样性。

### （一）物种多样性

物种是遗传信息的载体，是生态系统中最主要的成分。物种多样性主要指地球上动物、植物、微生物等生物种类的丰富程度，是生物多样性的中心，既是生物多样性的直观体现，又是生物多样性最主要的结构和功能单位。物种多样性包括两个方面：一方面是指一定区域内物种的丰富程度，称为区域物种多样性；另一方面是指生态学方面的物种分布的均匀程度，称为生态多样性或群落多样性。物种多样性是衡量一定地区生物资源丰富程度的一个客观指标，是根据一定空间范围物种的遗传多样性可以表现在多个层次上数量和分布特征来衡量的。一般来说，一个种的种群越大，遗传多样性就越大。但是，一些种的种群增加可能导致其他一些种的减少，从而导致一定区域内物种多样性减少。

### （二）遗传多样性

广义地讲，遗传多样性是指生物所携带遗传信息的总和，狭义的遗传多样性是指种内不同种群之间或一个种群内不同个体的遗传变异的总和，也称基因多样性。遗传多样性是生物多样性的重要组成部分。生物的各种特征是由基因控制的，生物的细胞内有成千上万个基因，由于不同生物的基因差别较大，即使同种生物之间在基因的组成上也不尽相同，因此，每一个物种都是一个独特的基因库。物种多样性包含遗传多样性，但遗传多样性又远远超出了物种多样性的范围，任何一个物种都具有其独特的基因库和遗传组织形式，物种的多样性也就显示了基因遗传的多样性。生态系统的多样性离不开不同物种所具有的遗传多样性，因此遗传多样性是生态系统多样性和物种多样性的基础。遗传多样性的表现形式是多层次的，包括分子、细胞和个体三个水平。分子水平可表现为核酸、蛋白质、多糖等生物大分子的多样性；细胞水平可体现在染色体结构的多样性以及细胞结构与功能的多样性；个体水平可表现为生理代谢差异、形态发育差异以及行为习性差异等。一个物种遗传变异越丰富，它对环境的适应能力就越强，而一个物种适应能力越强，则它的进化潜力就越大。

我国是世界上遗传多样性最丰富的国家之一，特别是栽培植物、野生亲缘种的基因多样性十分丰富，为国内外动植物的遗传育种提供了宝贵的遗传物质。20 世纪 70 年代以前，美国是大豆的进口国，由于美国科学家在我国找到了适合美国生长的野生大豆，引进后与当地品种杂交培育出了优良品种，在 20 世纪 70 年代后期，美国一跃成为世界最大的大豆出口国。我国也有很多利用遗传多样性改良作物品种的例子，最著名的当属杂交水稻。

中国杂交水稻

### （三）生态系统多样性

生态系统多样性是指生物圈内生境、生物群落和生态过程的多样化，以及生态系统内生境差异、生物群落和生态过程变化的多样性。生态系统多样性可指一个地区的生态系统层次上的多样性，或一个生物圈中的各种生态系统。生境是生物生存所需的无机环境，例如，地形、地貌、气候、土壤、水文等。生境多样性是生物群落多样性甚至是整个生物多样性形成的基本条件。生物群落的多样性主要是指群落的组成、结构和功能方面的多样性。生态过程主要指生态系统的组成、结构与功能在时间上的变化，以及生态系统的生物组分之间及其与环境之间相互作用或相互关系，主要表现为系统的能量流动、物质循环和信息传递等。

#### 1. 生态系统营养结构多样性

生态系统的营养结构是以其各组分的营养传递作为纽带，不同的生态系统，其营养结构组成各不相同，有其独特性和复杂性。生态系统中各种生物通过捕食与被捕食的关系建起的营养结构，维系自身生命活动，称为食物链，食物链彼此相互交错连结成的复杂营养结构称为食物网。食物网是生态系统保持相对稳定的重要条件，食物网越复杂，生态系统抵抗外界干扰的能力就越强。食物链与食物网是生态系统的营养结构，生态系统的物质循环和能量流动就是沿着这种结构进行的。

#### 2. 能量流动与物质循环多样性

能量流动与物质循环是生态系统最重要的功能，一切生命活动都伴随着能量的变化，没有能量的供给也就没有生命和生态系统。能量的流入、传递、转化和散失的过程为能量流动，在能量流动的过程中伴随着物质循环。在生态系统中，物质是能量的载体，使能量沿着食物链流动，而能量又作为动力，使物质能够不断地在生态系统和无机环境之间循环往复，能量流动和物质循环将各个组分有机地联结成为一个整体，从而维持了生态系统的持续存在。生物为了生存不仅需要获取能量，也需要获取物质，这种功能的运行借助食物链与食物网来实现的。太阳能是所有生命活动的能量来源，通过绿色植物的光合作用进入生态系统，然后从绿色植物转移到各种消费者，通过食物链逐级传递。物种的多样性使得食物链与食物网的种类极为丰富，因此能量流动也具有极强的多样性。

生态系统的物质循环是指无机化合物和单质通过生态系统的循环运动，主要包括碳循环、氮循环及水循环。

(1)碳循环

碳循环是指碳元素在地球上的生物圈、岩石圈、水圈及大气圈中交换，并随地球的运动循环不止的现象。大气中的二氧化碳进入生态系统中，主要依赖绿色植物的光合作用，使二氧化碳变成有机物，再通过食物链进入动物和其他生物体内，因此绿色植物是生态系统的基石，除此之外，某些微生物也能把二氧化碳合成为有机物。另外，生物体内的有机物，通过呼吸作用以二氧化碳的形式放回大气中去，还有部分生物遗体没有被分解者分解，转变成为地下的石油和煤，暂时脱离循环，但一经开采燃烧，便可产生二氧化碳返回碳循环。地球上最大的两个碳库是岩石圈和化石燃料，含碳量约占地球上碳总量的99.9%。这两个库中的碳活动缓慢，实际上起着贮存库的作用。地球上还有三个碳库，即大气圈库、水圈库和生物库，这三个库中的碳在生物和无机环境之间迅速交换，容量小而活跃，实际上起着交换库的作用。

(2)氮循环

氮循环是全球生物地球化学循环的重要组成部分，是指氮在自然界中的循环转化过程，是生物圈内基本的物质循环之一。氮循环中，植物吸收土壤中的铵盐和硝酸盐，同化成植物体内的蛋白质等有机氮，动物直接或间接以植物为食物，将植物体内的有机氮同化成动物体内的有机氮。动植物的遗体、排出物和残落物中的有机氮化合物被土壤微生物分解后形成氨，在有氧的条件下，土壤中的氨或铵盐在硝化细菌的作用下最终氧化成硝酸盐，在氧气不足的条件下，土壤中的硝酸盐被反硝化细菌等多种微生物还原成亚硝酸盐，并且进一步还原成分子态氮，分子态氮则返回到大气中。大气中90%以上的分子态氮则是通过固氮微生物的作用被还原为氨。由于微生物的活动，土壤已成为氮循环中最活跃的区域。

(3)水循环

地球表面各种形式的水体是不断地相互转化的，水以气态、液态和固态的形式在陆地、海洋和大气间不断循环的过程就是水循环，降水、蒸发和径流是水循环过程的三个最重要环节，这三个环节构成的水循环决定着全球的水量平衡，也决定着一个地区的水资源总量。地球上的水圈是一个永不停息的动态系统，在太阳能的作用下，海洋表面的水蒸发到大气中形成水汽，水汽随大气环流运动，一部分进入陆地上空，在一定条件下形成雨雪等降水。大气降水到达地面后转化为地下水、土壤水和地表径流，地下径流和地表径流最终又回到海洋并形成海水。

3. 生态系统类型多样性

地球上生态系统类型丰富，如按照生境性质划分，可分为陆地生态系统、海洋生态系统、淡水生态系统，其中陆地生态系统又可分为森林生态系统、草原生态系统、荒漠生态系统。生态系统决定了物种的生存环境，换言之，生态系统的多样性促进了物种多样性的不断发展和进化。任何生物都需要生活在具备一定条件的环境中，离开了适宜的环境，生物将很难适应，只有多种多样的生态系统，才能保证多种多样的生物的生存，即生态系统多样性是物种多样性的根本保障。保护生物多样性最重要的一点就是保护生态系统的多样性并能科学、合理的保护、维持、恢复不同物种在自然环境中的生存及繁衍的能力。

我国生态系统类型丰富，具有陆生生态系统的各种类型，包括森林、灌丛、草原和稀树草原、草甸、荒漠、高山冻原等。由于不同的气候、土壤等条件，又进一步分为各种亚类型，有600多种，如我国的森林有针叶林、针阔混交林和阔叶林，我国草甸有典型草甸、盐生草甸、沼泽化草甸和高寒草甸等，正是这样丰富的生态系统类型造就了我国丰富的物种多样性。

（四）景观多样性

景观多样性是指由不同类型的景观要素或生态系统构成的景观在空间结构、功能机制和时间动态方面的多样性或变异性。景观多样性通常以一个风景区内的景观类型和景物数量表示丰富程度。景观多样性是生物多样性的一个层次，其建立在生物多样性基础之上。景观一方面是人类经济活动的资源和开发利用对象，另一方面又具有自然历史价值、生态价值、社会价值、文化价值等多重内在价值。

景观的基本要素可以分为斑块、廊道和基质三种类型。斑块是指动植物群落或非生命物体，如裸露岩石和土壤以及建筑物等，是景观尺度上最小的均质单元；廊道是指不同于两侧基质的狭长地带，如树墙、防护林、河流、道路等，是联系斑块的纽带；基质是指景观中面积较大、连续性高的景观要素，在景观动态中起着重要作用。

时间的演变、自然干扰、人类活动以及植被演替或波动是景观发生动态变化的主要原因。以景观元素保护为出发点来保护景观水平生物多样性，主要强调景观系统和自然的整体保护，再通过保护景观的多样性来实现生物多样性的保护。景观多样性与地区内文明历史的长短和自然环境分异程度有关。文明历史越长，人文景观种属的丰度越高，自然环境变化越强，自然景观种属的丰度也越高。我国有着五千年的文明史，历史悠久，地质地理结构复杂，自然环境变化多，因此我国绝大多数自然景区内都有丰富的人文景观(图3-1～图3-4)。

图3-1　园林景观

图3-2　公园景观

图 3-3 城市景观

图 3-4 校园景观

## 四、生物多样性的价值

作为人类赖以生存的物质基础，生物多样性为人类提供了基本所需的全部食品、绝大多数药物和工业原料，据统计，全球经济中的40%是基于生物资源及其生物相关产品的。此外，由于生物多样性所涵盖的内容丰富多样，在维持地球生态平衡、生态安全等方面也起着关键作用。生物多样性与人类的生存和发展密不可分，具有重要意义。生物多样性的价值包括比较容易觉察、可直接应用或成为产品的直接价值，包含了消耗使用、生产使用及其服务教学科学研究和丰富人类精神层面的旅游观赏、美学价值。此外，还包含难以直接用货币形式表现的间接价值，包含了其基于物种间平等的生态伦理价值，还有使未来选择成为可能的潜在价值。

### (一) 直接价值

生物多样性的直接价值是指人们直接获取或使用的产品，其为人类的生存、生产、生活提供了直接影响，一般来说，直接价值体现于消耗使用价值、生产使用价值及社会价值。其中，消耗及生产使用价值是直接价值的主要体现。许多就地消费的物品体现着消耗使用价值，一旦这些物品进入市场，成为以货币进行流通的产品后，便体现出了生产使用价值。在这两者之上结合人类的进一步需求逐步建立和发展起来了社会价值。

#### 1. 消耗使用价值

消耗使用价值是生物多样性在自然界中直接被人类的生产生活所应用的体现，如居住地的人们利用周围环境中的生物资源来维持生计，如薪材、饲料、野味、水源等，这些物品及资源的价值并不反映在国民经济的总收入中。对发展中国家传统社会的研究表明，人们广泛地利用自然资源以满足他们对薪炭、蔬菜、水果、肉类、医药及建筑材料的需要。对于消耗性使用价值的估算是很困难的，如对野生肉类的消耗或燃料的消耗，只有当这些资源已消耗完时，人们将以货币的形式获取上述资源，从而体现其另一个价值，即生产使用价值。

#### 2. 生产使用价值

生产使用价值是赋予那些从自然界获得后，作为产品以市场销售进行流通并服务于人类生产生活的一种直接价值。生产使用价值是通过生物物种被直接用作食物、药物、能源、工业原料时体现出来的，通常是将从自然界中获得，经过一定的工艺流程进行加工或未经加工的生物资源进行销售。此类产品种类很多，主要包含薪材、建筑用材、药用植物和野果、野生动物肉类和毛皮、纤维、藤条、蜂蜜、蜂蜡、自然染料、天然香料、植物树脂和树胶、自然淀粉和蛋白质等。

（1）食物来源

生物多样性为人类提供了基本食物。全世界约有5000多种植物可作为人类的食物来源。根据相关调查显示，当前被人类大面积种植的植物种类约有150余种，人类所需粮食的75%来自小麦、水稻、玉米、马铃薯、大麦、甘薯和木薯等作物，其中，仅小麦、水稻和玉米3个物种就提供了70%以上的粮食。蛋白质是组成人体一切细胞、组织的重要成分，机体所有重要的组成部分都需要有蛋白质的参与。全世界的食物蛋白质主要来源于家畜、家禽、鱼类、海产品等，这些产品有的直接上市供人类食用，也有的作为养殖饲料间接地为人类提供动物蛋白质。在中国，人们通过种植小麦、玉米、水稻和大豆获取植物蛋白，通过驯养牛、羊、猪、鸡、鸭等畜禽获得动物蛋白。在不发达的国家或地区，人们还依靠获取野生动植物作为食物，如加纳人所需蛋白质的75%来源于野生鱼类、昆虫和蜗牛等动物。

（2）药物来源

世界上的药品绝大多数直接或间接地以植物、动物和微生物作为根本资源。发展中国家80%的人口依靠传统药物治病，发达国家40%药物来源于自然资源或其化合物合成药品。我国地大物博，植物资源极其丰富，其中药用植物超过1万种以上，临床常用的植物药材达700多种，如天麻、人参、茯苓、黄连、冬虫夏草、猴头和灵芝等。实验动物资源也对医药研究和疫苗培育和研发起到了十分重要的作用，如小鼠、大鼠、豚鼠、犬、兔等。依据《中国动物药资源》记载，我国已知的药用动物多达2215种及亚种，如麝香、蝉蜕、蛇毒、蜂毒、海参、海马等。微生物则广泛应用于生产抗生素、酶制剂、有机溶剂、酒及酒精、氨基酸、维生素、菌肥等。

（3）工业原料来源

生物多样性还为人类提供多种多样的工业原料。其中，植物提供的原料主要有木材、纤维、橡胶、白蜡、紫胶、生漆、松脂、樟脑、单宁、染料等，动物提供的原料主要有油脂、蚕丝、皮革和羽毛等。以森林资源为例，森林可提供生物能源及矿物能源，如煤、原油和天然气等。

**3. 社会价值**

（1）教育与科研价值

生物多样性如同一本充满无限探索空间的大自然教科书，其所涵盖的物种之间、物种与环境之间的发展、进化及演变过程为各行业人才的培养、社会的发展、科学的进步提供了不可估量的重大价值。从教育的角度说，小学的自然类课程、中学生物课程，以及大学的环境、生物类专业和学科的设置，无不体现了生物多样性在科学教育方面的重要地位。许多辅助学习资料的编著、出版和发行，如教育类书籍、影视资源，也都以大自然为主题，吸引更多的学习者进一步了解和探知生物多样性的奥秘。在科技发展方面，越来越多的职业科学家和科学研究爱好者开展了以生物多样性为基础的科研项目和生产实践活动；各项基因工程科学技术的发展如杂交水稻研发及培育技术、抗草丛矮缩病的水稻新品种培育技术、高产奶牛的培育技术等都离不开生物遗传多样性。生物多样性为农林业技术发展、生命科学研究、动植物新品种研发等提供了丰富的场地和素材资源，为世界科技进步奠定了稳固的物质基础。

(2)文化、旅游与美学价值

生物多样性中，景观多样性与生态系统多样性为人类提供了居住、旅游、娱乐和休养的场所，多姿多彩的自然环境与生物给人类带来了美的享受。生活中，人们采用不同方式开展旅游活动，如进入国家森林公园、旅游景区、动物园和保护区进行野外观鸟、赏花、森林浴等，不仅促进了人类身心的健康，也激发了艺术创造的灵感。此外，世界各地的饮食、建筑、服饰、宗教信仰等所形成的生态文化，与当地的自然环境、生物资源密切相关。艺术家们以生物多样性的外在体现为艺术创造源头创作了大量艺术作品，如民间刺绣、绘画、写作、摄影、影视、雕刻等，创造了我国经久不衰的以"花鸟鱼虫、野生动物、山川河流"为题材的艺术风格。中国诗词文学作品中经典的词语成语，如虎虎生威、马到成功、雄鸡齐鸣、气壮山河、高风亮节、出淤泥而不染、梅花香自苦寒来等，无不是受到大自然的启示，展现了自然界及生物的美学内涵。

(3)伦理价值

生物多样性的伦理价值的目的是激发人类对生物资源合理利用及保护的进一步认知、思考与探讨，是建立人与自然和谐共存、永续发展理念的重要支撑。自古以来，人们在不断地生产实践中，已经形成了极为丰富的生态思想，如"天人合一""道法自然"的传统生态观。人类是生物多样性的一部分，所有物种是相互依存的，每一物种都有生存的权力，人类必须和其他物种生活在同一个生态范畴内，不应凌驾于其他物种之上，处于平等地位。

**(二)间接价值**

生物多样性的间接价值常常是与环境作用和生态系统的服务功能有关，即与生态系统的生态过程有密切关系，如能量固定、保持水土、涵养水源、吸收和分解污染物质、品种培育、维护生态安全等，由于它们不是通常经济意义上的物品或服务，往往未经过市场流通而直接被消费，一般不出现在国家经济的统计资料里。生物多样性的间接价值事实上远远超过直接价值，生物多样性的间接价值主要表现在以下几个方面：

**1. 能量固定**

绿色植物的光合作用将光能转化为化学能，把简单无机物合成有机化合物，并储藏于有机物中，实现了能量的转化和固定。例如，森林植物通过光合作用，每天都消耗大量二氧化碳，合成能源物质并释放出大量的氧，不仅能够维持大气中二氧化碳和氧的平衡，还能够有效蓄积太阳能，为一切生物提供能量。

**2. 保持水土、涵养水源**

森林生态系统是陆地生态系统的重要组成部分，含有多种多样的木本植物。茂密的林冠对降水有截留作用，郁闭度高、植被茂密的森林具有十分强大的保持水土的能力。同时由于林木根系及森林地表枯枝落叶层的作用，森林还有很强的涵水能力。

**3. 吸收和分解有机物**

自然界中部分昆虫及微生物的高效分解能力，能把动植物尸体进行分解，把复杂的有机物变成简单的无机物。以具有极其高效的生物化学转化能力的微生物为例，据研究，乳糖菌在 1 h 内能够分解其自身重 1000 ~ 10 000 倍的乳糖，产朊假丝酵母菌的蛋白合成能力是大豆蛋白合成能力的100倍。自然界中，光合作用是利用光能把无机物合成有机物，分解作用则是将有机物分解成无机物，从而完成了自然界中的物质循环。

**4. 品种培育**

对于农林业产量和质量的提升，动植物都起着重要的作用，其中，野生生物的抗性比栽培种强得多，把野生种抗性基因引入驯化或栽培种，能大幅提高农业生产力水平。我国的700多万群家养蜜蜂和近万种野生蜜蜂是虫媒植物繁衍后代的“媒介”，对多种农作物、果树、牧草、蔬菜和其他经济植物产量和质量的提高具有重要作用。

**5. 维护生态安全**

利用生物多样性可以防治病虫害，有效提升作物生长质量。由于生态系统中食物网各营养级上的生物都是相互制约的，任何一种物种都不可能无限增长，因此，生物多样性丰富的地区一般不易发生灾难性病虫现象。若人类活动使完整的食物网受到破坏，物种间的相互制约作用将不复存在，易导致病虫害频繁发生，从而给当地社会带来巨大经济损失和生态灾难。

### （三）潜在价值

生物多样性的潜在价值又称选择价值，是指目前尚未体现，但可以为未来人类提供各种生态学选择，从而有能力应付不可预料的生态或者社会经济危机，保证社会的可持续发展，为后人提供选择机会的价值。有些物种现在看来毫无用途，也许将来某一天能帮助人类免于饥荒、祛除疾病，特别是由于环境不断受到破坏，现在的经济作物也许适应不了将来恶劣的环境，这意味着人们要重新选择作物物种。如果大多数物种遭到破坏，选择机会将大幅降低。因此，保护生物多样性，也就保护了其潜在的价值。

综上所述，生物多样性从多个层面有着重要意义，而自20世纪以来，全球及我国生物多样性锐减，需要人们不断反思和继续探索实践，将生物多样性的合理保护及利用这一重点工作放在生态文明建设的主要战略地位当中来。

## 五、生物多样性的主要类群

地球上生活着各种各样的生命形式，包括动物、植物、微生物，这些生命形式及其生长的生态环境便构成了生物多样性。保护生物多样性实际上保护的就是这些不同的生命形式。

### （一）植物王国

植物是地球上不可缺少的一类生命形式。作为生产者，植物是整个地球生态系统的基础。植物细胞具有全能性，具细胞壁，细胞内含有叶绿素，可进行光合作用，制造有机物，绝大多数固着生长。

**1. 植物类群**

随着地球上自然地理环境的变迁，植物界始终在不断发展着，在一定时期中，某些植物占支配地位，随后由于环境变化，另一类较为进化的植物出现，这时植物界就进入了新的发展阶段。总的说来是从低等到高等、从简单到复杂、从水生到陆生。最早的植物属于菌类和藻类，起源于距今25亿年前；4亿年前，绿藻首次从水域环境登陆大地，为大地添上绿装；3亿年前，蕨类植物衰落；2亿年前，裸子植物兴起，形成茂密的森林；1亿年前，被子植物快速发展，成为现在地球上植物界的主宰。根据地球上植物的形态构造和进化顺序，植物分类学家将植物分为低等植物和高等植物两大类群。

(1)低等植物

低等植物是地球上出现最早、最原始的一类植物，它们的植物体结构通常比较简单，由单细胞构成或是多细胞的叶状体，无根、茎、叶的分化，有性生殖时合子直接发育成新的植物体，包括藻类、菌类、地衣三大类群。

藻类：现存约 2 万多种，极其古老，大多数依然保持水生习性，多数结构简单，没有根、茎、叶的分化，形态差别很大，有单细胞、群体和多细胞，最小的要在显微镜下才能看见，最大则长达 100m 以上，藻类的细胞含有叶绿素，还含有藻黄素、藻红素、藻褐素等，可用于食用、药用、饲料、饵料等，常见的藻类植物有海带、裙带菜等。

菌类：植物体多数不含叶绿素，除极少数细菌外都不能进行光合作用。有的菌类对人体有害，有的菌类则可供食用或药用，如木耳、银耳等(图 3-5)。

**图 3-5　生活中的真菌——蘑菇**

地衣：由藻类和真菌共生而成，菌类吸收水分和无机盐供藻类使用，藻类光合作用制造有机物供菌类所需，形成共生关系。地衣生长缓慢，常生长在岩石、树皮、土壤上，对岩石风化和土壤形成有促进作用，被誉为大自然的拓荒者。

(2)高等植物

高等植物是植物界中形态构造和生理功能比较复杂也比较先进的植物类群，多数为陆生，除苔藓植物外均出现了根、茎、叶和中柱的分化。包括苔藓植物、蕨类植物、种子植物。

苔藓植物：植株矮小，喜欢湿润环境，通常生长在阴湿地方，低等种类常呈扁平的叶状体，高等类型则有假根和类似茎叶的分化。

蕨类植物：多为陆生，属于多年生草本，出现根、茎、叶分化，喜欢温暖湿润的环境，热带亚热带居多。

种子植物：是地球上目前分布最广、种类最多、经济价值最大的植物类群，能够产生种子并用种子繁殖，包括裸子植物和被子植物。其中裸子植物最早发生在 4 亿年前，后由于地史气候变化，部分种类灭绝(图 3-6)。裸子植物多为重要林木，木材质量往往比较高，是很好的建筑、车船、造纸用材。被子植物是目前植物界最进化、分化程度最高的高等植物类群，出现了木本植物和草本植物的分化，叶多宽阔，单叶或复叶。具真正的花。胚珠包被于子房内，子房发育成果实，种子有果实包被。

图 3-6 裸子植物——油松

**2. 植物的分类方法与命名**

中国地域辽阔，横跨寒温带、温带、暖温带、亚热带和热带，自然植被类型非常丰富。目前我国高等植物数量居北半球第一、世界第三。数据显示，仅云南一省就有超过1.9万种高等植物种类，相当于整个欧洲的数量。基于植物种类众多且与人类生活关系密切，如何对植物进行分类十分重要，目前植物分类方法有人为分类系统和自然分类系统。

人为分类系统：根据形态、习性、用途上的某些性状归类，不考虑植物亲缘关系和演化顺序而对植物进行分类的系统叫作人为分类系统。该系统实用性强，使用方便，但不能反映出植物间的亲缘关系和进化顺序，在科学性方面有些欠缺。

自然分类系统：随着科学的发展，人们借助形态学、解剖学、细胞学等学科的研究成果，把植物按照类群间的进化规律与亲缘关系加以系统归纳，建立了自然分类系统。该系统能够较客观地反映出植物界的亲缘关系和演化顺序。

植物分类等级单位也称为分类阶层单位，有界、门、纲、目、科、属、种7个，其中种是分类的基本单位。形态特征相似且具有密切关系的种组合为属，相近的属组合成科，依据同样的原则依次组合成目、纲、门、界等分类单位。根据实际需要可再划分为亚门、亚纲、亚目、亚科、亚属和亚种，种下还划分有变种、亚种、变型和栽培品种等单位。

由于世界范围广大，同种植物在不同的国家、不同的地区往往有着不同的名称，为避免混乱、便于研究以及学术交流需要，国际上采用双名法为植物制定学名。一个完整的植物学名由属名、种加词、命名人三部分组成，例如，银杏学名是"*Ginkgo biloba* L."，其中"*Ginkgo*"是属名，"*biloba*"是种加词，"L."是定名人林奈姓氏的缩写。

**3. 植物与人类**

从原始文明时期开始，植物便与人类的生活密不可分。植物不但可以为人类提供食物、木材等还可利用光合作用帮助人类净化空气，人类的衣食住行均离不开植物。

原始文明时期，人类靠山吃山，吃的正是山上多种多样的植物。有的植物为人类提供新鲜水果，苹果、梨、桃、樱桃……这些数不胜数的水果让人类尝到了美味，也启发了人类对其进行人工培育种植；核桃、榛子、板栗等坚果也是人类餐桌上的常客，成为现代重要经济植物；红松、落叶松等裸子植物木材往往纹理细密，抗风化、耐腐蚀，以各自独特的材质特征为人类提供大量优良木材，成为人类基础建设的重要支撑；家具、乐器、枕木等均能看到植物的影子。除了食物与木材，药材也是植物为人类做出的重大贡献之一。植物是人类的原始药物，从明朝李时珍开始，华夏民族便开始系统研究中药材。人参、冬虫夏草等均有极高的药用价值。

除此以外，植物界中许多植物具有优美的姿态、丰富的色彩，例如，枝干笔直的红松、树干白皙的白桦、叶形独特的银杏、花香沁人心脾的槐树、五颜六色的月季等，都具有极高的观赏价值，帮助人们改善心情、陶冶情操。随着人类文明的进步与生活的提高，植物文化越来越盛行，许多植物被赋予了独特的文化意义，例如，牡丹被誉为“花中之王”，历朝历代歌颂牡丹的诗词不绝于耳，“岁寒三友”松、竹、梅象征着中华民族傲骨迎风、挺霜而立的坚韧精神。

中国特色植物
古树名木

除了经济价值与社会价值以外，植物本身“自带的属性”——生态价值对人类也非常重要。绿色植物在光合作用中吸收空气中的二氧化碳，转变成糖类等有机物，成为人类、动物、微生物的重要营养来源，而光合过程中所释放的氧，是人类得以生存的重要保障；植物叶片的蒸腾作用可增加空气中的湿度，并通过吸热降低空气温度，有效调节和改善环境小气候；有些植物叶片表面具有毛，可吸附粉尘和吸收空气中的有害物质，如二氧化硫、氟化氢、氯气等；有的植物还可以分泌大量的杀菌素，有效杀死空气中的有害菌；植物高大的树冠往往具有良好的遮阴作用，可有效阻挡空气中的粉尘，还可阻挡噪音；植物地下庞大的根系可有效固定土壤，防止水土流失。

为更好保护植物多样性，中国开始对本土植物进行摸底调查，其中历时数十年野外采集、室内鉴定分析，由 80 余家科研教学单位的 312 位作者和 164 位绘图人员，四代植物学家和相关人员共同完成的《中国植物志》，共计 80 卷 126 册 5000 多万字，是目前全世界最大的植物志书，记载了中国 3 万多种植物信息。近年来，《中国生物物种名录》、国家动植物种质资源共享平台、国家标本资源共享平台等陆续出台，代表着中国保护植物多样性的决心。

作为人类和动物重要的食物来源，地球上每种植物都是整个地球生态系统的重要环节，任何一种植物的消失往往伴随着其他生物的减少、绝灭，甚至生态系统的崩塌，因此保护生物多样性、保护植物势在必行。

### （二）野生动物

森林是地球上陆地生态系统主要的承载主体，拥有着丰富的野生动物资源。野生动物是森林资源的重要组成部分，把森林作为其栖息、取食、休养生息和繁衍后代的场所，促进了整个森林生态系统健康地发展。凡是生存于天然自然状态下，或者来源于天然自然状态的、虽经短期驯养但还没有产生进化变异的各种动物都属于野生动物，广义上泛指兽类、鸟类、爬行类、两栖类、鱼类以及软体动物和昆虫等，狭义上讲，指除鱼类和无脊椎动物以外的各类动物（包括兽类、鸟类、爬行类和两栖类）。下文中所指均为狭义的野生动物。

在地球漫长的历史长河中，人类与野生动物始终相伴而行，在原始岁月里，人们享受野生动物带来的便利。随着人类文明的进步，人们逐渐学会了捕猎，由于社会生产力低下，并没有危及野生动物的生存情况，随着农业文明的出现，人类认识到许多野生动物是可以驯养的，家畜、家禽等家养动物开始走向人们的日常生活，可以说，野生动物资源是大自然留给人类的宝贵财富，是人类社会的必需资源，具有科学价值、药用价值、经济价值、游乐观赏价值、文化美学价值和生态价值。

**1. 野生动物资源特征**

所有可以为人类带来显著经济利益和社会效益的野生动物统称为野生动物资源，具有以下特点：

(1)可更新性

可更新性是野生动物资源的最主要特征之一。野生动物资源是可再生资源，被利用了一部分后，能通过自我繁殖增长和更新而得以恢复，从而可被人类反复利用。但是野生动物资源的可更新性也是有条件的，只有对其进行科学合理的利用，才可以保持其再生性。如果随意猎取，并对其赖以生存的森林资源滥加砍伐，破坏其所生存的生境条件，野生动物的种群数量将锐减，资源种群将难以恢复甚至灭绝。

(2)多样性

野生动物资源的多样性主要体现在其生境、物种和基因的多样性上。每一种野生动物资源都有其独特的基因组成，是构成全球物种基因多样性的重要组成部分。同时不同的野生动物栖息环境各不相同，有的生活在森林里，有的生活在草原上，是野生动物对生境条件长期适应的结果。

(3)对环境的依赖性

野生动物对环境具有很强的依赖性，通过与环境相互作用而达到平衡。一旦环境发生变化，往往会导致野生动物的生存受到威胁，甚至造成物种灭绝和生物多样性丧失。自然环境变化主要有两种情况，自然变化和人为影响，其中自然变迁导致的生境破坏所引起的动植物绝种是无法挽回的，而人类引起的环境破坏则是可以避免的。2019—2020 年，澳大利亚山火肆虐数月，研究显示几乎所有物种都失去了 30% 的自然栖息地，有些物种甚至几乎失去了全部栖息地。

(4)分布的地域性

由于野生动物对栖息地环境的依赖性，造成不同的栖息地环境分布着与其相适应的、不同的野生动物种群，形成了种群多样性。

(5)资源结构的不均衡性

由于物种间的竞争和环境的变迁，导致野生动物种群大小不一、数量多寡不同，对人类的生存、生活及经营利用具有有益或不利的影响。

(6)资源的可利用性和用途的广泛性

野生动物资源自古以来就与人类的生存生活息息相关，在食用、药用、工业、科学实验、基因种源和环境监测等方面均有着重要作用。

(7)进化适应的限制性

野生动物在长期的进化过程中，从形态结构、生理及行为上产生了对复杂环境的适应性。每个物种的适应性都是独立存在、彼此不同的，这些适应性的结果导致不同的物种对环境条件的要求也不同。物种的适应性一方面增强了它们的生存能力，另一方面也对自己的生存和分布产生了限制性。

**2. 动物与人类**

野生动物与人类相依相存，伴随着人类文明的发展，人类对其利用经历了 4 个阶段的演化：原始型的依附性利用、传统型的改造性利用、现代型的掠夺性利用和未来型的协调性利用。

动物和人类共同生活在地球上由来已久，形成了复杂的关系，自远古开始，人类一方面躲避着野生动物，另一方面又从野生动物身上获取食物，丰富的动物资源是大自然赐给人类的物质宝库，“茹毛饮血”正是当时人类与动物生活情境的生动描述，这一阶段便是人类对野生动物原始型的依附性利用。

随着人类文明的发展，人类对食物的选择性越来越强，从“饥不择食”逐渐转变为以植物性食物为主，例如，农业文明时期开始广泛种植的水稻、小麦等，再演变成以动物性食物为主，并从含脂肪较多的肉食转向含蛋白质较多的肉食，例如，猪、牛、羊肉等，另外，家禽的肉、蛋也是动物蛋白质的重要来源。在长期的实践中，人们发现很多疾病可用各种各样的动物来治疗，古时便有使用医蛭吸瘀血的记录，明代李时珍的《本草纲目》中记载的动物药有 461 种。随着社会不断发展和进步，人类对野生动物的利用范围逐渐广泛，更多野生动物的价值被人们所发掘。人们模仿蝙蝠的回声定位系统发明了声呐和雷达，模拟鱼类的尾鳍和胸鳍制造了船舵和船桨，通过观察和研究鸟类上凸下凹的翅膀剖面结构，研究出了机翼和飞机……动物带给人类的启迪数不胜数，是典型的人类对野生动物传统型的改造性利用。

中国特色动物

随着人口数量的增加，人类对野生动物的干扰越来越大，森林超量砍伐、草原开垦与过度放牧、不合理的围海围湖造田等人类行为，导致野生动物生存环境被破坏，许多珍贵的野生动物被迫退缩残存在边远的山区、森林、草原、沼泽、荒漠等地区，分布区逐渐狭窄，许多动物种群开始向濒危方向发展。中国是濒危动物分布大国，据不完全统计，仅列入《濒危野生动植物种国际贸易公约》附录的原产于中国的濒危动物便有 120 多种。野生动物的商业性利用是造成物种濒危的主要原因之一，“皮可穿、羽可用、肉可食、器官可入药”使人类进入了对野生动物现代型的掠夺性利用阶段。

2002 年，严重急性呼吸综合征（又称非典型肺炎，SARS）在中国广东发生，并迅速扩散至东南亚，直到 2003 年中期疫情才被逐渐消灭。此次疫情波及 27 个国家，造成 8000 多人感染，700 多人死亡。SARS 疫情是由 SARS 冠状病毒引起的，而该病毒的直接传染源正是广东野生动物市场里被作为野味贩卖的果子狸（后期经研究发现，该真正起源为蝙蝠，感染果子狸后在其体内不断变异，最终形成了传染人类 SARS 病毒）。这次事件为人类敲响了警钟，如果不是肆意食用野生动物，使野生动物跨越种群界限来到人类世界，这些灾难本不会出现。人类病原体目前已知 1415 种，其中 62% 是人畜共患病，超过 75% 的新发传染病来自野生动物。埃博拉病毒、尼帕病毒传染于蝙蝠；马尔堡病毒源于非洲猴子；肝炎病毒源于被污染的毛蚶；MERS 病毒传染源为单峰骆驼……“枪响之后无赢家”“没有买卖就没有杀害”，人类意识到站在食物链顶端的责任是保护，保护动物就是保护人类自己。野生动物不仅是大自然馈赠给人类的可利用资源，也是生态系统中重要的组成部分，人类在开发与利用野生动物资源的同时，更要注重野生动物的保护与发展，人类对动物的利用正式走向协调性利用。

**（三）“隐形的”微生物**

数十亿年前，陆地上一片荒凉，但在无尽的海洋之中，许多微小的生命悄然诞生，这便是地球的微生物时代。微生物时代的繁盛持续了 10 多亿年，一些微生物独特的光合作用，产生氧气，改变了大气组成，为后续生命的出现奠定了基础。

昆虫乐园

微生物是地球上最古老、数量最多的微小生物，通常个体难以用肉眼观察。目前最大的微生物是 1997 年由 Heidi Schulz 在纳米比亚海岸海洋沉淀土中所发现的呈球状的细菌，直径约 100 ~ 750 μm。世界上已知最小的能独立生活的微生物是支原体，过去也译成“霉形体”，是一类介于细菌和病毒之间的单细胞微生物，约为 100 nm。微生物虽然个体不大，却无处不在，遍布于日常生活的各个角落，甚至存在于炙热的火山、冰冷的极地中。

**1. 微生物的分类**

人们根据微生物的形态特征、生理生化特征、生态习性、血清学反应、噬菌反应、细胞壁成分等对其进行了较为系统的分类，主要包括原核微生物和真核微生物、病毒和亚病毒。

(1)原核微生物

原核微生物的细胞分化低，仅有染色质组成的拟核，无核仁和核膜。细胞质内除有核糖体外，无其他细胞器。包括真细菌、古细菌、放线菌、蓝细菌、支原体、立克次氏体、衣原体。

①真细菌与古细菌

真细菌即我们常说的细菌。荷兰人列文·虎克最先发现了细菌，而细菌这个名词则是由德国科学家埃伦伯格在 1828 年提出来的，用来指代某种细菌。细菌是所有生物中数量最多的一类，主要有球状、杆状以及螺旋状，对应被称之为球菌、杆菌和螺旋菌。细菌的生活方式主要有自养和异养两大类，对应被称为自养菌和异养菌。此外，还有一类细菌被称为古细菌，多生活在极端的生态环境中。

②放线菌

放线菌是一类陆生性较强的原核生物，以孢子繁殖，因在固体培养基上呈辐射状生长而得名，多数有发达的分枝菌丝。放线菌在自然界分布广泛，尤其是含水量低、有机物丰富、呈中性或微碱性的土壤中数量最多。随着人类认识放线菌的能力和手段不断提高，越来越多的放线菌种类被发现和描述，迄今有效描述的菌种达 2000 个。

③蓝细菌

蓝细菌过去曾被称为蓝藻或蓝绿藻，是一类进化历史悠久、含有叶绿素 a、能进行光合作用的原核生物。由于不含叶绿体，因此，蓝细菌与真核生物的藻类并不相同。蓝细菌是自然界进化的重要一环，正是它的光合作用使整个地球大气从无氧状态发展到有氧状态，为一切好氧生物的进化和发展打下基础。蓝细菌广泛分布于自然界，包括各种水体、土壤和部分生物体内，甚至在岩石表面和其他恶劣环境(高温、低温、盐湖、荒漠和冰原等)中都可找到它们的踪迹，有“先锋生物”之美称。

④支原体

支原体不具有细胞壁，是可用人工培养基培养增殖的最小原核细胞微生物，大小为 0.1~0.3 μm。由于能形成丝状与分枝形状，故称为支原体。支原体广泛存在于人和动物体内，致病性较弱，一般不侵入血液，但也有部分支原体可致病，例如，肺炎支原体是引起支原体肺炎的病原体，也可引起上呼吸道感染和慢性支气管炎等。

⑤立克次氏体

1909 年，美国病理学家霍华德·泰勒·立克次在研究落基山斑疹热时首次发现了立克次氏体，但第二年不幸因感染斑疹伤寒而为科学献身。1916 年，罗恰·利马从斑疹伤寒病人的体虱中找到该病的致病菌，并建议取名为普氏立克次体，以纪念从事斑疹伤寒研究而牺牲的立克次和捷克科学家普若瓦帅克。立克次氏体是介于细菌与病毒之间，更接近于细菌的一类原核生物，一般呈球状或杆状，是专性细胞内寄生物，主要寄生于节肢动物，有的会通过蚤、虱、蜱、螨传入人体引起病症。

⑥衣原体

衣原体是极小的、非运动性的、专在细胞内生长的微生物。可分为 4 种，即肺炎衣原体、鹦鹉热衣原体、沙眼衣原体和牛衣原体。其中肺炎衣原体被认为是肺炎、支气管炎及其他呼吸道感染的常见病因；鹦鹉热衣原体可引起鹦鹉热，是人类吸入受感染的鸟的排泄物的干燥尘粒而感染；沙眼衣原体可导致沙眼；牛衣原体仅存在于牛和羊。

(2)真核微生物

真核微生物细胞核分化程度高，有核仁、核膜和染色体，胞浆内有多种细胞器，如线粒体、内质网、高尔基体等，可进行有丝分裂。真核微生物包括真菌、原生生物及部分藻类。因篇幅有限，在这里仅对真菌进行简单描述。

真菌是生物界中很大的一个类群，目前已经发现了 7 万多种真菌，形态多样，一般分为单细胞和多细胞，其中酵母菌属于单细胞真菌，而霉菌和蕈菌(大型真菌)属于多细胞真菌。由于真菌细胞不含质体，因此要从动物、植物的活体、死体、排泄物以及断枝、落叶和土壤腐殖质中吸收和分解有机物作为自己的营养，因此，真菌属于典型异养生物。真菌主要由营养体和繁殖体两部分组成，营养生长阶段的结构称为营养体，当营养生活进行到一定时期时，真菌就开始转入繁殖阶段，形成各种繁殖体，即子实体。常见的大型真菌有香菇、草菇、金针菇、双孢蘑菇、平菇、木耳、银耳、竹荪、羊肚菌等，它们既是一类重要的菌类蔬菜，又是食品和制药工业的重要资源。

酵母菌呈圆形、卵形或椭圆形，广泛分布于自然界，尤其在葡萄及其他各种果品和蔬菜上更多，能分解碳水化合物产生酒精和二氧化碳等。生产上常用的有面包酵母、饲料酵母、酒精酵母和葡萄酒酵母等。霉菌也被称为丝状菌，因其体呈丝状，丛生，并可产生多种形式的孢子而得名。霉菌种类很多，常见的有根霉、毛霉、曲霉和青霉等，可用于工业生产、食品加工、抗生素制造和农药生产等，但也能引起工业原料和产品以及农林产品发霉变质，另有一小部分霉菌可引起人与动植物的病害，如头癣、脚癣等。

(3)病毒和亚病毒

①病毒

病毒是一种个体微小、结构简单、只含一种核酸(DNA 或 RNA)，必须在活细胞内寄生并以复制方式增殖的非细胞型生物。病毒进入宿主细胞后可利用宿主细胞中的物质和能量进行复制、转录和翻译，按照病毒核酸所包含的遗传信息产生相同的新一代病毒。由于病毒没有代谢结构，没有酶系统，一旦离开了宿主细胞，便没有任何生命活动，不能独立自我繁殖。有的病毒会给人类带来一定的益处，例如，利用噬菌体可以治疗一些细菌感染，利用昆虫病毒可以治疗、预防一些农业病虫害等，但也有一部分病毒对人类危害很大，例如 HIV、狂犬病毒等。

②亚病毒

亚病毒比病毒更为简单，不具有完整的病毒结构，仅有某种核酸不具有蛋白质，或仅有蛋白质而不具有核酸的微生物。亚病毒能够侵染动植物，包括类病毒、拟病毒、朊病毒。

**2. 微生物的特点**

首先微生物的个体体积极其微小，需要借助显微镜放大几倍、几百倍、上千倍乃至数万倍才能够看清，通常用微米（$1m = 10^6$ μm）或纳米（$1m = 10^9$ nm）来表示其大小。例如，杆菌宽度通常为 0.5 μm，长度为 2 μm，80 个杆菌列成横队仅有一根头发的宽度，1500 个杆菌头尾相连仅有一颗芝麻长。虽然个体体积小，微生物的表面积却大得惊人，因此，其与外界接触面积非常大，有利于营养的吸收和废物的代谢，加上微生物通常不“挑食”，无论是动物、植物还是代谢废物，均能吸收，且吸收转化得极多，例如，3 g 地鼠每天消耗与体重等重的粮食，而大肠杆菌每小时消耗 2000 倍于体重的糖。这些特点为微生物的高速生长繁殖提供了充分的物质基础。

微生物的繁殖速度非常快，大肠杆菌在适宜条件下，20 min 便可分裂一次，每小时分裂 3 次，1 分为 2，2 变为 4，4 分为 8，每昼夜可繁殖 72 代，由 1 个细菌变成 4 722 366 $500 \times 10^{12}$ 个。但微生物这种几何级数的繁殖方式，常常受环境等条件的限制，并不会无止境地进行。

微生物的适应性也非常强，因此分布也非常广泛，就连人体的皮肤上、口腔里，甚至肠胃道内，都分布着许多微生物，高盐、高温、低温、高酸、高碱、低营养、高干旱、高压、高辐射以至高浓度重金属离子等这些极端环境均有不同种类的微生物存在。土壤是各种微生物生长繁殖的营地，研究表明，在肥沃的土壤中，每克土含有 20 亿个微生物，即使是贫瘠的土壤，每克土中也含有 3 亿 ~5 亿个微生物。空气里悬浮着无数细小的尘埃和水滴也是微生物的藏身之地。一般来说，陆地上空的微生物比海洋上空的要多，城市上空的微生物比农村上空要多，杂乱肮脏地方的空气里的微生物比整洁卫生地方的空气里的多，人烟稠密、家畜家禽聚居地方的空气里的微生物最多。海洋、河流、湖泊等各种水域中也有不计其数的微生物，居民区附近的河水和浅井水容易受到各种污染，水中的微生物就比较多，大湖和海水中微生物的数量相对较少。

由于微生物体积小、适应性强，易受环境条件的影响，在紫外线辐射、生物诱变剂和环境中的一些营养因子的变化中，遗传物质更易变异，常常会根据环境的变化产生变异种类。据统计，在自然条件下，微生物个体变异的概率是百万分之一。

**3. 微生物与人类**

自然界中绝大多数微生物对人类和动植物的生存是有益的，它们在自然界的氮、碳、硫等物质循环和生物生态环境构成中有着重要作用。虽然肉眼看不到微生物，但微生物却与人类时刻“亲密接触”，如一张流通着的纸币上有 30 万 ~3700 万个微生物。在种类繁多的微生物大家族中，有些微生物为造福人类立下了汗马功劳，或者成为参与制作美味佳肴的高手，或者成为人类健康的守护天使，有些微生物则给人类带来了巨大危害。

（1）微生物对人类的帮助

微生物在食品添加中的作用不容小觑，酱油、陈醋、酿酒、腐乳、泡菜、馒头……都离不开微生物的帮助。酱油是人类日常饮食中常用的调味品，在酿造过程中，淀粉被曲霉分解成糖分，再被酵母、曲霉和细菌等发酵成为酒精、有机酸和氨基酸等，随后酒精再与有机酸结合生成酯类，成为酱油香气的来源之一。而原料中的多糖被酵母菌、细菌发酵后，其产物再与氨基酸结合，就成了酱油的颜色；面包和馒头都是面粉制成的，不过，光有面粉是做不成面包和馒头的，还要有酵母菌。在酵母的作用下，面团中的淀粉被谷物中的酶分解成为麦芽糖，然后进一步分解为葡萄糖，葡萄酶会使淀粉中的一部分葡萄糖被氧化，产生二氧化碳和水，并产生热量，二氧化碳气体填充在面团中，就会使之质地松软，二氧化碳和水结合形成碳酸，使面团体积变大，并使面团发酸，产生的热量使面团发热。为了不让面团发酸，可以加小苏打进行中和。处理好的面团烤出来的产品就是面包，蒸出来的产品就是馒头。

近一个世纪以来，微生物在药物研制中的一系列突破性应用也为人类创造了巨大的医疗价值，其根本原理是由于微生物在其生命活动过程中会产生一些能以极低浓度抑制或影响其他生物机能的低相对分子质量代谢物，如抗生素就是人们熟悉的具有抗感染、抗肿瘤作用的微生物次级代谢产物。微生物制药便是利用微生物技术，通过高度工程化的新型综合技术，以利用微生物反应过程为基础，依赖于微生物机体在反应器内的生长繁殖及代谢过程来合成一定产物，通过分离纯化技术进行提取精制，并最终制剂成型来实现药物产品的生产。自20世纪40年代初青霉素用于临床以来，许多曾经严重危害人类生命健康的感染性疾病得到了有效控制。随后，人们又从微生物次级代谢产物中发现了一大批目前已用于临床的抗生素，如庆大霉素、卡那霉素、红霉素、螺旋霉素、麦迪霉素和林可霉素等。

微生物学历史

除了在饮食界和医药界“大展拳脚”以外，微生物在农业上也有着重要作用。随着现代微生物技术的不断进步，微生物已经被运用于农业生产的方方面面，例如，微生物饲料、微生物肥料、微生物农药等，这些产品往往具有生长周期短、易于大规模培养等优点，以此为基础出现了被称为“白色农业”的微生物产业化的工业型新农业。

随着人类工农业的高速发展和全球人口的急速增加，人类赖以生存的自然环境正在逐渐恶化。作为自然界中的分解者，微生物以其独特的酶与功能，成为大自然长期自净作用的主力军，也是人类对污染物进行生物处理的“有力武器”，在环境保护方面有着独特作用。氮、磷是造成水体富营养化的根源，而微球菌属、假单胞菌属、芽孢杆菌属等微生物可以进行生物脱氮除磷，从而净化水体；利用沼气发酵微生物（缺氧条件下降解有机质产生沼气的一群微生物）还可以进行垃圾处理。土壤中的一些微生物还具有农药降解功能，可以对土壤进行修复与治理。

（2）微生物对人类的危害

当然，并不是所有微生物对人类都是友好的，比如伤寒杆菌可以引起伤寒病，痢疾杆菌可引起痢疾病，霍乱弧菌可引起霍乱等。有些有害微生物在人类历史上臭名昭著，为人类带来了诸多不幸。14世纪，鼠疫大流行，当时被称为“黑死病”，是鼠疫杆菌借鼠蚤传播为主的烈性传染病。该病曾经流行于整个亚洲、欧洲和非洲北部，短短几年间就夺去了7500万人的性命，欧洲人口因此减少了1/3，可以说是人类历史上规模最大的一场瘟疫；1918—1919年，西班牙爆发了一次流感流行史上最严重的大流感，发病率20%～40%，世界患病人数约在7亿以上，死亡人数达4000万～5000万，而这次流感正是由于流感病毒引起的；2002 年，中国广东顺德首次发现非典型肺炎，随后中国内地 24 个省、市先后发生非典型肺炎疫情，共波及 266 个县(和市、区)，并扩散至东南亚乃至全球，引起了极大恐慌。2003 年 4 月 16 日，世界卫生组织根据中国、加拿大、美国等国家的 13 个实验室通力合作的研究结果宣布该病病因是一种新型的冠状病毒，称为 SARS 冠状病毒，随后疫情被逐渐消灭；禽流感是由禽流感病毒引起的，多发于禽类，可引起其从呼吸系统到严重全身败血症等多种症状，1994 年、1997 年、1999 年和 2003 年分别在澳大利亚、意大利、中国香港、荷兰等地暴发，2005 年则主要在东南亚和欧洲暴发。不良微生物对人类造成的影响非常巨大，目前人类正在研制更多药物来对抗这些微生物以减少对人类生活的影响。

## 第三节　生物多样性的现状与保护

### 一、生物多样性现状

物种是生物进化的产物，在进化过程中，由于自然选择，必然导致物种的形成和灭绝。物种的形成能够增加自然界的生物多样性，而物种的灭绝则会减少自然界的生物多样性。原本物种灭绝和形成均属于自然现象，但是近几百年里，由于人类活动的干扰，自然界生物多样性不断下降，生物灭绝的速率不断加快，大量物种正遭受着灭绝的威胁，生态系统也面临着退化和瓦解的风险。人为对自然造成的干扰需要采取有效的措施来避免，尽可能维持生物种类的丰富多样是保护生物多样性的重要途径。

#### (一)物种濒危等级

为了更好地保护生物多样性、维持物种的稳定性，人们制定了物种濒危等级(Endangered Category)。物种濒危等级是人为制定的衡量物种或生态系统濒危程度或受威胁状况的等级系统，目前国际和国内有许多濒危物种等级的划分标准。1966 年，世界自然保护联盟首先出版了《哺乳动物红皮书》，其后又出版了《红色名录》，为濒临灭绝的物种制定了简单而易于接受的等级划分标准，得到了国际的广泛承认，极大程度上影响着国际或者国家的条约或法规。但这种物种濒危等级标准存在许多不足，如缺乏量化标准，不易准确地评估物种的濒危程度等。历经了多年研讨，最新版本于 1994 年 11 月 30 日在世界自然保护联盟理事会第 40 次会议获正式通过。该物种濒危标准体系包括以下 9 个方面：

(1)灭绝(EX)

如果具有确凿证据证明一个物种的最后一个个体已经死亡，即认为该物种已经灭绝。例如，袋狼、渡渡鸟、台湾云豹。

(2)野生灭绝(EW)

如果已知一个物种只生活在栽培、圈养条件下，或者只作为被自然化后的种群生活在远离其过去栖息地时，即认为野生灭绝。例如，单峰骆驼、台湾梅花鹿。

(3)极危(CR)

当一个物种的野生种群面临即将灭绝的概率非常高，即符合极危标准中的任何一条标准时，该物种列为极危。例如，台湾鲑鱼。

(4)濒危(EN)

当一个物种未达到极危标准，但是其野生种群在不久的将来面临灭绝的概率很高，即符合濒危标准中的任何一条标准时，该物种被列为濒危。例如，蓝鲸、麋鹿。

(5)易危(VU)

当一个物种未达到极危或濒危标准，但在未来一段时间，其野生种群灭绝的概率较高，即符合易危标准中的任何一条标准时，该物种被列为易危。例如，环尾狐猴、大白鲨、北极熊、熊猫。

(6)低危(NT)

未来一段时间后，某物种接近符合或可能符合受威胁等级。列为低危。例如，小头睡鲨、兔狲。

(7)无危(LC)

某物种被评估未达到极危、濒危、易危或者低危标准，该物种即列为无危。广泛分布和种类丰富的分类单元都属于该等级。如台湾蓝鹊、狼。

(8)数据缺乏(DD)

如果没有足够的资料来直接、间接地根据一个物种的分布和种群状况来评估其灭绝的受危程度时，即认为该分类单元属于数据缺乏。

(9)未评估(NE)

如果一个物种未经应用本标准进行评估，则可列为未评估。

根据 IUCN 2021-1 版本的物种红色名录显示，在其已进行评价的 134 425 种生物中，有37 450种处于极危、濒危和易危状态①，其中脊椎动物共有 9914 种，包括哺乳动物 1323 种、鸟类 1481 种、爬行类 1458 种、两栖动物 2442 种，鱼类 3210 种；无脊椎动物共有 5588 种，包括昆虫 1926 种、软体动物 2305、甲壳动物 743、珊瑚 237、蜘蛛 218 等；植物 21 726 种，包括苔藓 165 种、蕨类 266 种、裸子植物 403 种、被子植物 20 883 种、红藻 9 种；真菌与原生生物 252 种，包括地衣 50 种、蘑菇类 196 种、褐藻 6 种②。地球上 26% 的哺乳动物、40% 的两栖动物、14% 的鸟类、34% 的裸子植物等都面临着灭绝的风险。IUCN 对 1996—2021 年中，地球上极危、濒危和易危的主要生物类群，如哺乳动物、鸟类、爬行类、鱼类、昆虫、植物等进行了统计，其中，极危物种从 1996 年的 1820 种上升到 2021 年的 8188 种；濒危物种从 1996 年的 2378 种上升到 2021 年的 14 106 种；易危物种从 1996 年的 6337 种上升到 2021 年的 10545 种。

《全球环境展望》(2019)指出，地球生态系统的完整性和各种功能正在衰退。每 14 个陆地栖息地中就有 10 个植被生产力下降，所有陆地生态区域中将近一半被归类为处于不利状态。物种种群正在减少，物种灭绝速率也在上升，1970—2014 年期间，全球脊椎动物物种种群丰度下降了 60%，生物遗传多样性也正在衰退。根据 2020 年发布的第五版《全球生物多样性展望》报告及《全球生物多样性和生态系统服务评估报告》显示，人类已经改变了地球 75% 的陆地表面，自然环境正在以人类历史上前所未有的速度退化，全球生态系统

① 生物多样性包含有多个层次，每个层次的多样性都有各自的特点，很难用统一的方法和标准进行监测，在这里主要从物种濒危现状角度说明全球生物多样现状。

② 自 1997 年以来，植物物种的分类发生了许多变化，2021-1 版本的 IUCN 濒危植物红色名录不包括 1997 年IUCN 濒危植物红色名录(Walter 和 Gillett，1998)中的物种，如有需要，可将 2021-1 版本与 1997 版本共同使用。

和生物物种正在快速丧失。

**（二）生物多样性丧失原因**

根据化石记录，地球上的动植物经历了6亿多年的自然演化过程才形成了如今复杂而丰富的生物多样性，构成了人类巨大的自然财富。地球目前的生物多样性正在减少，原因是多方面的，既有内在生物因素，也有外部环境原因；既是偶然、不可预测的，也是决定性的。

**1. 自然原因**

（1）物种的寿命取决于其物种本身的生物学特性

化石记录表明，多数物种的限定寿命平均为100万～1000万年，随着时间推移，必然有部分生物会走向衰亡。据古生物研究估计，地球历史上曾生活过40亿种动植物，而如今地球上生存的生物仅有几百万种，因此从地质历史上看，地球上大多数生物都已灭绝。新旧物种的更替是地球多样性不断进化和发展的基础，也因此地球生物多样性在漫长的地质历史中保持着相对的稳定性。

（2）自然生境变化对生物多样性丧失影响巨大

地球上有些物种对环境的适应能力或变异性较差，当环境发生较大变化时，难以适应，便会面临灭绝的危险。气候限定了生物在纬度和经度上的分布范围，巨大的气候变化往往会造成大量物种灭绝。第三纪始新世末期，由于气温迅速变冷，许多在古新世后期和始新世占优势的植物类群灭绝，第四纪冰川运动的影响又使大量的植物类群销声匿迹。除了气候变冷，气候变暖也会导致部分动植物物种因不适而发生种群数量减少、迁移，甚至面临灭绝。此外，火山爆发、洪水泛滥、陆地升沉、森林火灾和特大干旱与病虫害等自然因素都会对物种的生存造成影响。

**2. 人为原因**

虽然地球上曾经发生过多次规模不等的生物灭绝事件，但整体上看，多样性丧失的速度比较缓慢。然而随着人类文明的开始，人类活动对生物圈影响深刻且不可逆转，生态系统在人为干扰下偏离自然状态。

（1）破坏环境，干扰生态系统

1995年，科学家Daily对造成生态系统退化和生物多样性减少的人类活动进行了排序，其中过度开发（含直接破坏和环境污染等）占35%，毁林占30%，农业活动占28%，过度收获薪材占6%，生物工业占1%。可以看出人类活动对生物多样性的影响仅前三点便占了93%，最直观的结果是造成了物种生境的破碎化、栖息地环境的岛屿化。目前地球表面40%的区域被人类作为农业、城市、公路和水库等，使野生动物栖息环境碎片化，天然动植物区系被农作物、混凝土建筑等人工产品代替，过度的垦荒、垦殖、超载放牧造成许多野生动物栖息地日益萎缩，水利水电工程引起江湖阻隔和水体环境改变，也严重干扰了水生生物的栖息环境。中华鲟已有1亿多年悠久历史，其栖息地北起朝鲜西海岸，南至我国东南沿海。当其性腺发育成熟后，便向长江洄游，到达长江上游四川宜宾一代和金沙江下段进行繁殖，但是葛洲坝工程的兴建将其洄游通道堵断，以致中华鲟在过去一度濒临灭绝（目前已建立了蓄养池，通过人工繁殖保护其种群）。森林是陆地最大的生态系统，拥有着地球上最丰富的陆地生物多样性。2020年《世界森林状况》指出，森林中包括6万个不同树种、80%的两栖动物、75%的禽类和68%的哺乳动物。联合国粮食及农业组织发布的《2020 年全球森林资源评估》中指出，毁林和森林退化是生物多样性持续丧失的重大原因。

随着人类的发展，工业化、城市化进程的加快，环境污染也在不断加剧。水体污染、土壤污染、空气污染问题屡见不鲜。现代工业排出的废气使得大气中的二氧化碳含量升高，导致温室效应愈发严重，不断升高的气温造成陆地沙漠化、冰川融化，一些动植物家园岌岌可危。工业废水、农林废水、生活废水则会导致水质污染、水体沼泽化、富营养化等，对水生生物影响巨大。此外，还有观点认为污染会改变生物原有的进化和适应模式，生物多样性可能会向着污染主导的条件下发展，从而偏离其自然或常规轨道，威胁生物的多样性。

除了上述人类直接对环境造成破坏和污染外，人类无意间对生态系统的干扰也会影响生物多样性。人工林是目前林业上比较常见的林种之一，人工林林相整齐，布局合理，更符合人们需要。但从生态效益角度来讲，种植人工林代替天然林，可能会改变某一区域的植物群落结构，从而打破了该区域的生态平衡。天然林的生物多样性丰富，是当地气候条件下长期自然选择的结果，具有最大的生态稳定性。类似人工林的人工生态系统往往仅有单一或少数物种组成，许多拥有重要基因资源的本地传统物种遭到淘汰，甚至永远消失，使得生物遗传多样性和变异性降低。目前人工林提倡营建“近自然林”，但难度很大，即使能够模拟自然林的林分组成，但土壤、微生物、动物等很难再现。

(2)掠夺式利用生物资源，引进外来物种

随着人口的增加和全球商业化体系的建立和发展，人类对于许多生物资源的需求迅速上升，当商业市场对某种野生生物资源有较大需求时，为了获得更多经济利益，人类往往对这些资源进行掠夺式开发，滥捕、滥猎、滥渔是典型例子。北美洲、南美洲、澳大利亚脊椎动物明显灭绝，中国野生人参由于过度挖采所剩无几，非洲北部白犀牛也在人类的大肆杀戮中走向灭亡……这样过度开发而灭绝的案例不胜枚举，对地球生态及生物多样性造成了巨大影响。

人类有意或无意引进的外来物种也会对当地生物多样性带来伤害。从字面上理解，外来物种引进是增加了一个地区的生物多样性，但实际上是扰乱了当地生态平衡和生物多样性。任何地区的生态平衡和生物多样性是经过了几十亿年演化的结果，这种平衡一旦打乱，就会失去控制而造成危害。引进物种时，人类仅仅引进了原产地生态系统的一个组分，食物网中的天敌或者由其所控制的物种并没有引进，导致有些引进物种无法控制，对当地生态多样性造成危害。一些岛屿特有种更是在外来物种入侵时表现出了极端的脆弱性，例如新西兰斯特芬岛上不会飞翔的鹪鹩便是由于灯塔看护人养的猫而灭绝。需要注意的是，并不是所有的外来引进物种都会造成严重的生态问题，历史上许多驯化的作物或动物通过人类合理引进从而扩大了分布范围，为人类带来了财富，例如人类食物中的马铃薯、番茄、芝麻、南瓜、白薯、芹菜等；绿化树木中的槐树、二球悬铃木等。

生物多样性是人类社会赖以生存和发展的基础，人类的衣、食、住、行及精神文化生活的许多方面都与生物多样性密切相关。生物多样性丧失，必然会对人类、对社会、对大自然产生极大的影响与危害。生物多样性丧失意味着自然界的生态平衡被打乱，环境将会变得更加恶劣，给人类带来意想不到的灾难，保护生物多样性刻不容缓！

## 二、生物多样性保护

### (一)生物多样性保护行动

20 世纪 30 年代开始，世界发达国家陆续发生震惊世界的环境公害事件，生态问题的出现直接威胁着各类物种的生存，生物多样性问题成为人们关注的热点。由于地球上许多物种属于迁徙物种，许多生态系统跨越国界，导致生物多样性在全球分布极不均匀。同时，生物多样性丧失地区多为发展中国家，甚至为贫困地区，缺乏资金、经验和技术。加上全球各地生物多样性保护进展参差不齐，急需经验、技术间的交流与探讨，因此保护生物多样性需要全球合作。

世界各国都高度重视野生动植物资源的保护，制定了相关的政策法规，并履行生物多样性保护相关国际公约规定的义务，如《生物多样性公约》《防治荒漠化公约》《濒危物种贸易公约》《湿地公约》等，其中最为著名的便是《生物多样性公约》。该公约于 1992 年 6 月在巴西里约热内卢由各方签署，于 1993 年 12 月 29 日正式生效，目前共有 196 个缔约方。作为一项有法律约束力的公约，《生物多样性公约》旨在保护濒临灭绝的植物和动物，最大限度地保护地球上的多种多样的生物资源。中国于 1992 年 6 月 11 日签署《生物多样性公约》，于 1993 年 1 月 5 日正式批准，是最早签署和批准《生物多样性公约》的国家之一。

除了《生物多样性公约》外，国际上还有许多保护生物多样性的活动一直在进行。欧盟制订了生物多样性保护计划，旨在从根本上预测、防止及解决使生物多样性显著降低或丢失的原因，以逆转生物多样性降低或丢失的趋势，并使欧盟领土内外的物种和生态系统(包括农业生态系统)处于满意的保护状态。随后英国政府成立了英国生物多样性领导组，对英国的生物多样性保护工作提供战略性指导，成立了英格兰、北爱尔兰、苏格兰、威尔士 4 个领导小组，负责监测各行动计划的实行，并进行提高公众觉醒和教育培训等工作。美国也立法对濒危物种进行了保护，如《濒危物种法》《候鸟条约法》《鱼与野生动物协调法》《北美湿地保护法》等。澳大利亚政府高度重视外来入侵物种的管理工作，制定了《澳大利亚国家生物多样性保护策略》等一系列法规和技术性文件，加强了对外来入侵物种的管理，并于 2015 年制定了《大堡礁 2050 长期可持续计划》以阻止珊瑚礁的衰退；日本于 1995 年制定了本国的《生物多样性国家战略》，于 2018 年制定了《生物多样性基本法》，提出了国土和自然资源的利用应将避免影响生物多样性或将影响降到最小作为基本原则。为实现 2010 年于名古屋市举行的《生物多样性公约》第十次缔约方大会(COP10)上设立的爱知目标(包括“防止濒临灭绝物种的灭绝”“维持珊瑚礁健全性”等 20 个项目)，日本还设立了联合国生物多样性日本基金。1899 年，德国成立了自然和生物多样性保护联盟，致力于保护河流、森林及动物种群，2008 年成立了生物多样性专门委员会，并不断加大在生物多样性方面的资金投入，2013—2018 年，德国开展了野生植物保护一期项目，山金车属、龙胆属、沼兰属在内的 15 种濒危植物物种获得了全面的保护。2019 年，德国提出了新的“生物多样性保护研究倡议”，并计划启动野生植物保护二期项目。

### (二)生物多样性保护途径

生物多样性是人类社会赖以生存和发展的基础，失去生物多样性，人类将面临食物不足、清洁水源缺乏、空气质量下降等问题，因此保护生物多样性势在必行。当前，生物多样性保护途径主要包括就地保护、迁地保护、近地保护、人工保护等方式。

**1. 就地保护**

生物多样性最重要的保护途径是就地保护，即在动植物天然分布区域建立自然保护区或国家公园。自然保护区的原生态环境可以使被保护的生物更好地生存，不需要额外的时间去适应环境，从而最大程度地保证动植物原有的特性，也节省了人力、物力和财力。通过就地保护方法，不仅可以保护环境中原本存在的物种，还有效维持了该区域的生态平衡，使物种的发育、遗传、进化及变异正常进行，对保护物种多样性、生态系统多样性和遗传多样性具有重要作用。例如，为了保护大熊猫等珍稀野生动物和高山森林生态系统，中国建立了卧龙国家级自然保护区，在技术人员与工作人员的悉心研究与不断努力下，中国大熊猫种群数量得到了有效提升；为了更好地保护东北虎豹等野生动物，2017 年，中国于长白山林区和邻近的东北虎栖息地建设了东北虎豹国家公园，有效保护和恢复东北虎豹野生种群。数据监测显示，目前至少有野生东北虎 27 只、东北豹 42 只，成为野生东北虎豹及其栖息地保护的重要里程碑。目前建立自然保护区已成为世界各国保护自然生态和野生动植物的重要方法。

**2. 迁地保护**

对于一些无法采用就地保护方法进行保护的生物来说，迁地保护则是有效的保护措施。迁地保护是指对于比较珍贵的或者自身已无法独立在地球上生存的物种实施人工辅助保护，通常是将某物种转移到动物园或植物园，建立资源种质库、植物基因库、水族馆等。《中国履行〈全球植物保护战略(2011—2020)〉进展报告》指出，全国 195 个植物园迁地保护了 22 104 种乡土植物，约占全国总物种数的 65%。中国的植物园和树木园保育了《中国国家重点保护野生植物名录》和《中国植物红皮书》中的 270 种植物，分别占这两个保护名录涵盖物种的 85% 和 40%。中国西南野生植物种质资源库收集了约 10 000 种野生植物的种质资源。麋鹿俗称“四不像”，曾一度在中国本土灭绝，1985 年英国将 38 头麋鹿赠还中国，由于北京南海子是麋鹿模式标本产地和公认的本土最后灭绝地，因此选择该地进行麋鹿迁地保护，麋鹿野生种群得以恢复，目前我国麋鹿种群数量已达到 6000 多只。世界自然保护联盟发布的《物种引进指南》认为，中国麋鹿重引进项目是全世界 138 个物种重引进项目中最成功的项目之一。

**3. 近地保护**

近地保护是云南省近年提出的保护野生植物的一种新方法，主要针对野外数量极少、极度濒危、种群更新受到威胁而随时有灭绝危险的极小种群的野生植物。极小种群的野生植物由于种群小、分布窄、生境受到人为干扰较大，就地保护和迁地保护力度往往不够，因此在与受保护物种生态环境相似的“近地”建立保护区域或基地，来对其进行保护。近地保护实际上是介于“就地保护”和“迁地保护”之间的一种生物多样性保护形式，强调“人工管护”，目前已成为国家林业和草原局野生植物六大拯救保护措施之一。近地保护不仅可以保存物种，还能使种群数量扩大。近 10 年来，对 38 种分布于西双版纳的稀有、濒危植物等国家重点保护植物为研究对象进行考察评估并开展近地保护，并与其他植物迁地保护效果进行对比后发现，在近地保护中约有 90% 的种类能很好地适应当地环境条件，生长良好，开花结果，有效繁衍后代。加之，近地保护有人工管理机制的干预，物种成活率和生长率都取得较好成效。中国科学院昆明植物研究所于 2013 年在漕涧林场建立了“云南滇西极小种群野生植物近地—迁地保护试验示范研究基地”，保护极小种群野生植物漾濞槭，

2020 年 3 月，该基地中近地保护的漾濞槭首次开花，标志着漾濞槭近地保护取得了初步成功。

**4. 人工保护**

有时由于不同物种受危原因、程度均不相同，需要采取一定的人为措施来加以解决。例如有些物种由于分布范围集中，使得近亲繁殖问题严重，物种的持续受到威胁，对此可以尝试人为隔离，使分隔开的亚种群生活于不同的地点和环境中，再让其进行杂交，增加整个种群的遗传变异率；有些物种由于生境的岛屿化，种群被极度隔离，相互之间无法交换基因，从而种群受危，可采用人工引种杂交的方法，增加遗传多样性；有些物种幼体生存力弱或天敌较多，或适合繁殖的自然环境较为狭窄等导致种群无法扩大，对此可以采用义亲代养、适当驱除或捕杀天敌、人为提供繁殖场所如鸟箱等，提高繁殖率，逐渐恢复和壮大种群；有些物种，社会等级森严，不够强壮或年轻的个体无法参加繁殖，或存在“杀婴”现象，导致自然死亡数增多，可将种群个体引种到其他地方散放，扩大其分布范围，提高繁殖率和存活率；对于自然繁殖困难的物种，人工繁育也不失为一种有效的方法。我国华南虎、大熊猫、扬子鳄、滇池金线鲃等珍稀动物种群数量便是通过人工繁育技术得到了一定程度的恢复。

## 三、中国生物多样性现状

中国地处欧亚大陆的东南部，拥有 $960\times10^4\ km^2$的疆域、$300\times10^4\ km^2$的海域，作为全球 12 个“巨大多样性国家”之一，得天独厚的环境特点使中国物种极为丰富。中国是地球上种子植物区系起源中心之一，承袭了北方第三纪、古地中海古南大陆的区系成分，动物则汇合了古北界和东洋界的大部分种类。根据中国生态环境部发布的《2020 年全国生态环境质量简况》数据显示，目前中国具有地球陆地生态系统的各种类型，其中森林 212 类、竹林 36 类、灌丛 113 类、草甸 77 类、草原 55 类、荒漠 52 类、自然湿地 30 类；有红树林、珊瑚礁、海草床、海岛、海湾、河口和上升流等多种类型的海洋生态系统；有农田、人工林、人工湿地、人工草地和城市等人工生态系统。

那么中国到底有多少种生物呢？中国科学院生物多样性委员 2020 年 5 月发布的《中国生物物种名录(2020 版)》给出了最新答案，目前中国共有生物 122 280 种，包括 54 359 个动物物种，37 793 个植物物种，12 506 个真菌物种以及细菌、病毒等物种。《2020 年全国生态环境质量简况》指出，目前列入国家重点保护野生动物名录的珍稀濒危陆生野生动物 406 种，大熊猫、金丝猴、藏羚羊、褐马鸡、扬子鳄等数百种动物为中国所特有。列入国家重点保护野生植物名录的珍贵濒危植物共 8 类 246 种，已查明大型真菌种类 9302 种。从遗传资源多样性上看，目前中国有栽培作物 528 类 1339 个栽培种，经济树种达 1000 种以上，原产观赏植物种类达 7000 种，家养动物 576 个品种。

在全国范围内，由于地理位置特殊、地形地貌复杂、气候条件独特等原因，云南省的生物多样性最为丰富，保存有许多珍惜、特有或古老的物种，是公认的生物多样性关键地区。根据《云南省生物物种名录(2016 版)》数据显示，云南现记录有大型真菌、地衣、高等植物、脊椎动物 25 434 种。其中，大型真菌 2729 种，占全国的 56.9%；地衣 1067 种，占全国的 60.4%；高等植物 19 365 种，占全国的 50.2%，包括苔藓 1906 种，蕨类 1363 种，裸子植物 127 种，被子植物 15 969 种；脊椎动物 2273 种，占全国的 52.1%，包括鱼类617种，两栖类189种，爬行类209种，鸟类945种，哺乳类313种。

虽然中国拥有如此丰富多彩的生物类群，但也面临着生物多样性趋于减少的严峻挑战，人类活动的加剧和社会经济的高速发展深刻地影响着中国生物多样性。根据IUCN红色物种名录2021-1版本最新数据显示(以目前已评估的物种数量为基础)，目前中国处于极危、易危和濒危的物种约有1835种，占已评估全国物种的7.4%，包括哺乳动物94种、鸟类145种、爬行动物66种、两栖动物144种、鱼类377种、软体动物17种、其他无脊椎动物209种、植物773种、真菌10种。《2020年全国生态环境质量简况》指出，中国现有820种左右动物、1400种左右植物被列入《濒危野生动植物种国际贸易公约》(CITES)附录，防止国际贸易造成过度开发。《中国生物多样性红色名录》指出，中国高等植物濒危灭绝的主要因素是生境退化或丧失，其中农林牧副渔业发展带来的影响最大。脊椎动物物种濒危灭绝的主要原因是人类活动导致的生境丧失和退化以及过度利用，非法贸易则是珍稀脊椎动物濒危的原因。全球环境变化、修建水电站和水利设施、水体和土壤污染影响了水鸟、爬行类、两栖类和内陆鱼类生存。食药用大型真菌的主要威胁因子是过度采挖和开发利用，以及不良的采挖方式。地衣的主要受威胁因素是环境污染和生境退化。

### (一)中国生物多样性保护历程

物种丰富是生态系统稳定平衡的基础，基于中国及世界范围内生物多样性不断丧失的现状，中国政府高度重视生物多样性的保护。

20世纪七八十年代，中国将环境保护作为基本国策，生物多样性研究开始兴起。1985年经国务院批准，中国生物多样性保护与绿色发展基金会(简称“中国绿发会”“绿会”)成立。1987年，国务院环境保护委员会发布了中国第一部自然保护方面的纲领性文件——《中国自然保护纲要》，提出保护生态系统和物种。1992年，中国正式成立中国科学院生物多样性委员会，并在“八五”期间，将多项生物多样性保护研究列为重点研究项目。1993年，中国加入《生物多样性公约》，此后生物多样性保护工作全面开展。1994年，中国完成《中国生物多样性保护行动计划》，确定了中国生物多样性优先保护的生态系统地点和优先保护的物种名录，明确了7个领域的目标，提出了26项优先行动方案和18个需立即实施的优先项目。1997年在联合国环境规划署(UNEP)的帮助下，中国完成了《中国生物多样性国情研究报告》，确定了今后15年中(1996—2010)，中国生物多样性保护和持续利用国家能力建设的目标。同年制定了《中国自然保护区发展规划纲要(1996—2010年)》，提出了全国自然保护区规划目标，并制订了具体的规划方案。1999年中国完成了《中国国家生物安全框架》，提出了中国国家生物安全管理的政策体系框架和法规体系框架等。“九五”期间，中国还颁布了《国务院关于加强环境保护若干问题的决定》《全国生态环境建设规划》《全国生态环境保护纲要》等系列加强环境保护的文件。

2001年中国发布《全国野生动植物保护及自然保护区建设工程总体规划(2001—2050年)》，2003年印发了《加强外来入侵物种防治工作的通知》，并发布《中国第一批外来入侵物种名单》。2004年中国发布了《关于加强生物物种资源保护和管理的通知》，建立了生物物种资源保护部际联席会议制度，次年原国家环保总局组织编写了《中国履行〈生物多样性公约〉第三次国家报告》。2007年，中国印发《全国生物物种资源保护与利用规划纲要(2006—2020年)》和《中国植物保护战略》，并于2008年完成了首版《中国生物物种名录》。2010年9月，中国通过了《中国生物多样性保护战略与行动计划(2011—2030年)》，其中包括我国生物多样性现状、生物多样性保护工作的成效、问题与挑战等内容，同年成功开展2010国际生物多样性年中国活动，并成立“2010国际生物多样性年中国国家委员会”（后改为“中国生物多样性保护国家委员会”），次年启动了“联合国生物多样性十年中国行动（2011—2020）”并在《国务院关于加强环境保护重点工作的意见》提出“划定生态红线”任务。2013年，《全国生态保护“十二五”规划》中提出“到2015年，重点区域生物多样性下降趋势得到遏制”的目标，同年发布《中国生物多样性红色名录——高等植物卷》。2014年，中国印发了《国家生态保护红线——生态功能基线划定技术指南（试行）》，完成32个陆地生物多样性保护优先区域边界核定。2015年起实施《生物多样性保护重大工程实施方案（2015—2020年）》，同年发布了《中国生物多样性红色名录——脊椎动物卷》《中国生物多样性保护优先区域范围》《生态保护红线划定技术指南》。2016年，《全国生态保护“十三五”规划纲要》中提出“全面划定生态保护红线、完成生物多样性保护优先区域本底调查与评估、建立生物多样性观测网络、国家重点保护物种和典型生态系统类型保护率达到95%”等目标。2017年，中国发布《人工繁育国家重点保护陆生野生动物名录》并全面停止商业性加工销售象牙及制品活动，同年成立了中国首个“打击网络野生动植物非法贸易”互联网企业联盟，印发《建立国家公园体制总体方案》。2018年发布《中国生物多样性红色名录——大型真菌卷》，印发了《关于加强长江水生生物保护工作的意见》。2019年，为了推动植物多样性保护、恢复和可持续利用，中国制定了《全球植物保护战略（2021—2030）》中国版保护战略，制定了《关于建立以国家公园为主体的自然保护地体系的指导意见》。2020年9月，习近平总书记在联合国生物多样性峰会上发表重要讲话，强调中国将秉持人类命运共同体理念，为加强生物多样性保护和推进全球环境治理贡献力量。同年，发布《中国履行〈全球植物保护战略（2011—2020）〉进展报告》和《全国重要生态系统保护和修复重大工程总体规划（2021—2035年）》。该规划中提出“到2035年，濒危野生动植物及其栖息地要得到全面保护”。同年中国首个“生物多样性保护基金”启动。2021年4月，《生物安全法》开始实施，标志着我国生物安全进入依法治理新阶段。同年10月，中国昆明将举办联合国《生物多样性公约》第十五次缔约方大会（COP15），大会将制定《2020后全球生物多样性框架》，这也是继“爱知目标”后，全球新的10年生物多样性保护行动计划。

### （二）中国生物多样性保护主要内容

生物多样性是生态文明建设的重要内容，党的十八大以来，在习近平总书记的带领下，中国生物多样性保护事业进入了新的阶段，开展了生物多样性保护重大工程、自然保护地体系建设、生态红线划定及生态修复、生物多样性保护法律法规体系构建、生物多样性保护国际合作等多项与生物多样性保护相关的工作。经过多年来的不懈努力，中国生物多样性保护工作取得了较大进展。

#### 1. 开展生物多样性保护重大工程

为全面掌握中国生物多样性受威胁状况，提高生物多样性保护的科学性和有效性，中国制定了《生物多样性保护重大工程实施方案（2015—2020年）》，并开展了多项生物物种资源调查工作。2013年9月《中国生物多样性红色名录——高等植物卷》发布，2015年5月《中国生物多样性红色名录——脊椎动物卷》发布，2018年5月《中国生物多样性红色名录——大型真菌卷》发布，2020年5月《中国生物物种名录2020版》发布。通过实施生物多样性调查评估及观测网络建设，确定维管植物数占全国总种数的87%，野生脊椎动物占全国总种数的85%，发现新种和新记录种50余个，划定35个生物多样性保护优先区域（32个陆地及水域生物多样性保护优先区域及3个海洋与海岸保护优先区域），约占中国陆地国土面积的29%。以上内容意味着目前中国生物多样性基本情况已初步摸清。

此外，通过生物多样性保护重大工程的实施，中国完成了重大决策咨询报告8篇，发布生物多样性调查、观测和评估的技术导则、规范20余项，构建了生物多样性保护监管数据库，初步形成了全国生物多样性观测网络，在全国建立了749个以鸟类、两栖动物、哺乳动物和蝴蝶为主要观测对象观测样区，布设样线和样点11 887条(个)。2016—2019年，围绕长江经济带、京津冀等重点区域的生物多样性保护优先区域，中国启动实施了系统的生物多样性调查与评估工作。截至2019年12月，已经收集到全国6万余条样线数据近30万个物种分布点数据，基本摸清了调查区域的物种类型、分布、威胁因素和保护状况等本底，发现了重要珍稀濒危物种的保护空缺。

**2. 构建自然保护地体系建设**

为加强生物多样性保护，中国建立了以国家公园为主体的自然保护地体系，将自然保护地按生态价值和保护强度高低依次国家公园、自然保护区和自然公园。

1956年，中国第一批自然保护区成立。随着中国政府对生态建设和生物多样性保护日益重视，中国自然保护区蓬勃发展。截至2020年年底，中国已建立国家级自然保护区474处，面积$98.61\times10^4$ $km^2$。建立风景名胜区1051处，其中，国家级风景名胜区244处，总面积约$10.66\times10^4$ $km^2$。建立国家地质公园281处，总面积约$4.66\times10^4$ $km^2$。建立国家海洋公园67处，总面积约$7371.6\times10^4$ $km^2$。其中，建立东北虎豹、祁连山、大熊猫、三江源、海南热带雨林、武夷山、神农架、普达措、钱江源和南山等10个国家公园体制试点区，涉及12个省份(青海、吉林、黑龙江、四川、陕西、甘肃、湖北、福建、浙江、湖南、云南、海南)，整合157处自然保护地，总面积超过$22\times10^4$ $km^2$，约占中国陆域国土面积的2.3%。中国各类自然保护地1.18万个，保护地总面积占国土陆域面积的18%，管辖海域面积的4.1%，有效保护了中国90%的陆地生态系统类型、85%的野生动物种群、65%的高等植物群落和近30%的重要地质遗迹，涵盖了25%的原始天然林、50.3%的自然湿地和30%的典型荒漠地区，在保护生物多样性、改善生态环境质量和维护国家生态安全方面发挥了重要作用。许多濒危动植物，如大熊猫、朱鹮、麋鹿、扬子鳄、普氏原羚、百山祖冷杉、银杉、崖柏等物种在保护区内得到庇护。2018年底，中国提前实现了《生物多样性公约》缔约方大会第十次会议的日本爱知“2020年达到保护地面积占国土面积17%”的目标。

**3. 构建生态保护红线及生态修复**

生态保护红线是指生态空间范围内具有特殊重要生态功能、必须强制性严格保护的区域，是保障和维护国家生态安全的底线和生命线。2011年10月，中国首次政府文件中提出“生态保护红线”。2014年1月，环境保护部印发了《国家生态保护红线——生态功能基线划定技术指南(试行)》，成为中国首个生态保护红线划定的纲领性技术指导文件。截至2020年年底，中国初步划定的生态保护红线面积比例约为25%，覆盖了所有生物多样性保护生态功能区，保护了近40%的水源涵养、洪水调蓄功能，约32%的防风固沙功能，生态保护红线的固碳量约占全国总固碳量的近45%。2019年，联合国气候行动峰会“基于自然的解决方案(NBS)”活动中，中国提出的“划定生态保护红线，减缓和适应气候变化”

成功入选联合国“基于自然解决方案”全球15个精品案例。

中国坚持山水林田湖草系统治理，深入实施重大生态修复工程，在重点生态功能区实施了25个山水林田湖草生态保护修复试点工程，有效解决了生态退化问题。2020年，全国人大发布《关于全面禁止非法野生动物交易、革除滥食野生动物陋习、切实保障人民群众生命健康安全的决定》、2021年长江流域实行重点水域十年禁捕，森林、草原面积不断扩大，湿地减少和荒漠化面积扩张趋势也得到遏制。2020年6月，《全国重要生态系统保护和修复重大工程总体规划(2021—2035年)》发布，将划定青藏高原生态屏障区、黄河重点生态区等七大重点生态功能区，并在基础上实施九大生态保护和修复重大工程。到2035年，濒危野生动植物及其栖息地要得到全面保护。

**4. 构建生物多样性保护法律法规体系**

为控制生物多样性锐减的趋势，中国已制定和颁布了多项生物多样性保护法律法规，基本形成了保护生物多样性的法律体系。如《中华人民共和国环境保护法》《中华人民共和国海洋环境保护法》《中华人民共和国森林法》《中华人民共和国草原法》《中华人民共和国野生动物保护法》《中华人民共和国进出境动植物检疫法》《中华人民共和国陆生野生动物保护实施条例》《中华人民共和国野生植物保护条例》等。2020年《中华人民共和国长江保护法》实施，成为中国第一部流域法，为长江生物多样性保护提供了法律依据。2021年4月，《中华人民共和国生物安全法》实施，对保护人类遗传资源与生物资源安全、防范外来物种入侵与保护生物多样性等方面规定了一系列制度措施，标志着中国生物安全工作进入依法治理的新阶段。与此同时，多年来有关部门和地方政府始终严厉打击和查处破坏水生生物多样性、野生动植物资源、森林资源等与生物多样性有关的违法活动。中国生物多样性保护正在走上有法可依、依法管理的轨道。

**5. 加强生物多样性保护国际合作**

眼镜蛇行动

生物多样性无国界，需要全球通力合作。一直以来，中国十分重视生物多样性国际合作，积极参与并完成了一批双边、多边的国际合作项目，为推动全球生物多样性保护合作做出了积极的贡献。中国与18个国家和11个国际保护组织建立了合作关系，严格禁止象牙进口并关闭国内象牙市场，进一步做好虎和犀牛禁贸工作，严格禁止滥食野生动物，坚决打击野生动植物非法贸易。中国和亚、非、拉、欧、美等各大洲国家进行保护地交流合作，向津巴布韦、坦桑尼亚、纳米比亚、肯尼亚等多个非洲国家提供资金和越野车、皮卡、平地机、手持对讲机、太阳能移动电源、背包、睡袋、冲锋衣、帐篷、望远镜、手持GPS定位仪、柴油机水泵等设备，专门用于保护非洲野生动物资源，支持非洲国家保护管理执法，促进非洲生物多样性可持续发展。为了保护在亚洲、欧洲、美洲和大洋洲等几十个国家和地区迁徙交流的候鸟，中国已与日本、澳大利亚、韩国、俄罗斯等国家签订了双边或多边协定，如中日在黑嘴鸥、中澳在涉禽活动、中俄在勺嘴鹬等方面均有长期合作，中国在东北虎的保护工作上也与俄罗斯展开合作，并取得了一定的成就。

2019年，习近平总书记在第二届“一带一路”国际合作高峰论坛上强调，“要坚持开放、绿色、廉洁理念，把绿色作为底色。保护好我们赖以生存的共同家园”。目前40余个国家的150多家合作伙伴参与成立了“一带一路”绿色发展国际联盟，联盟下设“生物多样性保护和生态系统”等十个专题伙伴关系，已开展了10余场次活动，先后为多个共建国家进行生物多样性的培训，人数多达600余人。戈壁熊是世界上唯一生活在沙漠地区的熊类，由于栖息地环境恶化，在世界其他地区已经绝迹，目前仅少量存活于蒙古国南部戈壁地区，估算仅存世20多只，已处于极度濒危状态。2018年中国政府与蒙古国签订援助蒙古国戈壁熊栖息地管理和技术援助项目，包括栖息地生境质量评价研究、栖息地食用植物种群动态研究、栖息地生物多样性监测研究、戈壁熊种群数量研究、培训保护区技术和管理人员、提供保护区专用设备、野外补食等援助内容。中国还开展了《"一带一路"生物多样性重要区域识别及影响分析》等专题研究，"一带一路"绿色发展国际研究院也正式启动。

中国是生物多样性丰富又独特的大国，有效保护中国生态系统、物种系统和遗传资源系统，不仅对中国坚持和实施可持续发展战略具有极其重要的意义，而且对于维护世界环境安全、人类文明和进步都具有深远的意义。

## 四、生物多样性与生态文明

2020年是联合国确定的"生物多样性年"，《生物多样性公约》第十五次缔约方大会（COP15）将于2021年10月11 ~24日在中国云南省昆明市举办，大会主题为"生态文明：共建地球生命共同体"。这是联合国首次以生态文明为题召开全球性会议，这次大会将确定2030年生物多样性保护目标、制定2020年后新的十年期生物多样性保护行动框架，并对未来生物多样性保护的能力建设和资金筹集有关议题作出决定，促进世界朝着与自然和谐共生的2050年愿景迈进。生物多样性是生态文明建设的重要组成部分，建设生态文明必须要保护生物多样性。

**1. 生物多样性是生态文明建设的自然要求**

习近平主席在联合国生物多样性峰会上指出，生物多样性是人类赖以生存和发展的重要基础。生命是生态系统的基本组成之一，没有生物，何来生态，没有生态，又何来文明。生态文明是人类遵循人、自然、社会和谐发展这一客观规律而取得的物质与精神成果的总和，要想达到生态文明，首先要保证生物多样性。物种丰富是生态系统总体稳定平衡的基础，只有物种丰富了，生态系统才能最大程度地保持稳定。正常状态下的生态系统中，生物和环境之间、生物种群之间始终保持协调统一的状态，环境破坏除了对人类本身造成的危害以外，更多会威胁自然界中其他生命的生存，使生物多样性下降。习近平主席指出，"生物多样性的丰富与否事关文明的兴衰"，无论哪一种动植物的消亡都会对人类造成影响。

**2. 生物多样性是生态文明建设的物质基础**

生物多样性为人类提供了基本所需的全部食品、绝大多数药物和工业原料。根据联合国粮食及农业组织（FAO）对生物多样性可持续利用的研究，世界经济发展大约有40%来自生物资源的直接或者间接利用。如果没有生物多样性，人类许多粮食、能源将不复存在。野生动植物资源还是人类生存和社会经济可持续发展的战略性资源，生物工程处在现代科技发展的前沿，生物产业是战略性新兴产业，具有难以估量的潜在价值，越丰富的生物多样性代表着未来越多的发展选择权，生物资源目前已经成为衡量一个国家竞争力和可持续发展能力的重要标志。

**3. 生物多样性是生态文明建设的生态安全保障**

自然界中的各种生物都有着独一无二的生态地位，在能量固定、保持水土、吸收和分解污染物质、维护生态平衡等方面缺一不可。生物多样性的丧失，将会严重地扰乱生态系统平衡。此外，利用生物多样性可以进行生物防治，有效提升作物生长质量。由于生态系统中食物网各营养级上的生物都是相互制约的，任何一种物种都不可能无限增长，因此生物多样性丰富的地区一般不易发生灾难性病虫现象。而某一物种的消亡很可能导致食物网与食物链的破坏，物种间的相互制约将不复存在，从而造成经济损失和生态灾难。

**4. 生物多样性是生态文明建设的精神源泉**

在漫长的历史发展中，人类形成了与生物多样性相关的各具特色、丰富多彩的民族文化，积累了丰富的传统知识。农耕文化、医药文化、饮食文化、传统生产生活方式和宗教信仰文化等都与生物多样性紧密相连，这些文化习俗来源于自然，反馈回自然，是人类与自然和谐共生的展现。此外，生物多样性还具有多重美学价值，色彩纷呈的植物、神态各异的动物、风格迥异的生境，给人类带来美的享受，对美化类生活，陶冶情操具有重要的作用。

**【实践训练】**

中国地大物博，在你生存的环境里有哪些常见的动植物及昆虫呢？请去寻找它们的身影，并完成名录的撰写吧。

**动物名录**

| 序号 | 中文名 | 学名 | 分类学地位 | 主要形态 |
|---|---|---|---|---|
| | | | | |
| | | | | |
| | | | | |
| | | | | |
| | | | | |
| | | | | |

**植物名录**

| 序号 | 中文 | 学名 | 分类学地位 | 主要形态 |
|---|---|---|---|---|
| | | | | |
| | | | | |
| | | | | |
| | | | | |
| | | | | |
| | | | | |

昆虫名录

| 序号 | 中文 | 学名 | 分类学地位 | 主要形态 |
| --- | --- | --- | --- | --- |
| | | | | |
| | | | | |
| | | | | |
| | | | | |
| | | | | |
| | | | | |

【拓展阅读】

## 全球生物多样性保护组织

联合国教科文组织（United Nations Educational, Scientific and Cultural Organization, UNESCO）。该组织于1945年11月正式成立，总部设在法国首都巴黎，现有195个成员，是联合国在国际教育、科学和文化领域成员最多的专门机构。该组织于1971年提出了著名的“人与生物圈计划”，简称MAB，旨在通过对生物圈及其不同区域的结构和功能进行系统研究，预测人类活动引起的生物圈及其资源变化，以及这种资源变化对人类本身的影响，为合理利用和保护生物圈资源、保存遗传基因多样性、改善人类同环境的关系提供科学依据。

世界自然保护联盟（International Union for Conservation of Nature, IUCN）。该组织于1948年在法国成立，总部位于瑞士格朗，是世界上规模最大、历史最悠久的全球性非营利环保机构，也是自然环境保护与可持续发展领域唯一作为联合国大会永久观察员的国际组织。目前有来自161个国家的200多个国家和政府机构会员、1000多个非政府机构会员、超过16 000名学者个人会员加入该组织的专家委员会。我国于1996年加入IUCN，成为国家会员。IUCN成立以来，为全球生物多样性保护工作作出了巨大贡献，如该组织于1963年编制及维护的《世界自然保护联盟濒危物种红色名录》，简称《IUCN红色名录》，是全球动植物物种保护现状最全面的名录，也被认为是生物多样性状况最具权威的指标。该名录于2018年11月14日更新发布，更新后的名录一共包括了96 951个物种，其中26 840种濒临灭绝。此外，该组织在1980年编制完成并正式发布的《世界自然保护大纲》，提出把自然资源有效保护和合理利用有机结合起来，为世界各国加强生物多样性保护起到了极大的推动作用。

大自然保护协会（The Nature Conservanc, TNC）。该组织是全球最大的国际自然保护组织之一，成立于1951年，总部在美国华盛顿。该协会致力于在全球范围内保护具有重要生态价值的陆地和水域，以保护具有全球生物多样性代表意义的动物、植物和自然群落得以永续生存繁衍为宗旨，维护自然环境、提升人类福祉。

世界自然基金会（World Wide Fund for Nature or World Wildlife Fund, WWF）。该组织于1961年成立，一直致力于环保事业，以减少人类对于野生动物及其生存环境的破坏为工作宗旨，是全球最大的独立性非政府环境保护组织之一。WWF致力于保护世界生物多样性及生物的生存环境，1980 年该组织在我国开始参与大熊猫及其栖息地的保护，成为第一个受我国政府邀请来华开展保护工作的国际非政府组织，并于 1996 年在北京正式成立办事处。

# 第四章 现代林业与生态文明

【本章描述】

森林是陆地最大的生态系统，具有防风固沙、涵养水源、净化空气、保护物种多样性等多重作用。我国森林覆盖率和人均森林面积与发达国家还有很大的差距，保护森林，发挥森林的生态作用，为人类提供更好的生存环境，是现代林业的重大任务，也是促进生态文明建设、构建美丽中国梦的重要手段。

【知识目标】

1. 了解中国林业的发展历程；
2. 了解中国森林资源现状与特点；
3. 了解中国林业发展现状；
4. 了解现代林业的内涵；
5. 熟悉现代林业承担的特殊使命；
6. 熟悉世界林业发展热点与趋势；
7. 掌握现代林业的概念；
8. 掌握现代林业与生态文明的关系；
9. 掌握现代林业与生态安全的关系；
10. 掌握林业“四个地位”和“四大使命”。

【能力目标】

1. 能够提出保护森林的有效措施；
2. 能够根据所学知识阐述现代林业是如何影响生态安全的；
3. 能够做到保护森林、爱护森林，参与到生态文明建设中。

## 第一节 森林与森林生态因子

森林是一个复杂的统一体，是由多种生物和非生物环境组成的，它们彼此之间相互影响，相互制约，表现出一定的结构特征和相互作用规律。只有弄清楚森林与环境之间、森林与生物成分之间的相互关系，才能正确认识森林。

### 一、森林的概念与结构特征

西汉《淮南子》中提到“木丛曰林”，可以看出过去人们理解的森林就是指大量树木或者大量树木生长的地段。几千年来，人类对于森林的认识经历了不断深化的过程，最初仅仅认为森林是木材的供应地，而随着科技进步，人类对于森林的认识逐渐加深，人们认识到森林是一个复杂的整体，而非仅仅树木的简单聚合，森林与环境的相互作用和影响是森林的最基本特征。到底什么是森林呢？森林是指以乔木为主的具有一定面积和密度的植物群落，受环境的制约又影响环境，形成独特的生态系统整体，包括林木、林地及依托森林、林木、林地生存的野生动物、植物和微生物。森林中所有的乔木统称为林木，它们是构成森林的主体，决定森林的外貌和内部基本特征，而生长在空旷地上的单株树木称为孤立木。

森林具有一定的结构特征，所谓森林结构特征是指构成森林各个成分的状态、数量、相互关系和存在形式。按结构特征不同可将森林划分为不同的林分。森林的结构特征一般包括森林组成、森林层次、森林起源、森林密度、森林郁闭度、森林年龄、森林覆盖率、森林立地质量等。

**（一）森林组成**

森林组成一般指的是乔木树种，并根据树种的组成可分为单纯林及混交林两种。单纯林简称纯林，指由一个树种组成的森林。在人工林中单纯林比较普遍，而在天然林或次生林中的纯林很少。混交林是指两种以上树种所构成的林分。单纯林的培育技术比较简单，便于机械化作业，目的树种的木材产量高，并容易培育优良林木。但单纯林对病虫害的抵抗力较差，长期在同一地段上造纯林易造成林地生产力下降。而混交林中如树种搭配适当，林木能充分利用光能和土壤中的水分和养分，生长比较迅速，对病虫害的抵抗力强，可提高林分的生产率和稳定性，改善立地条件，且能提供多种多样的木材和其他林产品，但培育技术比较复杂，要求土地条件较高，如树种配置不当，往往达不到预期效果。

**（二）森林层次**

森林层次从上到下可分为乔木层、灌木层、草本植物层 3 个基本层次。乔木层位于森林的最上层，由乔木树冠构成，此层可充分接受阳光，厚度常有一定的限度，本层的茂密程度会影响灌木层和灌木层以下的发育情况，因此决定着森林的群落外貌。灌木层是指植物群落里扩展着灌木枝叶的一层，发育于乔木层的下面，种类多样。草本植物层是指群落内草本植物所占的层，常可看到季节性变化。此外，森林中还生长着一些没有固定层次的植物，如藤本植物、寄生植物和附生植物等，称为层间植物层。藤本植物一般是喜光的，通常位于群落的最高层，而附生植物则有不同的生态习性，有些喜光的种类附生在大乔木的上部，而耐阴喜湿的种类，则附生在森林内阴湿部位的树干上。

**（三）森林起源**

根据森林的起源可将森林分为天然林、人工林。天然林又称自然林，是指天然形成的森林，包括自然形成与人工促进天然更新或者萌生所形成的森林，按其退化程度可以大致分为原生林、次生林和疏林。天然林保持自然状态，是森林演化的顶极群落，是自然界中群落最稳定、生态功能最完备、生物多样性最丰富的陆地生态系统。由于天然林的生物链条完整，有较强的自我恢复的能力，物种的多样化程度极高，对环境及气候起到了巨大的作用，是维护国土安全最重要的生态屏障。我国 64% 的森林是天然林，三大林区分别是东北林区、西南林区、东南林区，其中最大的天然林区是东北林区，第二大天然林区是西南林区。世界上现存最著名的天然林包括南美洲亚马孙河流域的热带雨林、俄罗斯北部的寒带针叶林等。

原生林即人们所说的原始森林，是指一个森林已经达到非常长久的年龄而没有遭到显著的干扰，从而表现出独特的生态特征，并可能被归类为顶极群落。在原始森林中，某一物种的减少，往往会影响其他物种的生存，在热带雨林中体现更为突出，原始森林被破坏以后，即使人工补种了大量的树林，也无法弥补森林破坏给生态带来的影响。次生林是指植物群落从次生裸地发生，通过一系列次生演替阶段所形成的森林，或森林通过采伐或其他自然因素破坏后，自然恢复的森林，因而有时又称天然次生林。次生林是原始林经过干扰后在次生裸地上形成的森林，可以理解为是原始森林生态系统的一种退化，生态系统的基本结构和固有功能遭破坏或丧失，生物多样性下降，稳定性和抗逆能力减弱，系统生产力降低。在森林中，大部分的树冠都是相连的，因此，阳光不能轻易到达地面，而疏林则容许阳光透入地面，并仍能提供一定的树荫，疏林可能过渡到无树平原或灌木地。

人工林是采用人工播种、栽植或扦插等方法和技术措施营造培育而成的森林。由于人工林是按一定的目的要求进行营造的林种，通常营造在交通较为方便的地方，并采取选育良种、适地适树、密度适中、抚育管理等集约经营措施来进行营造和培育，因此与天然林相比，人工林具有生长快、生长量高、开发方便、获得效益早、木材质量较稳定等特点。我国三大林区中，以人工林为主的林区是东南林区。塞罕坝林场是我国著名的人工林基地，经过多年的建设，塞罕坝人在曾经林木稀疏、风沙肆虐、至今高寒干旱的冷僻高岭上，建起世界上面积最大的人工林场，筑成一道兼有阻沙、防风、涵水功能的“塞罕坝”。2017 年，林场建设者集体获得联合国环境领域最高荣誉“地球卫士奖”。

**（四）森林密度与郁闭度**

森林的密度指单位面积上林木株数的多少，而郁闭度是指林冠投影面积与林地面积之比，它可以反映一片森林中林冠彼此衔接的程度或是林冠遮盖地面的程度，是反映森林结构和森林环境的一个重要因子，在水土流失、水源涵养、林分质量评价、森林景观建设等方面有广泛的应用。需要注意的是，郁闭度、密度二者常有一定的联系，但并不是完全一致的。森林密度大，其郁闭度也大，但郁闭度大的林分，密度并不一定大。

**（五）森林年龄**

森林的年龄又称林龄，通常指森林中的树木的平均年龄。林木的年龄则反映了林木的生长发育阶段，不同林龄的森林能够提供不同的产品，林龄也会影响森林的养分循环速率和碳储存，同时林龄结构和树种也是制定森林采伐管理措施的重要依据。由于人工林有造林历史记载，可准确查明林龄，而天然林的林龄通常用查数伐根上年轮或查数针叶树的轮生枝盘数来推算。在林业上常将林木的年龄分为相等的几个阶段，每一个阶段称为一个龄级。根据龄级不同可将森林分为过熟林、成熟林、近熟林、中龄林和幼龄林五个龄组。按森林年龄结构的不同可分为同龄林和异龄林。林分内林木年龄相同或相差在一个龄级以内的，称为同龄林。年龄相差一个龄级以上的为异龄林。

**（六）森林覆盖率**

森林覆盖率是反映一个国家（或地区）森林资源和林地占有的实际水平的重要指标，是指以行政区域为单位（一个国家或地区）的森林面积占土地面积的百分比。我国《国民经济和社会发展第十三个五年规划纲要》明确指出，到 2020 年要实现我国森林覆盖率由 2015 年的 21.66% 提升至 23.04%，2020 年底，国家林业和草原局宣布，我国已经顺利达成目标。我国森林覆盖率较高的省份主要有福建、江西、广西、浙江等。全球的森林主要分布在：俄罗斯、巴西、加拿大、美国和中国5个国家，这5个国家的森林占据了全世界54%的森林。

**(七)森林立地质量**

立地质量通常用立地条件来衡量，指的是树木生长的环境条件，对立地分类基本单元(立地类型)在采取某一种利用方式时的立地生产潜力进行评价，是科学造林、育林的基础，通过评价土地资源，真正做到适地适树、科学造林，为速生、丰产、优质和产量预测奠定基础。立地条件指标包括地位级和立地指数(地位指数)。

## 二、森林生态因子

环境是指某一客观主体周围所存在的一切相关因素的总和。生态环境则是指生物周围存在的与生物生存和生长发育相关的各种因素的总和。生态因子指对生物有影响的各种环境因子，是构成生态环境的各种因素，常直接作用于个体和群体，主要影响个体生存和繁殖、种群分布和数量、群落结构和功能等。各个生态因子不仅本身起作用，而且相互发生作用，既受周围其他因子的影响，反过来又影响其他因子。生态因子的类型多种多样，分类方法也不统一，传统方法是将生态因子分为生物因子和非生物因子，前者包括生物种内和种间的相互关系，后者则包括气候、土壤、地形等。根据生态因子的性质将其分为五类，分别是气候因子、土壤因子、地形因子、生物因子和人为因子，其中前三者属于非生物因子，后二者属于生物因子。

**(一)气候因子**

气候因子也称地理因子，包括光、温度、水分等。根据各因子的特点和性质，还可再细分为若干因子，如光因子可分为光强、光质和光周期等，温度因子可分为平均气温、积温、节律性变温和非节律性变温等。

俗语说“万物生长靠太阳”，光是地球上所有生物得以生存和繁衍的最基本的能量源泉，地球上生物生存所必需的全部能量都直接或间接地源于太阳光。光对植物的形态建成和生殖器官的发育影响很大，光合系统是太阳能以化学能的形式进入生态系统的唯一通路，也是食物链的起点，而光合要素叶绿素必须在一定光强条件下才能形成。光周期对动植物的地理分布则有较大影响，紫外线又是决定很多植物垂直分布上限的因素之一。另外，光还是影响动物行为的重要生态因子，很多动物的活动都与光照强度有着密切的关系，有些动物适应于在白天的强光下活动，如大多数鸟类，另一些动物则适应于在夜晚或晨昏的弱光下活动，如夜猴、蝙蝠等。

温度直接或间接影响生物的生长发育、生活状态、繁殖和分布状况。任何一种生物的生长发育都需要在一定的温度条件下进行，因此温度是决定物种地理分布范围的重要条件之一。植物的生长和繁殖要在适宜的温度范围内进行，温度过高或过低都会对植物生长发育造成不良影响，温度过高易形成热害，使细胞脱水，影响植物的生理代谢活动；温度过低植物的器官或组织受冻，引起细胞内的水分结冰而破裂，易发生冷害和冻害。极端温度不仅影响植物的外观形态及生长发育，还影响植物的各种生理生化过程，如光合作用、水分代谢、内源激素、细胞膜热稳定性等。温度对动物的影响则更为明显，动物冬眠、候鸟迁徙都是动物对温度适应的表现。

水是生物体生存的重要条件，也是生物体最重要的组成部分，植物体的含水量为60%~80%，鱼类体内含水量高达80%~85%，鸟类和兽类体内含水量为70%~75%，在成人体内，60%的质量是水，失水10%会对健康造成威胁，失水20%便会有生命危险，可见水对生命的重要意义。水是动植物体内一切生理过程中生物化学变化必不可少的介质，水本身还参与氧化、还原、合成、分解等化学反应，是各种化学物质在体内正常代谢的保证。

### (二)土壤因子

土壤是陆地生态系统的基础，是具有决定性意义的生命支持系统，由矿物质、有机质、土壤水分和土壤空气等组成，是气候因子和生物因子共同作用的产物，具有肥力是土壤最为显著的特性。土壤因子包括土壤结构、土壤的理化性质、土壤肥力和土壤生物等。

土壤结构是指土壤颗粒(包括团聚体)的排列与组合形式，是成土过程或利用过程中由物理的、化学的和生物的多种因素综合作用而形成，按形状土壤可分为块状、片状和柱状三大类型。土壤理化性质包含很多内容，例如，土壤含水量、土壤pH值、土壤中氯化物、硫化物、硫酸盐含量、土壤总酸度和总碱度、土壤中有机物质含量等。土壤肥力是土壤各种理化性质的综合反映，是土壤的主要功能和本质属性，是反映土壤肥沃性的一个重要指标。土壤肥力是土壤内在的物质、结构和理化性质与外界环境条件综合作用的结果，是衡量土壤能够提供作物生长所需的各种养分的能力。土壤是许多生物的栖息场所，包括细菌、真菌、藻类、原生动物、蚯蚓、节肢动物等，土壤中既有空气，又有水分，成为生物进化过程中的过渡环境。同时，土壤也是植物生长的基质和营养库，为植物生活提供了空间、水分和必需的矿质元素。土壤还是污染物转化的重要场所，土壤中大量的微生物和小型动物对污染物都具有分解能力。

### (三)地形因子

地形对于森林是一个间接生态因子，主要包括海拔、坡度、坡向、坡位、阴坡和阳坡等，通过影响气候和土壤，间接地影响植物的生长和分布。海拔是山地地形变化最明显的标志之一，一定范围内，空气湿度和降水量随海拔的增加而增加，但是达到一定界限后，降水量又开始下降，影响着生物的分布。例如，长白山由于海拔及其他自然要素的垂直变化，使山地形成三个垂直带，即山地针阔混交林、山地针叶林带和山地苔原带，相应地也分布着不同的动物类型。坡位的变化使得阳光、水分、养分和土壤条件发生相应变化，从而分布有不同生长条件要求的树种。阴坡与阳坡则主要影响着光照和温度，喜光树种分布在阳坡上，耐荫蔽树种则分布在阴坡上。

### (四)生物因子

生物因子是指生物之间的各种相互关系，如捕食、寄生、竞争和共生等。捕食关系指某种生物吃掉完整的另一种生物，如草食动物吃草，一般表现为“先增者先减，后增者后减”的不同步变化，即“此消彼长”，先增先减为被捕食者，后增后减为捕食者。寄生是指一种生物寄生在另一种生物的体内或体表，从其吸取营养来维持生活，营寄生生活的生物为寄生生物，被寄生的生物称为寄主或宿主。寄生生活对寄生生物来说是有利的，但是对宿主来说有害，若两者分离，寄生生物难以单独存活，宿主可健康成长。竞争是指两种生物生活在一起，由于争夺资源、空间等而发生斗争的现象。最初两种生物由于数量并不多，竞争并不激烈，但当种群增加到一定程度时，由于空间、食物有限，两种生物呈现出

“你死我活”的情景，导致“强者更强，弱者更弱”，甚至弱者被淘汰。共生是指两种生物共同生活在一起，相互依赖，彼此有利，如果分开，则双方或其中一方不能独立生活，彼此之间呈现出同步变化，即“同生共死、荣辱与共”。

地球上生物种类繁多，绝大多数动植物存在于森林中，不同的森林类型中动植物组成不同。森林中林木、下木、活地被物、层外植物之间相互作用、相互影响，森林植物之间、森林动物之间形成了复杂多样的关系。森林植物之间的直接关系包括树冠摩擦和树干挤压、附生关系、寄生关系、共生关系、根系连生和缠绕作用。树冠摩擦和树干挤压是森林中的树枝受风的影响而产生的相互摩擦、撞击的现象；附生关系是指一种植物的个别器官(树干、枝条、叶片)成为另一些较小植物居住地的现象；寄生和共生关系则与上文中一致；根系连生是指植物间根系连在一起生长的现象；缠绕作用是藤本植物(特别是木质藤本)利用林木的树干作为支柱，向上攀缘生长的现象。森林植物间的间接关系包括竞争、依存关系和生物化学作用。竞争是植物间围绕着争夺生活必需营养物质和能量而发生的相互关系；依存关系是指一些植物对另一些植物的生长发育具有有利影响的关系；生物化学作用也称异株克生，是指一些植物的器官能够产生某种化学物质，并释放到环境中，对其他植物的生长和发育产生抑制或促进作用。

除此以外，森林的环境条件决定着林内的下木和活地被物的种类、数量和发育状况，也影响着森林动植物的生长发育。下木与活地被物影响着森林土壤肥力，且具有保护土壤、减少地表径流、涵养水源和保持水土的功能，从而间接影响林木生长，有效维持森林生长环境。根系较深、分布均匀、数量适中的下木，对幼苗和幼树也有一定的遮阴庇护作用，对森林更新有利。豆科、禾本科等杂草和地衣类会增加火灾的危险性，而阔叶草类及藓类，特别是肉质多汁的植物能够降低森林火灾的危险性。

森林动物是依赖森林生物资源和环境条件进行取食、栖息、生存和繁衍的动物种群，可分为爬行类、两栖类、兽类、鸟类等，其中鸟类和兽类是重要的森林动物资源。动物是森林的组成部分之一，也是森林的环境条件之一，森林为动物提供了丰富的食物资源，为动物提供了良好的栖息、繁衍、荫蔽的场所，森林的消长将会引起动物种群和数量的变化。动物对森林的影响相当复杂，其有益和有害的关系随着时间、空间和种群个体数量的不同而不同，主要影响森林更新、森林土壤条件和森林生长发育等。

**(五)人为因子**

人为因子实际上也属于一种生物因子，把人为因子从生物因子中分离出来的目的，是为了强调人类作用的特殊性和重要性。由于人为活动是有目的和有意识的，因此人为因子的影响远远超过其他所有自然因子。随着人类文明的不断进步，人类活动对自然界的影响越来越大，越来越带有全球性，分布在地球各地的生物都直接或间接受到人类活动的巨大影响。有些人为行为会对生物起到正面影响，例如，栽培上整枝、打杈、施肥灌水、合理密植、中耕除草等措施能够促进植物正常生长发育，是改善型生态因子。而有些行为则对自然环境和生物多样性造成了巨大伤害，例如，肆意捕杀动物、大肆开采植物等。人类对于自然的干扰已经越来越强，成为不可忽视的生态因子。

需要注意的是，生态因子的划分是人为的，其目的只是为了研究或叙述的方便。实际上，在环境中，各种生态因子的作用并不是单独的，而是相互联系并共同对生物产生影响的，因此，在进行生态因子分析时，不能只片面地注意到某一生态因子，而忽略其他因子。

## 三、森林与环境相互作用的基本规律

### （一）综合效应

多种生态因素形成一个整体对植物的生长和发育起作用，称为综合效应。生态因素往往是相互关联的，每一个生态因子都是在与其他因子的相互影响、相互制约中起作用的，任何因子的变化都会在不同程度上引起其他因子的变化。生态因子所发生的作用虽然有直接和间接、主要和次要之分，但是它们一定条件下可以相互转化。例如，光照强度的变化必然会引起大气和土壤温度和湿度的改变，阳坡和阴坡的景观差异则是光照、温度、湿度和风速综合作用的结果。

### （二）主导因子

生态因子种类众多，但对生物起作用的因子并不是等价的，往往有一个或几个对生物起着决定性作用，称为主导因子。主导因子的改变常会引起其他生态因子发生明显变化或使生物的生长发育发生明显变化，如光合作用时，光强是主导因子，温度和 $CO_2$是次要因子；植物春化阶段时，低温因子是主导因子，湿度和通气程度是次要因子。生态因子的主次在一定条件下可以发生转化，处于不同生长时期和条件下的生物对生态因子的要求和反应不同，某种特定条件下的主导因子在另一条件下会降为次要因子，例如，以土壤为主导因子，可以把植物分为酸性植物、碱性植物、盐生植物等，按照光照为主导因子，可以把植物分为喜光植物、耐阴植物等。

### （三）不可替代性和补偿性

对生物作用的各种生态因子虽非等价，但都非常重要，不能缺少，一个因子的缺失不能由另一个因子来代替，称为生态因子的不可替代性。环境中各种因子对生物的作用不尽相同，但都各具有其重要性，尤其是作为主导作用的因子，如果缺少便会影响生物的正常生长和发育，甚至导致疾病或残疾，因此，总体上看生态因子是不可替代的，但在局部能补偿。在一定条件下的多个生态因子的综合作用过程中，由于某一因子在量上的不足，可以由其他生态因子来补偿，获得相似的生态效应。例如，同样的光合作用强度在一定的范围内既可以是强光照和低 $CO_2$浓度下，也可以是弱光照和高的 $CO_2$浓度下，也就是说，高浓度的 $CO_2$在一定条件下对光照的不足有补偿作用。再如，软体动物生长壳需要钙，环境中大量锶的存在可补偿钙的不足对壳生长的限制性作用。需要注意的是，生态因子的补偿作用只能在一定范围内做部分补偿，而不能以一个因子代替另一个因子，且因子间的补偿作用也不是经常存在的。

### （四）阶段性和限制性

由于生态因子规律性变化导致生物生长发育出现阶段性，在生物生长发育的不同阶段往往需要不同的生态因子或生态因子的不同强度，因此生态因子对生物的作用具有阶段性。例如，低温对冬小麦的春化阶段是必不可少的，但在其后的生长阶段则是有害的。那些对生物的生长、发育、繁殖、数量和分布起限制作用的关键性因子称为限制因子，例如，在干旱地区，水是限制因子；在寒冷地区，热是限制因子；在光能到达的海洋部分，矿物养分是限制因子等。生物的生存和发展取决于综合生态的情况，任何一种生态因子只要接近或超过生物的耐受范围，就会成为这种生物的限制因子。同样的因子在这种情况下可能是限制性的，而在另一种情况下则可能是非限制性的，例如，氧是任何动物必不可少的生存条件，但通常不成为陆地生物的限制因子，因为空气中的含氧量足够动物呼吸的需要，但在被有机物污染的河流中，氧常常被微生物分解而耗竭，造成鱼类的死亡，这时氧便成了限制因子。一般来说一种生物的限制因子数目不少于2个。

**(五)直接性和间接性**

生态因子对生物的生长发育、繁殖分布的影响可以是直接的也可以是间接的，直接参与生物生理过程或参与新陈代谢的因子属于直接因子，光、温、水等因子都对生物生长有着直接作用，如光可以促进种子萌发。而那些通过影响直接因子而对生物作用的因子，属于间接因子，如海拔、坡向、经纬度等是通过影响温度、光照等间接地影响生物生长。虽然是间接影响，但是间接因子对生物的作用并不亚于直接因子，例如，四川二郎山的东坡湿润多雨，分布类型为常绿阔叶林，而西坡空气干热、缺水，只能分布耐旱的灌草丛，同一山体由于坡向不同，导致植被类型各异。

## 第二节　森林群落的发生与演替

自然界中任何植物个体都不是作为孤立的个体生活的，它们总是或疏或密地聚居成群，成为一个有规律的植物种的组合，表现出外貌、结构、特征等方面的变化，发生着一定的演替。森林群落是指在一定地段上，以乔木和其他木本植物为主，并包括该地段上所有植物、动物、微生物等生物成分所形成的有规律组合，是各种生物及其所在生长环境长时间相互作用的产物，同时在空间和时间上不断发生着变化。

### 一、森林群落的发生与发育

**(一)森林群落发生**

森林群落的发生(形成)一般要经过森林植物的迁移、定居、竞争、反应四个阶段。

(1)迁移

从繁殖体(植物的种子、孢子以及能够起繁殖作用的植物体的任何部分，如某些种的地下茎、具有无性繁殖能力的枝干等)开始传播到新定居的地方为止，这个过程称为迁移。迁移的方式有许多种，可以利用风、水、弹力、重力、动物及人等，其中依靠风、水和动物传播的，迁移距离往往较远，而靠自身弹力或以地下茎向新地段延伸的，迁移距离相对要近一些。为了弥补迁移能力的不足、传播中受损、定居过程中竞争残酷消耗等情况，往往植物繁殖体的数量比较多。当繁殖体成功迁移到新的地点后，便进入定居过程。

(2)定居

定居过程包括发芽、生长和繁殖3个环节，各个环节能否顺利通过，取决于该种的生物学与生态学特性和定居地的生境条件。定居能否成功首先取决于种子发芽率与发芽的条件，其次是幼苗的生长状况，例如，发芽时的水肥供给条件、温度高低及变化、动物影响等都直接关系着幼苗命运。繁殖是定居的最后一个环节，只有定居地的生境能够满足该种各发育阶段的生态要求，该种才能正常繁殖而完成定居的过程。

(3)竞争

在一定的地段内，随着迁移者个体的增长、繁殖，必然导致对营养空间的竞争，竞争者的能力决定于个体或种的生物学特性、遗传性强弱和对新环境的适应性。在一定的生境中只能有最适应的一种或几种生存，其他种即使能在这里发芽、生长，也只能是短暂的，最终必将被排挤掉，最终的结果便是“最适者生”。群落中的不同植株，即使种类、年龄都相同，也必然会在形态(主要指高度和直径)、生活力和生长速度上表现出或大或小的差异，这种现象在森林群落中称为林木分化，林木分化反映出竞争能力的强弱，而剧烈的生存竞争，必然加速分化的进程。竞争的结果是使森林群落随年龄的增加，单位面积上林木株数不断减少，称为自然稀疏。

(4)反应

反应是指通过定居过程，群落内生物与非生物环境间的能量转换和物质循环不断进行，原来的生境条件逐渐发生相应的变化。这种变化是由初期侵入的种类引起的，变化后的生境有时不适于初期种类本身的生存，从而导致另外一些较适应种类的侵入，成为新群落形成的开始。在自然界中，上述 4 个过程经常交织在一起，不易截然分开。一般来说，迁移和定居是顺序进行的，而竞争与反应则基本与定居同时发生，只不过初期在程度上并不激烈或明显。

**(二)森林群落发育**

每一个森林群落都有一个发育过程，我们将森林群落发育过程划分为初期、盛期和末期。群落的发育初期，建群种的良好发育是一个主要标志，由于建群种在群落发展中的作用，引起了其他植物种类的生长和个体数量上的变化，但是各个种类成分不稳定，每种植物个体数量的变化也较大，群落的结构尚未定型，主要表现在层次分化不明显，每一层中的植物种类也不稳定。在此时，群落所特有的生境正在形成中，特点还不突出。同时群落的生活型组成和植物的物候进程都还没有一个明显的特点表现。到了发育盛期，群落的结构已经定型，主要表现在层次上有了良好的分化，每一层都有一定的植物种类，呈现出一种明显的结构特点。群落的生活型组成及季相变化，以及群落内生境都具有较典型的特点，从而有别于不同类型的其他群落。在一个群落发育的整个过程中，群落不断对内部环境进行改造。最初，这种改造作用对该群落的发育起着有利的影响。但当这一改造作用加强时，被群落改变了的环境条件往往对它本身发生不利的影响，表现在原来的建群种生长势逐渐减弱，更新能力缺乏，群落开始走向发育末期，此时一批新的植物侵入和定居，并且旺盛生长，植物种类出现混杂，原来群落的结构和生态环境特点也逐渐发生变化。一个群落的发育末期，也就意味着下一个群落的发育初期。

在林业生产实践中，为了便于森林的经营管理，把森林群落发育过程分为不同阶段，分别为幼龄林、壮龄林、中龄林、近熟林、成熟林、过熟林几个发育时期。幼龄林时期，幼树呈散生或团丛状生长，树冠尚未交接，生长很慢，适应力弱，后期树冠开始交接，林分开始郁闭，形成幼林的环境，森林的性状和特点不稳定；壮龄林时期，林内光照显著变弱，林下植被稀少，林木生长加快，高生长达到最旺盛的时期，林分外貌基本定型，林木之间的竞争加剧，林木分化和自然稀疏非常强烈，森林环境的特点比较显著；中龄林时期，森林的外貌及结构已经大体定型，树木高生长逐渐变得缓慢，直径生长逐渐达到最高，树冠生长也达到最旺盛的时期，林木个体之间的竞争依然很激烈；近熟林时期，林木开始开花结实，林冠继续保持郁闭，林木的直径和材积生长已经趋缓，个体之间的竞争和自然稀疏明显减缓；成熟林时期，林木开始大量开花结实，郁闭的林冠开始开裂，高、径和材积生长非常缓慢，林木在生物学和工艺方面已经进入成熟，林木个体之间的矛盾缓和，自然稀疏基本停止；过熟林时期，结实和种子质量开始下降，发生枯梢和生理衰老现象，生长几乎停止或已经停止，林分变得稀疏。

## 二、森林群落的演替

在一定地段上，一个森林群落相继被另一个森林群落所替代的现象称为森林群落的演替。广义的森林演替是指群落中任一层次(乔木层、灌木层、草本层)发生优势种变化，狭义的森林演替则单指乔木层发生优势种变化，因此也称树种演替。研究森林演替不仅具有重要理论价值，还具有很强的实践意义，人们对森林的合理利用、改造和经营，都必须通过对群落动态规律的掌握才能实现。发生群落演替的原因有内因也有外因，建群种对环境条件的改变以及不同树种的生态学特性与生物学特性的差异是内在因素，而突然改变的外界环境干扰，如火灾、病虫害，可能会为群落中某些物种提供有利的繁殖条件，而对另一些物种的生存产生不利影响，是外部干扰森林群落稳定的重要因素。除此以外，随着人类对大自然的影响越来越多，人类活动对群落演替的影响已经远远超过其他因素。群落发生演替的主要标志是群落在物种组成上发生了变化，或者是在一定区域内一个群落逐步被另一个群落替代。

森林群落的演替是随时间变化的连续过程，前一群落被后一群落替代的过程称为演替阶段，演替过程依次连续出现的各个演替阶段组成一个系列，称为演替系列。森林群落演替类型的划分可以按照不同的原则进行，因而存在各种各样的演替，根据演替发生的起源分为原生演替和次生演替。

### (一)原生演替

原生演替是指由原生裸地(以前从未有植物生长的地段，或原来存在植被但已被彻底毁灭)上开始的植物群落演替，原生演替顺序发生的各个演替阶段组成一个原生演替系列。原生演替基本环境条件是无有机质和生命胚胎，主要影响因素是自然因素，例如，在沙丘、火山岩、冰川泥上进行的演替。在原生演替中根据演替发生的基质又可分为旱生演替和水生演替。一般采用从岩石表面开始的旱生演替和从湖底开始的水生演替，两个极端的生境类型的模式，来描述原生演替系列。旱生演替开始于裸露岩石、沙地等干旱基质上，以岩石风化开始，最后形成森林为例，包含地衣植物阶段、苔藓植物阶段、草本植物阶段和木本植物阶段。水生演替系列包含沉水植物阶段、浮水植物阶段、直立水生植物阶段、湿生草本植物阶段和木本植物阶段。从原生演替中可以看到，生物在地面上要经过从无到有、从简单到复杂的一系列发展演变，并不是开始就有、一成不变的。在演替中，人为或自然干扰均能消除原有植被，越是初期的阶段，完成的时间越漫长，越是后期的阶段，完成的时间就越短。因此，对于植物群落的破坏，在越短时间内去恢复，就越容易恢复，相隔时间越长，恢复越困难。外因破坏强度越大，破坏持续时间越长，恢复速度越慢；反之，破坏强度越轻，恢复速度越快。

### (二)次生演替

当原生森林群落受到外界自然因素和人为活动影响后，会在次生裸地(如森林采伐后的皆伐迹地、开垦草原、火灾和毁灭性病虫害造成的裸地）上形成群落演替，称为次生演替，经次生演替而形成的森林群落称为次生森林群落，又称次生林。次生演替的起点是植被遭受严重破坏后所形成的次生裸地，基本环境条件是有大量有机质和生命胚胎，主要影响因素包括自然因素与人类活动。次生演替实际上包括两个完全不同的过程，根据演替发展方向的不同，可分为进展演替（群落的复生）与逆行演替（群落的退化）。进展演替是指当外界因素作用停止后，群落的发展又向于恢复到受破坏前的原生群落类型，即趋向于恢复到受破坏前的原生群落类型，即群落向所在区域内结构最复杂、稳定性最高的群落发展，这种恢复的过程，称为群落的进展演替，例如，喜光树种组成的马尾松林、枫香林、桦木林等，由于耐阴的椎栲类、润楠、荷木等树种的侵入而逐渐演变为常绿阔叶林。逆行演替是指原生森林群落在外因的作用下，群落类型由比较复杂、相对稳定的阶段向着比较简单的稳定性较差的阶段退化的过程，称为逆行演替，例如，耐阴的常绿阔叶林经采伐或火烧后倒退到喜光树种组成的森林或灌丛、草地。一般群落逆行演替的任何一个阶段，只要外因作用停止对群落的影响，则群落就从那个阶段开始复生。

演替是群落组成向着一定方向、具有一定规律、随时间而变化的有序过程。它往往是连续变化的过程，是能预见的或可测的，其实质是群落组成种类的不断更替，也是生物和环境反复相互作用并发生在时间和空间上的不可逆变化。演替每一阶段群落总比上一阶段的结构更复杂、更稳定，使群落的总能量增加，有机物总量增加，生物种类也越来越多。无论水生型的生境，还是旱生型的生境，最终都趋向于中生型的生境，并均会发展成为一个相对稳定的气候顶极，并形成顶极群落，即群落演替最后和环境紧密协调的稳定群落。需要注意的是，顶极群落并不是绝对稳定的，而是处于不断变化的相对稳定状态。

## 三、我国森林植被分布

植被在陆地上的分布，主要取决于气候条件，特别是其中的热量和水分条件及二者的配合状况。随着热量和水分的变化，植被在水平和垂直方向的分布呈现规律性变化。我国植被可划分为 8 个植被区，根据植被分区，可以了解各植被区中地带性植被的主要概况。

### （一）森林植被分布的地带性规律

我国森林植被分布具有与水分联系的经度以及与温度联系的纬度形成的地带性规律。森林植被的分布主要受气候条件的支配，特别是热量和水分，以及二者的配合状况。在地球表面，热量和水分沿纬度和经度有规律的递变，引起森林沿纬度和经度成水平方向有规律地更替，这一现象称为森林分布的水平地带性。森林分布的纬度地带性，除水分的配合外，主要是地球表面的热量差异造成的。与纬度地带性一样，在地球表面亦有明显的经度地带性。森林分布的经度地带性，实际上取决于海陆位置所联系的大气水分状况，我国从东到西水分条件由湿润到干旱出现明显的变化，表现在东部湿润适于森林生长，西部干旱区地带性植被类型是半干旱草原和干旱荒漠，只在山地的一定高度和河流沿岸才出现森林，反映出经度的地带性。

随着海拔的增高，热量、水分重新分配，从而导致土壤、森林植被呈有规律的变化。山地森林最显著的特征是随海拔高度升高，更替着不同的森林植被类型，即森林植被的垂直地带性。我国是一个多山的国家，山地丘陵面积约占全部国土面积的 2/3，而我国森林多分布于山地和丘陵，山地的自然条件随海拔增高而出现明显的垂直分布，并对森林植被的分布及结构产生明显的影响。一般来说，从山麓到山顶，气温逐渐下降，而湿度、风力、光照等其他气候因子逐渐增强，土壤条件也发生变化，在这些因子的综合作用下，导致植被随海拔升高依次成带状分布，例如，我国长白山，从山麓至山顶分布有落叶阔叶林、针阔叶混交林、云冷杉暗针叶林、岳桦矮曲林、小灌木苔原的植被垂直带。

### （二）我国森林植被分区

我国幅员辽阔，地形十分复杂，自然条件多样，森林植被主要分为8个分区，即寒温带针叶林带、温带针阔混交林带、暖温带落叶阔叶林带、亚热带常绿阔叶林带、热带雨林与季雨林带、温带草原带、温带荒漠带和青藏高原高寒植被带。

#### 1. 寒温带针叶林带

寒温带针叶林带位于大兴安岭北部山地，是我国最北的一个植被区域。山势不高，海拔700～1100 m，山势和缓，山顶浑圆而分散孤立，无山峦重叠，亦无终年积雪山峰。本区域为我国最冷的地区，年平均气温在0 ℃以下，冬季长达9个月。土壤主要为棕色针叶林土，代表树种为樟子松、兴安落叶松等。

#### 2. 温带针阔混交林带

温带针阔混交林带南端以丹东至沈阳一线为界，北部延至黑龙江以南的小兴安岭山地，全区成一新月形。该区域山峦重叠，地势起伏，形成较复杂的山区地形。主要山脉包括小兴安岭、完达山、张广才岭、老爷岭以及长白山等山脉。年平均气温较低，冬季长达5个月以上，最低气温多在－35～－30 ℃。土壤条件为山地暗棕壤，代表树种有红松、紫椴、枫杨、水曲柳、花曲柳、核桃楸等。

#### 3. 暖温带落叶阔叶林带

暖温带落叶阔叶林带北与温带针阔叶混交林区域相接，南以秦岭、伏牛山和淮河为界，西自天水，东至渤海和黄海之滨，大致呈东宽西窄的三角形。全区域西高东低，明显地可分为山地、平原和丘陵。该区域夏季酷热多雨，冬季严寒干燥，年平均气温一般为8～14 ℃。土壤为褐色和棕色森林土，树种以栎林为代表，在南部，栎林主要建群种为麻栎、栓皮栎等，向北逐渐为蒙古栎和辽东栎所取代。

#### 4. 亚热带常绿阔叶林带

亚热带常绿阔叶林带的北界在秦岭—淮河一线，南界大致在北回归线附近的南岭山系，东界为东南海岸和台湾岛以及沿海诸岛，西界基本上沿青藏高原的东坡向南延至云南的西疆。长江中下游横贯本区中部，地势西高东低。该区域气候温暖湿润，年平均气温15～24 ℃。土壤以红壤和黄壤为主，代表树种主要有壳斗科、樟科、山茶科、木兰科、金缕梅科等。

#### 5. 热带雨林与季雨林带

热带雨林与季雨林带是我国最南部的一个植被区域。除个别高山外，一般多为海拔数十米的台地或数百米的丘陵盆地。年平均气温约22 ℃以上，全年基本无霜，年降水量一般在1280～2200 mm。土壤以砖红壤为主，代表树种雨林主要有龙脑香科、梧桐科、楝科、桑科、无患子科等，季雨林主要有木棉、合欢等。

#### 6. 温带草原带

我国温带草原区域是欧亚草原区域的重要组成部分，包括松辽平原、内蒙古高原、黄土高原以及新疆北部的阿尔泰山区，面积十分辽阔，以开阔平缓的高平原和平原为主。地带性植被是以针茅属为主的丛生禾草草原。

**7. 温带荒漠带**

本区域包括新疆的准噶尔盆地与塔里木盆地、甘肃与宁夏北部的阿拉善高原，以及内蒙古自治区鄂尔多斯台地的西端，约占我国土地面积的1/5。整个区域以沙漠戈壁为主。伊犁山地由于水湿条件较好，低山区有以新疆野苹果和野杏为主所组成的落叶阔叶林及残留的野胡桃丛林，中山带(1500~2600 m)以雪岭云杉为主。

**8. 青藏高原高寒植被带**

青藏高原位于我国西南部，平均海拔4000 m以上，是世界上最高的高原，包括西藏自治区绝大部分，青海南半部、四川西部以及云南、甘肃和新疆部分地区。青藏高原主要由高山、高原、湖盆和谷地组成。由于海拔高，寒冷干旱，青藏高原大面积分布着灌丛草甸、草原和荒漠植被。但在东部尤其东南部，即横断山脉地区，夏季盛行偏南风，水汽充沛，湿润多雨，比较温暖，属暖湿湿润地区，发育着以山地森林垂直带为代表的植被。本区域的藏东南地区有大面积的原始森林。

# 第三节　森林生态系统

森林生态系统能量源于太阳，生态系统内部时刻进行着能量转换与物质循环，森林生态系统对维护地球生态平衡具有重要的作用和意义。

## 一、森林生态系统概念与种类

生态系统是指自然界中生物群落(包括植物、动物和微生物)与非生物环境间构成的能量转换与物质循环的功能系统，是一个很广泛的概念。森林生态系统是指森林生物群落与其环境在物质循环和能量转换过程中形成的功能系统，通常分布在湿润或较湿润的地区，其主要特点是动物种类繁多，群落的结构复杂，种群的密度和群落的结构能够长期处于稳定的状态。地球上森林生态系统的主要类型有4种，即热带雨林、亚热带常绿阔叶林、温带落叶阔叶林和北方针叶林。

**(一)热带雨林**

热带雨林被称为“地球之肺”，分布在赤道南北的热带界线内，是地球上面积最大、对人类生存环境影响最大的森林生态系统，在大气的碳氧平衡中发挥着举足轻重的作用。热带雨林全年气温高而温差小，雨量充沛而均匀。物种组成极为丰富，绝大部分是木本植物，高等植物有45 000种以上，还有大量藤本植物和附生植物，生态系统能量流动和物质循环等生态过程速率都很高。但热带雨林生态系统也是脆弱的，由于雨林中土壤贫瘠，养分几乎全部储存在地上的植物体内，因此地上植被一旦被毁，养分遭受强烈淋洗很容易丧失，地表植物很难恢复，整个生态系统便会陷于崩溃。热带雨林常分为三个区域，即南美洲亚马孙平原、非洲刚果盆地和亚洲马来群岛。其中亚马孙是世界上最大的热带雨林，被称为“人类最后一片净土”，地球上20%的氧气来源于这里，10%的物种生活在这里。亚马孙是减缓全球变暖速度的重要碳储存地，也是约300万种动植物以及100万土著人的家园。2019年8月10日以来，巴西的亚马孙雨林在3周内陆陆续续发生了许多次森林火灾，浓烟陆续笼罩了巴西朗多尼亚、帕拉和马托格罗索州等各州，浓烟笼罩下城市仿佛从白天进入了黑夜，森林中生灵涂炭，满目疮痍，供养着无数生命繁衍生息、曾经延绵了几千上万年的绿色植被被毁于一旦。1990—2010 年，亚马孙雨林被破坏的面积由$4150 \times 10^4$ $hm^2$上升至 $5870 \times 10^4$ $hm^2$，曾经湿润的雨林变成了干燥的牧场。同时由于过度砍伐、水土流失导致了大量河流断流，亚马孙热带雨林已站在沙漠化的边缘，加剧了全球变暖，给全世界气候带来致命危险。

**（二）亚热带常绿阔叶林**

亚热带常绿阔叶林是指分布在南北纬 25°~ 35°之间的大陆东部湿润地区，如我国的长江流域、日本的南部和美国的东南部、澳大利亚的东南部、非洲东南部以及南美洲的东南部，是由常绿双子叶植物所构成的森林群落。这里气候四季分明，冬季温暖，夏季炎热潮湿。由于雨热同期，有利于植被发育，该区域的动物种类较为丰富，主要哺乳动物为猴类和鹿类。

**（三）温带落叶阔叶林**

温带落叶阔叶林是指分布在 30°~ 50°N 的温带地区、以落叶乔木为主的森林。气候四季分明，夏季炎热多雨，冬季寒冷干燥。森林组成树种春夏季节叶片宽阔翠绿，入秋后随着气温的下降和白昼时间变短，在类胡萝卜素、花青素等色素的影响下叶片变成黄色系，到了冬天，叶片干枯掉落，季相变化十分鲜明。

**（四）北方针叶林**

北方针叶林分布于北半球高纬度地区，处于寒温带，主要由耐寒的针叶乔木组成，由于纬向跨度辽阔，气候状况多样。一般来说，大陆性气候明显，特点是夏季温凉，冬季严寒漫长且干燥。但目前北方针叶林的不少地区已经遭到破坏。

## 二、森林生态系统的结构

森林生态系统的结构包括形态结构和营养结构，形态结构与上文当中森林的结构基本类似，在这里不做赘述。营养结构是指森林生态系统中的生物成分与非生物成分，通过食物链紧密结合起来，构成了以生产者、消费者、还原者为中心的三大功能类群，是生态系统中进行能量转换与物质循环的基础。

**（一）森林生态系统三大功能类群**

森林生态系统中的生物种类繁多，在生态系统中分别扮演着不同的角色，通过捕食与被捕食的食物关系连结起来，最后植物的枯枝落叶及动物的尸体、粪便和残落物等为腐生生物所分解。根据各种生物在能量和物质运动中所起的作用，可以归纳为生产者、消费者和分解者三类。

（1）生产者

生产者主要是绿色植物，通过光合作用制造营养物质，称为初级生产者，其产生的生物量称为初级生产量。

（2）消费者

消费者指以其他生物或有机物为食的动物，属于异养生物，根据食性不同，可以分为食草动物和食肉动物。食草动物称为第一级消费者，如昆虫、山羊等。食草动物可被食肉动物所捕食，这些食肉动物称为第二级消费者，捕食小型食肉动物的大型食肉动物称为第三级消费者，以第二级食肉动物为食物为第四级消费者。不同等级的消费者从不同的生物中得到食物，就形成了“营养级”。各个营养级之间的界限并不明显，例如，第三级食肉者不仅捕食第二级食肉者，同样也捕食第一级食肉者和食草者，因此属于几个营养级。

（3）分解者

分解者也称还原者，主要是各种细菌和真菌，也包括某些原生动物、腐食性动物以及蚯蚓和一些软体动物等。它们把复杂的动植物残体分解为简单的化合物，最后分解成无机物归还到环境中去，被生产者再利用。陆地约90%的初级生产量都必须经过分解者的作用归还给大地，因此分解者在物质循环和能量流动中具有重要的意义。

**（二）食物链**

生态系统中各种生物为维持其本身的生命活动，必须以其他生物为食物的由食物联结起来的链锁关系称为食物链。这种摄食关系实际上是太阳能从一种生物转到另一种生物的关系，即物质能量通过食物链的方式流动和转换。食物链亦称“营养链”，是1927年英国动物生态学家埃尔顿首次提出，即在生态系统内，各种生物之间由于食物而形成的一种联系，例如，草→兔子→狼。按照生物与生物之间的关系可将食物链分为捕食食物链、腐食食物链和寄生食物链。捕食食物链也称草木链，是以绿色植物为基础，从食草动物开始的食物链，例如，杨树→蝉→螳螂→黄雀→蛇→鹰。腐食食物链又称分解链，是以死的有机物为物质基础的食物链，例如，枯枝落叶→纤维分解细菌→氨化细菌。寄生食物链是以大动物为基础，小动物寄生到大动物上形成的食物链。如哺乳类→跳蚤→原生动物→细菌→过滤性病毒。在自然界中，以上三种食物链几乎同时存在，只是所占份额不同。

**（三）食物网**

在自然界中，每种动物并不是只吃一种食物，一种绿色植物可能是多种食草动物的食物，而一种食草动物也可能吃多种植物，同时也是多种食肉动物的捕食对象。因此，一个生态系统中常存在着许多条食物链，由这些食物链彼此相互交错连结成的复杂营养关系称为食物网。食物网能直观地描述生态系统的营养结构，是进一步研究生态系统功能的基础。一个复杂的食物网是使生态系统保持稳定的重要条件，一般认为，食物网越复杂，生态系统抵抗外力干扰的能力就越强，食物网越简单，生态系统就越容易发生波动和毁灭。假如一个岛屿上只生活着草、鹿和狼，鹿一旦消失，狼就会饿死。如果除了鹿以外还有其他的食草动物，那么鹿一旦消失，对狼的影响就不会那么大。反过来如果狼首先灭绝，鹿的数量就会因失去控制而急剧增加，草就会遭到过度啃食，结果鹿和草的数量都会大大下降，甚至会同归于尽。如果除了狼以外还有另一种食肉动物存在，那么狼绝灭后，这种食肉动物就会增加对鹿的捕食而不致使鹿群发展得太大，防止生态系统的崩溃。

## 三、生态平衡与森林环境

生态平衡就是生态系统的平衡，即在一定时间内，一个生态系统中，生物与环境之间、生物各种群之间，通过能流、物流、信息流的传递，达到了互相适应、协调和统一的状态，各项事物均处于动态的平衡之中，称为生态平衡。生态系统是具有耗散结构的开放系统，在生态系统中，能量和物质的输入、输出相对平衡，食物链结构完整，生物种类和数目保持相对稳定。但是，目前作为陆地生态系统主体的森林生态系统面临着环境破坏、生态平衡被打破的严重危机。森林环境危机首先体现在自然生态环境恶化。由于人类对森林的大肆砍伐，森林资源减少，有的地区旱灾日益加剧，有的地区洪水泛滥成灾，暴风暴雨、冰雹等自然灾害频繁。森林破坏的同时加剧了水土流失，我国水土流失情况严重，大量泥沙倾入黄河，黄河含沙量急速上升。土壤侵蚀带走了大量的有机质和氮、磷、钾等养分，土地越发贫瘠。泥沙淤积使河床抬高，降低湖泊、水库的调蓄能力。森林的破坏对野生动植物基因库也造成了巨大影响，由于环境变化，许多动植物失去了栖息地，使得种群数量下降，甚至濒临灭绝危险。

森林生态系统的破坏对地球环境影响巨大，保护森林就是保护人类，促进人类与自然和谐发展已成为目前全球的焦点问题。森林环境保护对策有许多，例如，在适宜地段建立保护区，对森林资源进行合理管理，增加森林组成成分的多样性，对现有的各种类型的森林生态系统进行科学利用并利用现代技术尽可能恢复已被破坏的森林，加强生态环保的宣传与教育，增强人们生态环境意识等。

## 第四节　森林的效益

森林与人类息息相关，为人类提供多种多样宝贵的资源。但与其他资源不同，森林是可再生资源，具有再生性、连续性、多效益性等特点。森林中各种各样的植物能够利用水和二氧化碳，在阳光的作用下可以反复合成有机物，具有再生性。植物可以持续生长，光合作用便可持续进行，因此森林还具有连续性。而森林的多效益性表现在森林具有多种功能，能够为人类带来不同的效益，如生产木材的直接效益、保持水土净化空气等间接效益。森林的功能就是森林的功用、作用、用途，或在森林生态经济系统中的岗位职能，统称为森林在自然生态和经济社会中所起的功能、作用、用途或职能。森林的不同功能有机地组合在一起，具有不可分割的联系。森林既有有形的产品效益，同时在经营过程中，又发挥着巨大的系统效益，包括生态效益、经济效益和社会效益，合称为三大效益，这些效益相互之间有密切联系，也各有特点。

### 一、生态效益

森林生态效益是指在森林生态系统及其影响所及范围内，对人类有益的全部效益，包括森林生态系统中，以木本植物为主体的生物系统及与这些生物系统相适应的环境系统所提供的效益。森林是陆地生态系统的主体，是人类赖以生存的自然环境，在维护生物多样性、涵养水源、防风固沙、调节气候、净化空气、提供氧气和碳汇等生态环境方面有着重要的生态环保作用。森林生态效益包括森林生态系统中，以木本植物为主体的生物系统，即生命系统所提供的效益，以及与这些生命系统相适应的环境系统所提供的效益，而且生命系统和与其相适应的环境系统在进行各种生态生理作用过程中所形成的大于其组成部分之和的整体效益。

#### （一）森林可以维护生物多样性

森林是多种动物的栖息地，也是多类植物的生长地，是地球生物繁衍最为活跃的区域。森林为植物和微生物提供了生存的基地和营养来源，也为动植物提供了栖息场所和丰富的食物，是遗传多样性和物种进化的保证。森林物种的多样性孕育着遗传基因的多样性，森林生态系统林木种质资源蕴藏着极为丰富的遗传变异，变异越丰富，物种对环境的适应能力越强，物种进化的潜力也越大。

**(二)森林可以涵养水源、保持水土**

俗语说："山上没有树，水土保不住，山上种满树，等于修水库，雨多它能吞，雨少它能吐"，就形象地说明了森林涵养水源、保持水土的作用。降雨过程中，雨滴对裸露土壤表现出直接的侵蚀破坏作用，而茂密的林冠对降水有截留作用，一般情况下有20%~30%的降水量可被林冠所截留，有效降低降水程度，削弱了雨滴对土壤的击溅作用，减少雨水对土壤的侵蚀，延缓地表径流过程，减少水土流失，避免林地土壤遭受暴雨打击。由于林木根系的作用，森林土壤具有涵水能力很强的孔隙，当森林土壤的根系空间达1 m深时，每公顷森林可贮水500~2000 $m^3$，将地表径流转变为地下水，起到涵养水分的作用，因此森林被称为"绿色水库"。同时，森林地表的枯枝落叶腐烂层形成较厚的腐质层，如同一块巨大的吸水海绵，能够吸水、延缓径流、削弱洪峰，凋落物层厚度越大，吸水能力越强，对涵养水源和保持水土的作用也越大。

**(三)森林可以防风固沙，减少风沙危害**

森林中植被茂密，是地面上能阻挡风力的强大障碍生物，可改变风向、降低风速。由于森林树干、枝叶的阻挡和摩擦消耗，使得进入林区的风速明显减弱。一般来说，风在入林前200 m以外，风速变化不大，过林之后，约经过500~1000 m才能恢复过林前的速度。俗语说："沙地没有林，有地不养人；沙地有了林，沙地变黄金"，森林可以稳定流沙，增加和保持田间湿度，减轻干热风危害，在风沙危害地区保护农业的作用十分显著，是农业生产的屏障。人类利用森林的这一功能造林治沙，打造防护林，改变气候条件，使"跑风地"变成良田和牧场。

**(四)森林可以调节气候**

由于森林树冠层密集，林内获得的太阳能辐射少，空气湿度大，林外热空气不易传导到林内，到夜间林冠又起到保温作用，因此森林内昼夜之间及冬夏之间温差减小。同时由于林内地表蒸发比无林地显著减小，林地土壤中涵蓄水分多，可保持较多的林木蒸腾和地面蒸发的水气，因而林内相对湿度比林外高。虽然冬季森林树木的叶子大都凋零，但密集的枝干仍能削减吹过地面的风速，使空气流量减少，起到保温保湿作用。森林的蒸腾作用对自然界水分循环和改善气候也有重要作用，森林每天从地下吸收大量水，再通过树木树叶的蒸发，回到大气中，使得森林上空水蒸气含量要比无林地区上空多，同时水在变成水蒸气时要吸收一定的热量，因此在大面积的森林上空，空气湿润，容易成云致雨，增加地域性降水量，降低气温。若城市周围有森林，森林中的空气环流可减轻热岛效应，并消散城市上空的废气。

**(五)森林可以杀菌吸尘，降低噪声**

随着工矿企业的迅猛发展和人类生活用矿物燃料的剧增，受污染的空气中混杂着一定含量的有害气体，威胁着人类，其中二氧化硫就是分布广、危害大的有害气体。据测定，森林空气中的二氧化硫要比空旷地少15%~50%。若是在高温高湿的夏季，随着林木旺盛的生理活动，森林吸收二氧化硫的速度还会加快。森林是"天然防疫员"，具有杀菌作用，可杀死众多病菌，有效降低空气中的含菌量。许多树木的叶、花、果、皮等能够产生挥发性物质称为杀菌素，能杀死伤寒病原菌、链球菌、葡萄球菌等。杀菌素是由树木的特殊组织——油腺，在新陈代谢过程中分泌出来的香精、酒精、有机酸等物质。一般来说，能分泌挥发油类的树种其杀菌能力都比较强，如圆柏、悬铃木、柠檬、茉莉等。植物根系的分泌物也能杀灭土壤中的病原菌，从而对土壤起到消毒作用。随着交通运输业的发展，噪声成为现代城市的一大公害。研究结果表明，噪声 50 dB 以下对人影响不大；当噪声达 70～80 dB 时，会使人感到疲倦不舒服；当达到 120 dB 时，即会使人耳朵发痛，听力减弱。森林是“绿色隔音墙”“活的消音器”，有着很好的防噪声效果，由于具有茂密的树叶，噪声通过森林后，可降低声音强度，一般 40m 宽的林带即可减少 10～15 dB 的噪声，分枝低矮、林冠浓密的乔灌木混交林带消音效果最好。另外，森林是“天然吸尘器”，对大气中的灰尘有阻挡、过滤和吸收的作用，可减少空气中的粉尘和尘埃。由于树木枝叶多，树冠茂密，能降低风速，避免灰尘飞扬，且树叶表面上的绒毛可分泌黏性油脂及汁液，吸附大量飘尘，每公顷森林可吸收二氧化硫 748 t，一氧化氮 0. 38 t，一氧化碳 2. 2 t。

**（六）森林能够吸收二氧化碳，释放氧气**

从 20 世纪 90 年代开始，人类每年约向空气中排放 $60 \times 10^8$ t 的二氧化碳和其他温室气体，带来了气候变暖等一系列环境难题。森林在应对气候变暖中发挥着巨大作用，森林植被通过光合作用吸收二氧化碳放出氧气，把大气中二氧化碳固定到植物和土壤中，在一定时期内起到稳定乃至降低大气中温室气体浓度的作用。氧气是人类维持生命的基本条件。森林在生长过程中要吸收大量二氧化碳，放出氧气。据研究测定，树木每吸收 44 g 的二氧化碳，就能排放出 32 g 氧气；树木的叶子通过光合作用产生 1 g 葡萄糖，就能消耗 2500 L 空气中所含有的全部二氧化碳。需要注意的是，林木在夜间也有吸收氧气排出二氧化碳的特性，但因白天吸进二氧化碳量很大，差不多是夜晚的 20 倍，相比之下夜间的排出二氧化碳就很小了。

**（七）森林具有碳汇功能**

据联合国政府间气候变化委员会（IPCC）评估，森林是陆地最大的贮碳库，全球陆地生态系统固定的 $2.48 \times 10^{12}$ t 碳中有 $1.15 \times 10^{12}$ t 贮存在森林中。同时，森林还是巨大的吸碳器，据专家测定，森林通过光合作用，每生长 1 $m^3$ 木材，约吸收 1. 83 t 二氧化碳，释放 1. 62 t 氧气。根据中国林业科学研究院基于 2018 年的发布数据显示，辽宁省森林面积达 $597.7 \times 10^4$ $hm^2$，森林生态系统年碳汇量 $1938.5 \times 10^4$ t，占全省陆地生态系统 80% 左右。

## 二、经济效益

森林的经济效益也称直接效益，主要是指在森林生态系统及其影响所及范围之内，被人们开发利用的那部分已经变为经济形态的效益。通俗来说，森林的经济效益是指从森林中直接取得木材和其他非木质林产品的直接效益，主要包括木材收益、能源收益以及林副特产品收益。

**（一）森林可提供木材**

从原始社会开始，人类便利用木材进行生活，从烧火到建筑，木材成了人类社会必不可少的基础材料，车辆、船舶、桥梁、码头、飞机、家具、乐器等的制造，无一不需要木材，因此，木材在国家经济建设中有着非常重要的作用。除此以外，木材经过机械和化学加工，可制成各种各样的工业品，例如，将木材中的木质素和杂质去掉，留下的木纤维可用来造纸。木材的可燃性又使其成为重要的生物能源，在我国农村能源中占有重要地位，例如，薪材来源于树木生长过程中修剪的枝杈。

#### （二）森林可提供林副特产品

森林除了能够提供大量的木材外，还能生产许多珍贵的林副产品，这些产品不仅是轻化工业和医药制造方面的重要原料，还可以食用，提高人们生活水平，在国民经济中占有重要地位。森林可以提供烤胶、紫胶、染料、松香等多种工业原料，例如，栓皮栎的树皮比重小、浮力大、弹性好、不透水，绝缘性强，是重要的工业原料；橡胶是橡胶树的副产品，与钢铁、石油和煤炭合称世界四大工业原料；油桐果实中的油为干性植物油，是我国特产，可用于油漆、防水剂、防腐等。在森林植物中，可用来食用的种类非常丰富，红松松子、榛子、板栗、枣、苹果、梨、油茶等，为人类提供了丰富的食物来源。除此以外，在广阔的森林中还有许多药材，如人参、刺五加、杜仲等，都含有极高的药用价值。除了植物外，森林中的动物资源也非常丰富，老虎、熊、蛇、紫貂等都是珍贵的野生动物资源。

### 三、社会效益

森林的社会效益是指在森林生态系统及其影响所及范围内，被人们认识且为社会服务的那部分效益，包括对人类身心健康的促进、对人类社会结构改进和对人类社会精神文明状况的改善，是森林效益的最终归属。茂密的森林可以满足人们精神需求，可以陶冶情操，提高健康水平，为人们提供优质的生存、生活、生产环境条件，提供人们旅游休憩、娱乐疗养的场所，是精神文明建设的重要组成部分，如现下比较流行的回归大自然的生态旅游。同时森林也是非常重要的教学、科研基地，也是文化、文艺采集创作的源泉，更是爱国主义教育的重要场所。此外，林业也为社会提供大量的就业岗位，林业的发展能够增加山区农民收入，为农民提供致富的途径，促进“三农”问题的解决。

## 第五节　现代林业

### 一、林业的概念与内涵

#### （一）传统林业的概念

林业，顾名思义，是培育、保护、管理和利用森林的事业。一般认为，林业是大农业的组成部分，与农业中的种植业相似，区别在于其种植对象是木本植物。这种认识在20世纪以前的传统林业概念中还是有代表性的，但随着人类文明的进步和社会经济的发展，林业的内涵和范畴已经发生了巨大的变化。古代的林业主要是开发利用原始林，以取得燃料、木材及其他林产品。中世纪以后，随着人口增加及森林资源渐次减少，局部地区出现缺林少材现象，人们开始关心森林的恢复和培育，保护森林和人工种植森林逐渐成为林业的经营内容。近代的林业认识到森林资源，特别是木材的永续利用的必要性，要使开发利用森林和培育保护森林保持相对的均衡，便开始把林业经营放在比较科学的基础之上。现代林业则正在逐渐摆脱单纯生产和经营木材的传统观念，重视森林的生态和社会效益，以多目的综合经营森林和高效率、深度利用森林资源为主要特征。

### （二）现代林业的概念

20 世纪 70 年代以来，随着生态危机和环境问题的日益凸显，人们对传统林业的发展方式进行了反思，提出了“生态林业”的概念。随后这一概念又逐渐演化为“可持续林业”“现代林业”。到目前为止，“现代林业”这个概念正在被越来越普遍地接受，但并没有被正确理解，业外人士往往将“现代林业”当作“现代化林业”，业内人士也有将“现代林业”抽象化，使其远离社会，影响了我国现代林业的建设。国内较早的对“现代林业”的定义是：现代林业，即在现代科学认识基础上，用现代技术装备武装和现代工艺方法生产及用现代科学方法管理、可持续发展的林业。随后这一概念进一步发展，定义为：现代林业是充分利用现代科学技术和手段，全社会广泛参与保护和培育森林资源，高效发挥森林的多种功能和多重价值，以满足人类日益增长的生态、经济和社会需求的林业。现代林业实际上是科学发展的林业，是以人为本、全面协调可持续发展的林业，体现了现代社会主要特征，具有较高生产力发展水平，能够最大限度地拓展林业多种功能，满足社会多样化的需求。现代林业要构建林业生态、产业和文化三大体系建设，开发和拓展林业三大功能，加速推进六大转变，即传统林业经营思想向现代林业发展理念转变、传统技术向现代技术转变、传统装备向现代装备转变、低能劳动者向知识型劳动者转变、加速推进陈旧管理模式向现代管理模式转变以及全面推进现代林业建设。

20 世纪，林业在以下 3 个方面取得重大进展：①继续以生产木材为主要经营目标，但其培育走向定向化、集约化，保护走向综合化、广域化，管理走向科学化、系统化，利用走向高效化、深层化，其效果是从有限的林地面积上生产出更大量多样的木材制品，不断满足了人类文明发展对木材的需求；②培育、开发和利用森林中除木材以外的其他林产资源，包括果实、茶叶、油脂、松香、树汁、橡胶、生漆、栲胶、紫胶、食用菌、药材、调料、香料、花卉、森林饮料等。随着人们对自然认识的不断提高，可开发利用的资源几乎每年都可增加；③研究、认识并发挥利用森林所具有的多种公益效能。这个方面在 20 世纪下半叶取得了巨大的进展，人们对森林的防风固沙、保持水土、涵养水源、净化大气、美化风景等公益性功能有了充分深刻的理解和认识，特别是对森林作为地球上生物多样性的最大宝库和生物圈中维持大气成分平衡的最基本因素的初步认识，把人类对森林的认识提高到了“绿色意识”的高度，正是在这种认识的基础上才产生了自然保护区网络建设、大规模防护林体系建设、大量森林公园设立和经营、城镇绿化迅速发展等一系列行动。

目前，许多学者以及一些发达国家政府，已经把森林的公益性效益放在森林的经济效益之上，特别是在 1992 年于巴西召开的联合国环境与发展大会的推动下，森林问题已经上升为世界性的资源和环境问题的重点。林业的地位和作用已经从大农业的一部分演变为横跨大农业和资源环境事业的重要行业，特别是在当今自然资源日益枯竭、生态环境日益恶化的世界上，林业几乎是唯一既能改善生态环境，又能生产可再生资源的特别产业，占有越来越重要的地位。在这样的背景下，世界各国的林业经营思想都发生了巨大变化，虽然具体的经营目标和重点千差万别，但总体思路和发展方向基本一致，都在不断重视森林的生态环境作用，并兼顾生态与经济的平衡。其中比较有代表意义的有奥地利的“森林经营新模式”，其目的是实现不破坏生态平衡的环境保护与经营；瑞典的“立地特点林业”，认为“合理林业可与小规模自然保护和景观并存”；德国的“正确林业”，采取“与健全的科学知识和经验证明的实践准则一致”的经营方法，同时保证林地的经济与生态生产率，从而实现物质与非物质机能的永续；加拿大的“模式森林计划”，以森林生态经营思想为基本原则，大力倡导公众参与，积极引入科学技术和生态技术，持证经营，充分实现森林多种价值；日本的“森林 · 林业流域管理系统”，从日本国情出发，把森林作为“绿色和水”的源泉，按照流域来进行经营管理。林业已经成为环境建设的主体，是人类社会健康和谐发展的基础产业。

### （三）现代林业的内涵

基于上述分析，现代林业的内涵可以理解为，以和谐发展理论为指导，以现代科学技术为手段，全社会参与社会—生态系统的研究与管理，协调人与人的社会关系和人与自然的生态关系，实现人与自然的和谐共荣。

#### 1. 经营对象

现代林业的经营对象是森林生态系统。森林生态系统是陆地最大的生态系统，具有其他生态系统所具有的结构特征。当把森林生态系统作为经营对象时，必须尊重生态系统的自然规律，人类的经营活动不应超出其调节能力的阈值，以免造成生态失衡。就现代林业而言，就是要按照森林生态系统的演替规律，开展森林经营活动，通过各种措施，减少对林地的养分耗损，增加林地养分补充，增加对系统的投入，建立新的高效的生态链，形成高级有序循环，促进林业系统向高级有序态进化。

#### 2. 经营目标

现代林业的经营目标是森林利用达到“零废弃物”，实现“清洁生产”。实现林业“清洁生产”，就是通过改进森林资源经营利用手段，达到削减和控制 $CO_2$ 排放，加强废弃物循环利用，少产生或不产生生产性垃圾和生活垃圾。通过对有限森林资源的节约和循环使用，创造健康有序的森林资源使用机制，实现和谐发展的循环性社会。例如，开发可再生能源利用新技术，如生物发电、自然能源；还可建立废弃物回收、再生、利用循环系统，确保环境卫生安全；也可加大木质系列材料开发利用力度，提高木质系列产品生产效益；积极培育人与自然友好相处的森林文化和生活文化氛围。

#### 3. 经营原则

在目前矿物燃料日渐枯竭、人口压力加大和环境不断恶化的情况下，现代林业的经营原则应该坚持开发短轮伐期速生丰产林；营造高产能源林，解决农村燃料短缺状况，加快“绿色能源”替代矿物能源的步伐；促进区域社会能源自给化、多元化，最终达到区域社会“可持续”发展的战略；有效利用荒山荒漠资源，提高土地利用率和生产力水平。

#### 4. 经营之路

除了加强生态建设之外，目前我国林业发展需要解决以下问题，首先必须加强林业行业建设，逐步把我国林业建设成大生态产业，实现林业的和谐发展；其次要加强林业意识建设，加强生态安全和生态关系知识宣传教育，提高全民对林业观念的认识，倡导清洁和勤俭的生活方式，合理分配资源，按需生产，实行清洁生产和节约生产；最后，要加强林业行政能力建设，加强林业组织建设，提高林业行政能力，完善林业法律法规体系和林业行政体制；同时要加强林业工程同其他工程建设的联系，使它们有机结合，实现整体与局部同步健康发展。

### （四）现代林业承担的特殊使命

森林是陆地生态系统的主体，林业是一项重要的公益事业和基础产业，承担着生态建设和林产品供给的重要任务，做好林业工作意义十分重大。2003 年，党中央、国务院作出的《关于加快林业发展的决定》，明确了林业发展的指导思想、基本方针、主要任务和政策措施，指出了林业发展要坚持以生态建设为主的可持续发展道路。在文件中，中央明确了必须把林业建设放在更加突出的位置，即“在全面建设小康社会、加快推进社会主义现代化的进程中，必须高度重视和加强林业工作，努力使我国林业有一个大的发展。在贯彻可持续发展战略中，要赋予林业以重要地位；在生态建设中，要赋予林业以首要地位；在西部大开发中，要赋予林业以基础地位”。2009 年的中央林业工作会议中指出，林业在应对气候变化中具有特殊地位。

**1. 保护自然生态系统**

林业不仅肩负着保护森林生态系统和恢复湿地生态系统的使命，还担任着保护和拯救生物多样性、改善和治理荒漠生态系统的职责。森林、湿地、荒漠和草原分别被誉为“地球之肺”“地球之肾”“地球癌症”和“地球免疫系统”，其中森林和湿地生态系统发挥着主导和决定性作用。经科学研究表明，70% 以上的森林和湿地参与了地球化学循环过程，对生物界与非生物界之间的物质和能量交换发挥了重要作用，有效维护了生态系统平衡。因此，不管在当前还是在今后，林业都将是调节人与自然的关系的重要途径。党的十八大报告指出，“必须树立尊重自然、顺应自然、保护自然的生态文明理念”。生态文明核心是人对自然的文明，保护自然生态系统，就是保护生态文明的本源基础。林业承担着保护和建设森林生态系统、保护和恢复湿地生态系统、治理和改善荒漠生态系统、维护和发展生物多样性的重要职责，肩负着保护自然生态系统的重大任务。

**2. 实施重大生态修复工程**

党的十八大报告提出，要实施重大生态修复工程，增强生态产品生产能力，推进荒漠化、石漠化、水土流失综合治理，扩大森林、湖泊、湿地面积。这是党中央主要针对林业建设作出的具体部署，也是林业建设的重点。目前，我国正在实施天然林资源保护、退耕还林、京津风沙源治理、三北防护林、沿海防护林、湿地保护与恢复、石漠化综合治理等 16 项世界级重点生态修复工程。

**3. 构建生态安全格局**

党的十八大报告提出，要加快实施主体功能区战略，推动各地区严格按照主体功能定位发展，构建科学合理的生态安全格局。国家主体功能区战略明确要求，要加快构建青藏高原生态屏障、黄土高原—川滇生态屏障和东北森林带、北方防沙带、南方丘陵山地带“两屏三带”为主体的生态安全战略格局。林业在构建生态安全格局中具有极为重要的作用。

**4. 促进绿色发展**

林业是重要的绿色经济体，承担着促进绿色发展的重大职责。党的十八大强调要着力推进绿色发展、循环发展、低碳发展，形成节约资源和保护环境的空间格局、产业结构、生产方式、生活方式。绿色发展的特征是低消耗、低排放、可循环，重点是形成有利于生态安全、绿色增长的产业结构。林业既是改善生态的公益事业，又是改善民生的基础产业；既是增加森林碳汇、应对气候变化的战略支撑，又是规模最大的绿色产业和循环经济体；既是增加农民收入的潜力所在，又是拉动内需的主战场。依托林业发展绿色经济、实现绿色增长，是建设生态文明的重要内容。

**5. 建设美丽中国**

林业是自然美、生态美的核心，承担着建设美丽中国的重大职责。林业是自然资源、生态景观、多样生物的集大成者，拥有大自然中最美的色调，是美丽中国的核心元素。九寨沟、张家界、武夷山、西双版纳等都因森林、湿地而美，因森林、湿地而秀。发达的林业、良好的生态，是国家文明、社会进步的重要标志。但目前我国的森林覆盖率仅为23.04%，人均森林面积不足世界人均的1/3，沙化土地面积超过国土面积的1/5，水土流失面积超过国土面积的1/3。由此带来的生态环境恶劣、生态承载能力不高等问题，已经成为经济社会可持续发展和全面建成小康社会所面临的现实问题。党的十八大首次提出建设美丽中国的重要目标，林业是生态文明建设的关键领域和主要阵地。是生态产品生产的主要阵地，是美丽中国构建的核心元素。

**6. 维护全球生态安全**

党的十八大报告不仅对我国生态文明建设提出了新的要求，而且明确提出要“为全球生态安全作出贡献”。经过长期不懈地努力，在世界森林资源总体下降的情况下、在经济持续高速增长对生态的巨大压力下，我国实现了森林面积和森林蓄积量双增长，成为森林资源增长最快的国家，成为世界防沙治沙和湿地保护的成功典范，受到国际社会的高度赞誉，林业为实现中华民族永续发展和维护全球生态安全发挥出了不可替代的作用。

**（五）数字林业与城市林业**

由现代林业的内涵和特性，还衍生出了数字林业和城市林业，二者均为林业的提高与升华，是现代林业的一个组成部分。

数字林业目前较为公认的定义是指用数字化技术，以自然规律为基础，以生态环境、森林经营可持续发展为目标，对林业所涉及的对象和全过程进行数字化和可视化的表达、设计、控制与管理等，数字林业是对林业资源及其工程建设的静态、动态和分析决策等特征的统一的数字化表述与认识，以林业空间数据为依托，用宽带网络连接各分布式数据库，以虚拟现实技术为特征，具有三维显示和无边无缝多级分辨率浏览的开放系统。数字林业主要涉及的范畴包括在林业各个方面（森林保护，营林造林，森林防火，森林采伐，森林经营，木材运输、储存、销售等）、各种过程（生物的、环境的、经济的）全面实现数字化，并应用数字模型加以表达；同时把各种数字化技术广泛地应用于林业，在林业的各个部门（生产、科研、教育、管理、流通、服务等）全面地实现数字化与网络化管理。

美国林业工作者协会城市林业组于1972年为城市林业下了定义，该定义指出，城市林业是林业的一个专门分支，是一门研究潜在的自然、社会和经济福利学的城市科学，其目标是城市树木的栽培和管理，任务是综合设计城市树木和有关植物并培训市民，其范围包括城市水域、野生动物栖息地、户外娱乐场所、园林设计、地面污水再循环、树木管理和木质纤维的生产等。需要注意的是，城市林业并非仅指城市树木的管理，而是指对某地区居民影响和利用的所有树木的管理，包括服务于城市居民的水域和供游憩的地区，也包括行政上划为城市范围的地区。现代城市林业旨在服务城市，并带动周边农林地区，取林业、园林之所长，补其之所短，达到持续发展、共同进步，体现了市区、郊区及远郊区一体化绿化体系的指导思想，也体现了有别于大林业和乡村林业的不同特点，特别是融合了园林、园艺的优势与长处，体现了大都市林业的典型性、示范性、生态性、服务性的特点。

## 二、中国林业概述

### (一) 中国林业发展历程

中国是世界文明古国之一，5000 年的璀璨文化在形成和发展中伴随着林业的兴衰。中国林业的发展大致分为以下几个阶段。

**1. 狩猎林业阶段**

狩猎林业阶段，中国森林茂密，先民生活在森林中，衣食住行都离不开森林。农牧业有了较大的发展，但人口密度低、生产力低下，这一时期人类的主要活动是狩猎、采集或原始的农业耕作。这一阶段的主要特点是森林共有，人口少，森林资源丰富。

**2. 农耕林业阶段**

从春秋时期开始，中国进入了农业社会，早期人们尚注意保护森林，把发展林业看成是发展农业和富国富民、衡量人心向背、国势盛衰的关键标志。《孟子》《荀子》提出了“斧斤以时入山林”和“不夭其生，不绝其长”这些朴素的森林永续利用理论。但随着人口增长，社会对耕地的要求增加，人们大肆毁林开荒，如《阿房宫赋》“蜀山兀，阿房出”的感叹。但林业栽培等技术发展得比较完善。封建社会后期，由于朝廷的腐败、封建经济基础根深蒂固以及外族侵略，中国的林业遭受巨大损失。随着闭关锁国的大门被外国列强暴力打开，西方国家发展林业的思想和林业科学技术也随之传入，中西交融的中国近代林业科学技术逐渐形成，1917 年中国第一个林业学术团体“中华森林会”(后改名为中华林学会)诞生，1937 年陈嵘出版了《中国树木分类学》，对近代中国林业的发展产生了积极的影响。

**3. 工业利用型林业阶段**

中华人民共和国成立初期，全国的森林覆盖率仅为 8.6%。当时中国林业以采伐森林、提供国家建设急需的木材为主要任务，90% 的森林资源当作用材林，森林的后续资源等问题在当时并没有被充分地考虑。直到 1957 年，国家意识到森林资源的有限性，开始强调森林资源的恢复、保护和扩大，开始在全国范围内营造以杉木、杨树、泡桐、落叶松、油茶、油桐和板栗等为主的速生丰产林，相关林业科学研究也蓬勃发展，先后成立了众多林业院校、林业院系和中等学校，完善了林业教育体系。1966—1976 年，国民经济发展面临崩溃的边缘，林业也同样受到严重冲击，直至党的十一届三中全会以后，国家工作重点转移到现代化建设方面，林业发展也取得重大进展，突出表现为注重森林的多目标经营，全面推进生态环境建设，提升林业发展中的科技含量。

**4. 走向可持续发展林业阶段**

1992 年，联合国环境与发展大会在巴西里约热内卢召开，推动了中国走上可持续发展的战略选择，《中国 21 世纪议程》和《中国 21 世纪议程 · 林业行动计划》先后制定，提出实现森林可持续发展在社会、经济发展中不可替代的作用，确立了科教兴林战略，并逐步建立起比较完备的林业生态体系和比较发达的林业产业体系。20 世纪末，中国六大林业重点工程全面推进，新时期林业被赋予“四个地位”和“四大使命”。面对资源约束趋紧、环境污染严重、生态系统退化的严峻形势，我国提出要把生态文明建设放在突出地位，建设生态文明必须把发展林业作为首要任务，同时林业也成为应对气候变化和解决“三农”问题的重要途径。

### (二) 中国林业发展现状

党的十八大以来，国际林业产业形势极不稳定，但我国林业产业仍然保持稳步增长，产业规模快速壮大，产业集中度明显提高，取得了显著的变化和成就，成为世界上森林资源增长最多和林业产业发展最快的国家，一片片绿水青山生动地诠释了“绿水青山就是金山银山”。

**1. 森林质量稳步提升，生态建设成效显著**

“十三五”期间，我国天然林面积净增 $8895\times10^4$ 亩，总量达到 $29.66\times10^8$ 亩，占全国森林蓄积量的83%以上。天然林资源质量逐步提升，生态功能显著增强，贡献了我国森林植被总碳储量的80%以上。近年来，我国开展大规模国土绿化行动，每年营造林面积在 $1\times10^8$ 亩以上。三北工程建设步伐不断加快，完成营造林任务 $4860.5\times10^4$ 亩，工程区森林覆盖率由“十二五”期末的13.02%提高到目前的13.57%。同时，实施林草质量精准提升工程，每年森林抚育面积达 $1.2\times10^8$ 亩以上，扩绿面积与提质增效相互结合，林草资源总量稳步增长，林种、树种结构进一步优化，质量有序提升，生态状况持续改善。

林业建设显现出一些典型案例：

河北省塞罕坝机械林场人工营造建设森林共计 $112\times10^4$ 亩，形成了有山有湖，有草有木，物种丰富，气候宜人的世界最大人工森林。每年涵养水源、净化水质 $1.37\times10^8$ $m^3$，吸收二氧化碳 $74.7\times10^4$ t，释放氧气 $54.5\times10^4$ t，可供将近200万人一年呼吸之用，林区动植物种类超过1700种，俨然成为一座动植物物种基因库。

山西右玉在中华人民共和国成立前森林覆盖率仅为0.3%，风沙肆虐，寸草难生，经过右玉人民自力更生、艰苦奋斗，依靠植树造林不动摇的坚强信念和科学精神，森林覆盖率达到如今的54%，当地自然环境得到了根本改善。

陕北延安在1999—2009年中，共完成各项林业重点工程及社会造林 $1390.22\times10^4$ 亩，其中人工造林 $1113.37\times10^4$ 亩，飞播造林 $149.20\times10^4$ 亩，封山育林 $127.65\times10^4$ 亩。全市森林覆盖率达到36.6%，林木绿化率达到46%，植被覆盖率由45.4%上升到68.2%，为黄土高原再添绿色。

新疆阿克苏从1997年森林覆盖率1.3%达到了如今的全市森林覆盖率40.3%，城市建成区绿化覆盖率39.5%，成为中国西北地区首个“国家森林城市”。

同时，通过实施京津风沙源治理、“三北”防护林体系建设、退耕还林等林业重点工程，我国生态状况脆弱、生态区位重要的地区得到了集中治理，重点区域生态状况明显改善。以自然保护区为主体、湿地公园和湿地保护小区等多种方式并存的湿地保护体系逐步建成，生物多样性保护得到加强。同时新兴产业的蓬勃发展，扩展了林业产业的内涵和外延。森林旅游产业成为最具增长潜力的林业朝阳产业。竹缠绕复合材料技术作为一项全球独创的竹材高附加值利用技术，又一次刷新了中国竹材工业在世界的高度。木煤、生物质颗粒、生物质气化发电多联产等新兴产业体现了林业在可再生能源领域的潜力，大规模产业化应用前景可期。

**2. 林业改革步伐加快，政策法规不断完善**

我国林业改革大力推进，全国国有林场天然林商业性采伐全面停止，仅2016年便减少天然林消耗量 $556\times10^4$ $m^3$。集体林权制度改革全面推开，2016年，国家批复了吉林省、黑龙江省和大兴安岭林业集团公司省级国有林区改革实施方案，标志着重点国有林区改革进入了实质性推动阶段。林区民生明显改善，相关配套改革政策措施进一步完善，完成了52.43万户国有林区棚户区和危旧房改造任务，成为中华人民共和国成立以来惠及林区人口最多的一项民生工程。全国明晰产权、承包到户的基础改革任务基本完成。截至2018年年底，全国已确权集体林地面积 $1.80 \times 10^8$ $hm^2$，占纳入集体林权制度改革面积的98.97%，发放林权证1.01亿本，发证面积 $1.76 \times 10^8$ $hm^2$，占已确权林地面积的97.65%，1亿多农户受益。

我国林业政策正在不断完善。2016年，《关于规范集体林权流转市场运行的意见》印发，进一步规范和促进林权流转；在天然林资源保护方面，国家明确集体和个人所有的天然林协议停止商业性采伐；在沙化土地修复保护方面，《沙化土地封禁保护修复制度方案》，颁布提出要实行严格的保护制度、建立沙化土地修复制度、建立多元化投入机制、推行地方政府责任制等；在林业精准扶贫方面，国家明确从八个方面推进产业扶贫，加强贫困地区生态保护和产业发展促进精准扶贫和精准脱贫；在林业投融资创新方面，国家提出，在林业重大生态工程、国家储备林建设、林区基础设施建设、林业保护设施建设和野生动植物保护及利用等重点领域实施政府和社会资本合作模式，发挥政策性和开发性金融作用支持林业发展；在林业改革资金管理方面，《林业改革发展资金管理办法》明确中央财政预算安排用于森林资源管护、森林资源培育、生态保护体系建设、国有林场改革、林业产业发展等支出方向的专项资金有关规定，建立起由林业、财政、金融部门共同参与、分工协作的林业贴息贷款联合监管机制，林业贴息贷款监督管理进一步加强。我国林业法制建设逐年加快，通过不断开展“净网行动”“严厉打击非法占用林地等涉林违法犯罪专项行动”等，有力地遏制了涉林违法犯罪高发势头及破坏野生动植物等自然资源的违法犯罪行为。

**3. 林业产业规模加大，为农民增收提供大舞台**

2018年，我国林业产业总产值7.63万亿元，超过万亿的林业支柱产业分别是经济林产品种植与采集业、木材加工及木竹制品制造业和以林业旅游为主的林业旅游与休闲服务业，产值分别达到1.45万亿元、1.28万亿元和1.30万亿元，森林旅游与休闲服务业产值增速达15.38%，全年林业旅游和休闲人数达到36.6亿人次，比2017年增加5.6亿人次。林业第三产业结构比进一步得到优化，由2017年的33:48:19调整为32:46:22，第三产业比重增加3个百分点，这些数据充分体现出我国林业产业的结构性调整成效显著。

发展现代林业，有效地拓宽了农民就业、创业的渠道，极大地增加了农民的收入，整个农村社会的消费能力随之明显提高，为整个经济持续快速增长注入了强大动力。我国山区众多，对于广大山区农民来说，不仅要耕好“一分田”，更要经营好“八分山”。现代林业的发展为山区农民提供了就业、创业和增收的大舞台。2012年开始，我国陆续停止天然林商业性采伐，林下经济、森林旅游等非木林业产业成为国有林区停伐之后的替代产业，成为林区转产、职工转岗的重要阵地。随着林权制度改革深入完善和林业产业稳步发展，农民拥有的林木资源财产权和林地承包经营权逐步转变为创业资本，以“山”为主元素的创业浪潮一浪高过一浪，林业产业的富民效应凸显。林业产业成为富民增收、精准扶贫、农村产业结构调整的有力抓手。据对2550个林改县不完全统计，农民林业收入占人均年收入的20%以上，重点林区县超过60%，明显高于非林改县。同时，地方区域经济实现了由“传统发展”到“绿色发展”转变，绿色环保、可持续发展的林业产业不断壮大，正在成为不少地方农民增收的龙头产业。

### （三）中国林业发展面临问题

党的十八大以来，我国生态文明建设取得了显著成就，但仍然存在短板，制约着经济社会可持续发展和国家现代化进程。我国森林资源底子薄、总量不足、分布不均，而人口、经济高速增长更是对森林资源造成了巨大消耗，尽管森林资源目前有所增长，但依然不能满足社会对林业多样化的需求。

第九次全国森林资源清查显示，我国森林资源总量不足，森林覆盖率 22.96%，低于全球 30.7% 的平均水平。人均森林面积不足世界人均的 1/3，人均森林蓄积量仅为世界人均的 1/6。部分缺水干旱的省份森林覆盖率仅约为 10%，另外还有不少沙漠化、荒漠化、石漠化地区，我国整体上缺林少绿、森林生态系统功能脆弱的状况还没有得到根本改变。

我国的森林资源质量也并不高，森林每公顷蓄积量只有世界平均水平 131 $m^3$ 的 69%，人工林每公顷蓄积量只有 52.76 $m^3$。林木平均胸径只有 13.6 cm。林木蓄积年均枯损量增加 18%，达到 $1.18\times10^8$ $m^3$。全国宜林地大部分分布在内蒙古和西北地区，可以说营造林难度将会越来越大。同时林业投入长期不足，税费较重，林业改革滞后，许多体制、机制不顺，林地保护管理压力较大，个别地方毁林开垦现象依然存在。

除此以外，严峻的生态恶化问题是制约我国可持续发展最突出的问题之一，也制约着我国林业的发展。土地沙化、水土流失严重、旱涝灾害严重是我国目前最为突出的生态环境问题。我国是世界上受沙化危害最严重的国家之一，全国共有八大沙漠、四大沙地，南方沿江、沿河、沿海地区也有零星沙地分布。我国采取了大量行之有效的措施植树造林，防沙止漠，延缓沙化扩展，经过多年治理，我国土地沙化状况出现逆转，但荒漠化和沙化土地面积仍然很大。目前，全国荒漠化和沙化面积为 $261.16\times10^4$ $km^2$，和 $172.12\times10^4$ $km^2$。

毛乌素沙漠治理实例

## 三、世界林业发展热点与趋势

21 世纪以来，面对全球气候变化、生态环境恶化、能源资源安全、粮食安全、重大自然灾害和世界金融危机等一系列全球性问题的严峻挑战，促进绿色经济发展、实现绿色转型已成为国际社会的共同使命。林业在维护国土生态安全、满足林产品供给、发展绿色经济、促进绿色增长以及推动人类文明进步中，发挥着重要作用，尤其是在气候变化、荒漠化、生物多样性锐减等生态危机加剧的形势下，世界各国越来越重视林业发展问题。总体来看，世界林业发展呈现以下热点与趋势。

### （一）森林与林业重新定位——适应绿色发展新发展模式

发展绿色经济、实现绿色增长是近年来国际热点议题之一。2011 年 2 月，联合国森林论坛第九届大会在讨论森林为民、森林减轻贫困等议题时提出，林业在发展绿色经济中具有重要作用，应该将林业置于重要的优先领域。2011 年 2 月，联合国环境规划署（UNEP）在全球发布了第一本关于绿色经济的研究报告《迈向绿色经济——通向可持续发展和消除贫困之路》，将林业作为全球绿色经济发展 10 个至关重要的部门之一。2012 年 6 月召开的联合国可持续发展大会又将绿色经济确定为大会主题。近年来，一些主要国家也提出了绿色经济发展思路。例如，美国以绿色新政为基本理念来推动本国的绿色经济发展；欧盟提出以绿色经济来振兴地区经济；日本计划成为全球第一个低碳绿色国家；中国加快建立绿色生产和消费的法律制度和政策导向，建立健全绿色低碳循环发展的经济体系。在绿色发展模式下，森林、农田、草原、淡水、海洋等可更新自然资源，都应成为投资的重点，尤其是森林。森林具有多种资产价值和服务价值，分布各地，最具公平性、普遍性，是基础的国民财富、基础的国民福利和基础的国民安全。森林是绿色发展的基础。

**（二）林业概念正在重构——林业在应对气候变化和全球环境治理中的作用备受关注**

随着全球气候变暖、土地沙化、湿地锐减、水土流失、干旱缺水、洪涝灾害、物种灭绝等生态危机日益突出，林业部门在推动全球可持续发展和全球环境治理进程中发挥着不可替代的作用，林业成为全球可持续发展中的重要评价指标。为有效应对生态危机，国际社会保护森林资源的呼声与诉求日益增强。森林是陆地上面积最大、结构最复杂、生物量最大、初级生产力最高的生态系统，森林的特殊功能决定了其在维持生态安全、保护环境、维护人类生存发展的基本条件中起着决定性和不可替代的作用。

应对气候变化是国际社会当前和未来的历史使命，也是发展低碳经济、促进经济发展的必由之路。世界银行、联合国环境规划署、联合国粮食及农业组织等国际组织，以及发达国家和发展中国家，都推出了一系列林业政策和举措来应对气候变化，林业议题也成为近年来国际谈判的核心议题，《联合国气候变化框架公约》(1992 年)、《京都议定书》(1997 年)和《巴厘路线图》(2007 年)等一系列公约和进程，都确认了森林在减排、增汇中的地位和作用。与此同时，低碳发展的理念正在促使人们重新思考和检验传统的林业概念以及可持续林业的概念，导致林业概念趋向重构，如低碳林业、低碳造林、低碳经营、碳汇造林、生物柴油林等新概念已经出现。林业新概念的实质包括林业的社会地位和作用的重新定位、森林经营目标的拓展和选择标准的变革、为森林经营和造林制定低碳准则、发展林业生物质能源产业、重新检视森林利用中的过时政策及重新检视消费领域的传统观念等。

**（三）可持续经营与多功能森林——成为时代主题与森林资源的主体构架**

森林可持续性是指森林生态系统，特别是其中林地的生产潜力和森林生物多样性不随时间而下降的状态。森林可持续经营，就是为获得森林的可持续性并在这种状态下持续地生产人类所需要的产品和服务而采取的新的经营措施。1992 年联合国环境与发展大会以后，可持续发展成为全世界追求的目标，森林可持续经营成为林业发展的重要方向。会议通过的《21 世纪议程》《关于森林问题的原则声明》《生物多样性公约》等一系列重要文件，都包含了加强森林资源保护、合理利用和对森林实施可持续经营的要求。各国在森林问题和森林可持续经营方面取得了共识，森林可持续经营成为时代主题。

为应对气候变化，以永久性森林为主的多功能森林，正在成为森林资源的主体架构。多功能森林的本质特点，就是追求近自然化但又非纯自然形成的森林生态系统，实际上是一种异龄、混交、复层、近自然的多功能森林，具有适应多种变化的灵活性。“模仿自然法则、加速发育进程”是多功能森林管理的秘诀。目前以多功能森林为目标的次生林成为全球森林经营的重点，而天然林和热带林是全球环境保护的重点。人工林为满足木材需求作出了巨大贡献，但同时对生态环境也造成了许多负面影响，而以寻求生态系统完整性为目标的“新一代”人工林是未来的发展方向。

**(四)环境经济核算——生态经济学的发展揭示出森林的真实价值和贡献**

森林生态系统的产品与服务直接或间接地为国民经济和人类福利做着贡献。20年来，大量的相关研究促进了人们对森林生态系统服务的价值、价值评估以及纳入国民经济核算的认识和理解。许多国家试图开展包括森林生态系统服务在内的环境经济核算。根据联合国环境经济核算委员会(UNCEEA)2006—2007年开展的一次全球环境经济核算调查，84%的发达国家、34%的发展中国家以及27%的转轨国家都有环境经济核算项目。价值评估与绿色核算对创新森林价值观作出了直接贡献，让人们认识到，除了木材生产之外森林的其他产品与服务的价值，激发了政府和社会维护并扩大这些服务的投资兴趣，还为森林生态系统服务的市场化和建立经济补偿机制作了理论上的准备，同时也为制定宏观政策、森林产权流转和开展森林多目标经营等提供了科学依据。绿色发展理念的实施是森林绿色核算面临的最大机遇。在绿色发展框架下，自然资本是经济发展和人类福祉的基础。绿色经济是实现可持续发展的途径，实现绿色经济不仅会实现财富增长，特别是自然资本的增益，而且还会产生更高的国内生产总值增长率。因此，绿色核算将成为衡量绿色经济进程的重要手段。

**(五)林业生物质能源——寄托着能源替代的新希望**

利用现代科技发展生物质能源，已成为解决未来能源问题的重要出路，被认为是解决全球能源危机的最理想途径之一。目前，生物质能源战略已成为许多发达国家的重要能源战略，森林作为一种十分重要的生物质能源，就其能源当量而言，是仅次于煤、石油、天然气的第四大能源，而且具有清洁安全、可再生、不与农争地、不与人争粮等优点，被称为“未来最有希望的新能源”。近年来，林业生物质能源依托丰富的物种资源优势，在生物质产业发展中扮演着日益重要的角色。当前，国际林业生物质能源发展的新动向主要有以下几点：①在政策方面，世界上大多数国家都在寻求林业生物质能源发展之道，出台了各种扶持政策，并制定了林业生物质能源利用规划。②在技术方面，世界上许多国家都在开展能源植物及其栽培技术的研究，通过引种栽培建立新的能源基地，如“石油植物园”“能源农场”等，并提出“能源林业”的新概念。③在生物燃料技术方面，除了传统的燃料乙醇、生物发电、颗粒燃料之外，木质纤维素生物化学转化、生物炼制转化、热化学转化、化学转化等先进技术的研发，也为林业生物质能源拓展了更广阔的发展空间。虽然目前林业生物质能源的发展还面临着一些挑战，如林地分散以及投资回收周期较长、生产成本较高、资源的可利用性及竞争性利用、可能引起与人争地或争粮、商业化发展带来的不确定的环境影响以及相关碳计量问题等，但林业生物质能源的开发已成为全球热点。

**(六)打击非法采伐和相关贸易——成为国际政治和外交的重要内容**

随着全球非法采伐与相关贸易的发生，国际林产品贸易被严重扭曲，进而导致了森林资源破坏、诱发气候变化、危害森林的生态服务功能，严重影响了生态、经济、社会的可持续发展。目前，非法采伐问题已成为联合国、八国集团、多双边首脑会晤等重要政治外交领域中的一项重要内容，同时已成为国际社会普遍关注的热点问题。导致木材非法采伐及相关贸易的主要原因是不合理的国际经济秩序、企业利益驱动、林业社区的贫困以及木材生产国的政府执法和管理不严等。打击非法采伐及相关贸易已经不仅是贸易问题，更成为涉及政治、外交、经济、社会、环境等多层面的热点问题。根据全球环境管理中的共同但有区别的责任原则，各国都应该承担共同的责任，同时必须根据各国的能力和条件承担相应的责任。当前，国际社会都在努力打击非法采伐和相关贸易，各国也相继出台了一些政策措施，例如，美国的《雷斯法案修正案》和欧盟的《欧盟木材法案》。

**（七）森林认证——助推森林可持续经营**

森林认证是非政府环保组织认识到一些国家在改善森林经营中出现政策失误、国际政府间组织解决森林问题不力以及林产品贸易不能证明其原材料来自何处之后，于 20 世纪 90 年代提出并逐渐推广的一种促进森林可持续经营的市场机制。森林认证为消费者证明林产品来自经营良好的森林提供了独立的担保，通过对森林经营活动进行独立评估，将“绿色消费者”与寻求提高森林经营水平和扩大市场份额以求获得更高收益的森林经营部门联系在一起。森林认证的独特之处在于它以市场为基础，并依靠贸易和国际市场来运作，在短短 20 年内取得了快速发展，得到了政府、非政府组织、零售商、生产商、金融公司和市场的广泛认可和支持。森林认证正在对林业和林产工业的发展产生影响。研究表明，森林认证对森林经营在社会、环境和经济方面产生了重要的影响，森林认证提高了森林的环境服务，改善了林区工人的健康和安全状况，缓解了森林经营者与周边社区的矛盾，保障了认证森林的土地所有权与使用权，促进了产品的市场准入，提高了企业形象，并通过对话促进了私营部门、政府和非政府组织的合作。

**（八）承担环境与发展的国家责任——为涉林国际公约的核心**

从 20 世纪 20 年代起，国际社会就开始了国际环境保护法的制定，特别是 1972 年瑞典斯德哥尔摩联合国人类环境会议和 1992 年巴西里约热内卢联合国环境与发展大会以后，国际社会缔约了一系列的多边涉林环境公约，包括《湿地公约》《濒危野生动植物物种国际贸易公约》《国际热带木材协定》《21 世纪议程》《关于森林问题的声明》《生物多样性公约》《联合国气候变化框架公约》《京都议定书》和《联合国防治荒漠化公约》等。以生物多样性保护、湿地保护和荒漠化防治为核心的环境保护，越来越受到国际社会和各个国家的重视，承担环境与发展国家责任，已成为涉林国际公约的核心。目前国际社会关于森林问题讨论的焦点，主要集中在达成“国际森林公约”问题上。对此，国际社会有着广泛的共识，认识到国际社会必须共同努力，高度重视和促进森林的保护与可持续经营，但是发达国家和发展中国家之间也存在分歧。就国际森林问题讨论的成效而言，目前还是以政治承诺居多，而实际行动迟缓，许多管理和技术问题还有待于进一步研究与探讨。经过各方努力，2007 年联合国经济及社会理事会决议通过了《关于所有类型森林的无法律约束力文书》、2017 年通过《联合国森林战略规划(2017—2030 年)》，为各级可持续管理所有类型森林和林外树木、停止毁林和森林退化，提供了全球框架。

**（九）森林文化——成为重建人与森林和谐关系的新载体**

森林是人类文明的摇篮，但是自工业革命以来，人类社会发展产生了一系列生态环境问题。面对日益恶化的生存环境，人们不得不重新审视人类与森林的关系。在向往自然、回归自然、崇尚“天人合一”境界的国际大环境下，如何实现人与自然、人与森林的和谐共处，是 21 世纪人类面临的共同问题，也是经济社会可持续发展的主要基础。在这一大背景下，森林文化成为重建人与森林和谐关系的新载体。当前，林业发达国家非常重视森林文化建设，组织多学科的研究团队从历史变迁、宗教信仰、传统风俗习惯、人民群众身心健康等方面，对森林文化开展了理论和实践研究。我国具有悠久的历史文化传承、丰富的自然人文景观和浓郁的民族、民俗、乡土文化积淀，为森林文化建设提供了坚实的基础。

在新的历史时期和国际形势下，应通过制定规划、完善政策、创新机制、强化支撑等措施，进一步加强森林文化建设，促进其蓬勃发展。

**(十)林业国际化进程加快——孕育国际化的新林业**

当今世界经济全球化深入发展，贸易自由化趋势不可逆转，高新技术革命加速推进，全球和区域合作方兴未艾。特别是随着人类面临的全球性环境问题日益突出，林业与经济发展、气候变化和国际环境保护运动的联系越来越紧密，促使人类不得不从全球的角度重新审视森林，重新思考世界林业的发展之路。因此，在新形势下，林业的国际化进程进一步加快，任何一个国家的林业发展都离不开世界，需要共同分享发展机遇，共同应对挑战。可以说，国际化的新林业已成为世界林业发展的必然趋势。林业的国际化可使我国林业能够分享发达国家产业和技术的长期积累，通过引进国外先进技术和管理经验，加快我国林业发展步伐。同时，林业的国际化有利于实施林业"走出去"战略，积极参与"一带一路"建设，优化配置全球森林资源，以建立稳定、安全、经济、多元的森林资源保障体系，实现国家资源安全和生态安全。此外，林业的国际化也为我国积极参与国际规则制定、增强国际话语权、维护国家利益、展示大国风范提供了广阔的平台，我国已成为世界林业发展进程中的积极参与者和不可或缺的重要力量。但另一方面，林业的国际化也使我国林业产业面临日益严峻的国际竞争，国内市场国际化和国际竞争国内化日益明显，林业产业的发展面临新挑战。同时，国际化的新林业也对我国林业管理提出了新要求，需要深入了解国际规则，遵循世界林业发展的新理念，不断调整和优化林业政策，以不断提高我国林业对区域和全球林业发展的贡献。

## 第六节　森林资源保护

### 一、世界森林资源现状

根据联合国粮食及农业组织2020年森林资源评估报告显示，全球森林面积为$4.06\times10^8$ $hm^2$，覆盖率为31%。人均面积0.52 $hm^2$。世界森林面积的分布极不均衡，全世界一半以上(54%)的森林分布在5个国家：俄罗斯、巴西、加拿大、美国和中国，其中俄罗斯的森林面积最大，占比为20%，其次是巴西12%，之后是加拿大9%、美国8%，中国所占比例为5%(图4-1)。原始森林覆盖面积约$11.1\times10^8$ $hm^2$，巴西、加拿大和俄罗斯这三个国家拥有世界原始森林的一半以上(61%)。

虽然近年来森林退化和消失的速度有所减缓，但森林减少仍在继续。

1990—2020年，世界范围内因人工栽植或自然生长森林面积增加和森林损毁数据进行对比，总体上森林消亡速度大于增长，森林面积呈现减少趋势，但减少幅度有所降低。各个大洲森林资源消长情况为：亚洲和欧洲呈现增长，南美洲和非洲呈现消减，其中亚洲的增长量贡献最大，在2000—2010年和2010—2020这两个十年中，增长较多，分别为2.4%和1.2%。

自1990年以来，全世界估计有$4.2\times10^8$ $hm^2$的森林因毁林而丧失，接近我国现有森林面积的2倍。世界原始森林面积从1990年以来减少了$8100\times10^4$ $hm^2$，但2010—2020年

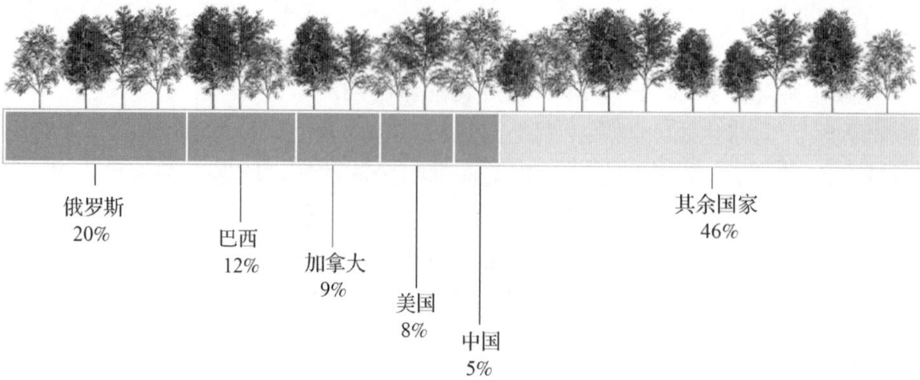


**图 4-1 世界森林面积分布比例图**

的损失率比前十年减少了一半以上。非洲的森林净损失率在过去三十年中每一个十年都在增加，最近十年，非洲森林净损失 $390\times10^4$ $hm^2$。2010—2020 年，南美洲每年的森林净损失为 $260\times10^4$ $hm^2$。2015—2020 年，每年的森林砍伐率约为 $1000\times10^4$ $hm^2$，相较于 2010—2015 年的 $1200\times10^4$ $hm^2$，森林消减速度较低，但森林砍伐仍在继续。

全球范围内，$4.24\times10^8$ $hm^2$的森林用于生物多样性保护。自 1990 年以来，$1.11\times10^8$ $hm^2$ 的森林被用于生物多样性保护，其中 2000—2010 年划定最多。过去十年来，用于生物多样性保护的森林面积增长速度减缓，用于水土保持的森林面积正在增加。估计有 $3.99\times10^8$ $hm^2$的森林主要用于保护土壤和水，自 1990 年以来共增加了 $1.19\times10^8$ $hm^2$。

世界森林发展遭受许多因素的干扰，进而影响其生产能力和生态效益。2015 年，约有 $9800\times10^4$ $hm^2$的森林受到火灾的影响，主要发生在热带地区，当年火灾烧毁了森林总面积的 4%。其中 2/3 以上在非洲和南美洲。2015 年，昆虫、疾病和恶劣天气事件破坏了约 $4000\times10^4$ $hm^2$森林，主要分布在温带和北部地区。

## 二、世界森林资源保护

为保护现有原始林和天然次生林，许多国家纷纷划定区域，实施保护工程，加大天然林保护力度。

有“地球之肾”“绿色心脏”之称的亚马孙森林是世界上最大的热带雨林区，占地球上热带雨林总面积的 50%，达 $650\times10^4$ $km^2$，其中 $480\times10^4$ $km^2$在巴西境内。2001 年，刚果（布）、赤道几内亚、中非共和国、加蓬和喀麦隆 5 国的森林部长召开会议，讨论加强刚果河流域的热带雨林保护问题，促进森林资源的可持续利用。2002 年，巴西政府、世界银行、全球环球基金会和世界自然基金会启动了有史以来规模最大的热带雨林保护项目——亚马孙区域保护区项目，保护森林面积达 $500\times10^4$ $hm^2$，占全球森林面积的 12%。

新西兰、澳大利亚等国家实行分类经营，大力发展和采伐利用人工林，减轻对天然林资源消耗的压力。新西兰森林面积达 $770\times10^4$ $hm^2$，其中天然林占 83.1%，人工林占 16.9%，其实行的森林分类经营政策是将绝大部分天然林划为各类保护区，在符合可持续经营和有效保护的条件下只允许采伐 $30\times10^4$ $hm^2$天然林，从国土林地中划分出部分集约经营人工林，实行商业化管理，国家每年商品材采伐量达 $800\times10^4$ $m^3$，基本全部依赖于速生、丰产集约经营的人工辐射松林的采伐；澳大利亚从生态环境和森林资源永续利用的长期发展战略出发，通过联邦政府与州（地区）政府之间签订协定、制定保护目标、建立永久性的国家公园和自然保护区等措施，保护天然林面积达 $5800\times10^4\ hm^2$，约占总面积的 75.5%，通过森林分类经营，既实现了人工林持续经营，获得了可观的经济效益，又保护了天然林资源，使生态环境和森林资源实现可持续发展。

源于德国的近自然林业理论至今仍指导着德国等欧洲一些国家的森林培育。近自然林业理论把森林生态系统的生长发育看作一个自然过程，认为稳定的原始森林结构的存在是合理的，人类对森林的干预不能违背其自然的发展规律，只能采取诱导方式，提高森林生态系统的稳定性，逐渐将其向天然原始林的方向过渡。德国很早就没有了原始森林，但全国各种立地生长区还残留下一些天然林。目前，德国绝对比重的森林都是通过天然或人工促进天然更新、调整树种结构、大力发展阔叶林和混交林等方式恢复起来的。通过近自然恢复的方式，使森林资源分布均匀，德国将森林特有的生态作用与经济效益统一起来，确保生态系统协调，生态环境持续稳定。

美国、加拿大等国家通过建立国家公园、森林公园或自然保护区等方式，保护天然林及具有特殊重要意义的自然资源和景观。加拿大国家公园已有 100 多年历史，1930 年议会通过了国家公园法，政府制定了国家公园法案实施细则，联邦政府已建立国家公园 $2450\times10^4\ hm^2$，各省划定省级公园 $3320\times10^4\ hm^2$。国家公园分别代表了不同类型的自然保护区域，公园内的森林禁止采伐。2001 年 1 月 5 日，美国总统克林顿宣布通过国有原始林保护法案，禁止在美国林务局所辖土地上的 $2367\times10^4\ hm^2$ 的原始林中修建道路和商业性采伐，出于环境原因或须降低火险时例外。

## 三、中国森林资源现状

### （一）中国森林资源总量

2014—2018 年，我国进行了第九次全国森林资源清查，结果显示，全国森林面积 $2.2\times10^8\ hm^2$，其中人工林面积 $0.8\times10^8\ hm^2$，森林蓄积量 $175.6\times10^8\ m^3$，活立木总蓄积 $190.1\times10^8\ m^3$，森林覆盖率 22.96%，比第八次全国森林资源清查的 21.63% 提高了 1.33 个百分点，森林面积净增 $1266.14\times10^4\ hm^2$，实现了 30 多年连续保持面积、蓄积量的“双增长”。我国成为全球森林资源增长最多、最快的国家，生态状况得到了明显改善。我国森林年涵养水源量 $6289.5\times10^8\ m^3$、年固土量 $87.48\times10^8\ t$、年保肥量 $4.62\times10^8\ t$、年吸收大气污染物量 $4000\times10^4\ t$、年滞尘量 $61.58\times10^8\ t$、年释氧量 $10.29\times10^8\ t$、年固碳量 $4.34\times10^8\ t$。

但我国依然是一个缺林少绿的国家，森林覆盖率低于全球 30.7% 的平均水平，特别是人均森林面积不足世界人均的 1/3，人均森林蓄积量仅为世界人均的 1/6。森林资源总量相对不足、质量不高、分布不均的状况仍然存在，森林生态系统功能脆弱的状况尚未得到根本好转，生态产品短缺依然是制约中国可持续发展的突出问题。

总体来看，我国森林资源进入了数量增长、质量提升的稳步发展时期，表明党中央、国务院确定的林业发展和生态建设一系列重大战略决策，实施的一系列重点林业生态工程，取得了显著成效。

### （二）中国森林资源分类

森林资源分类是根据森林在国民经济和人民生活中所起的作用和本身的特性所作的类

别划分。森林资源分类有多种途径，大体为 4 种，即按森林作用的分类、按人为影响的程序的分类、按优势树种的分类以及按森林主导功能的分类。

**1. 按作用分类**

按森林的作用可将森林划分为防护林、用材林、经济林、薪炭林及特种用途林，称为我国五大林种。其中防护林是为了保持水土、防风固沙、涵养水源、调节气候、减少污染所经营的天然林和人工林，是以防御自然灾害、维护基础设施、保护生产、改善环境和维持生态平衡等为主要目的的森林群落。我国根据其防护目的和效能，又将防护林分为水源涵养林、水土保持林、防风固沙林、农田牧场防护林、护路林、护岸林等。用材林是以生产木材为主要目的的森林和林木，是我国最普遍的林种，可分为一般用材林、纤维用材林（造纸、人工纤维原料等）、矿柱林等。经济林是以生产果品、食用油料、饮料、调料、工业原料和药材等为主要目的的林木，包括果树林、食用油料林、饮料林、调（香）料林、药材林、工业经济（原料）林等等。薪炭林是提供柴炭燃料为主要经营项目的乔木林和灌木林，是能源林的一种，是解决农村能源的重要途径。特种用途林是以国防、环境保护、科学试验为主要目的的森林和林木，包括国防林、实验林、母树林、环境保护林、风景林、名胜古迹和革命纪念地的林木、自然保护区的森林等。

**2. 按人为影响程序分类**

按照影响程序通常将森林分为原始林、次生林和人工林三类。原始林是指一个森林已经达到非常长久的年龄而没有遭到显著的干扰，从而表现出独特的生态特征，并可能被归类为顶极群落。原始林多位于边远地区，基本上不受人为的影响，是陆地生态系统的核心，能够提供多样化的野生动物栖息地，增加了森林生态系统的生物多样性。次生林是原始林经过人为的干扰破坏以后，植物群落从次生裸地发生，通过一系列次生演替阶段自然更新再度发生的森林，又称天然次生林。次生林是原始林经过干扰后在次生裸地上形成的森林，可以理解为是原始森林生态系统的一种退化，分布范围广，种类繁多，不仅是木材、薪炭材和林副产品的重要基地，而且在涵养水源、保持水土、调节气候和维持生态平衡等方面均起重要作用。人工林是人为地采用播种或植苗的方式营造的森林，经营目的明确，采取人为控制树种选择、空间配置等其他造林技术措施，具有生长快、生长量高、开发方便、获得效益早、木材规格与质量较稳定、便于加工利用等特点。根据其繁殖和培育方法的不同，一般分为播种林、植苗林、插条林等，按用途分为人工用材林、人工薪炭林、人工经济林、人工防护林等，按树种分为人工马尾松林、人工杨树林等。

**3. 按优势树种分类**

人们常根据优势树种特征对于森林资源进行分类，并且可以依据优势树种的分类地位制定出多级的分类系统。例如，首先可分为针叶林和阔叶林，而针叶林可按照优势树种的属，分为松林、落叶松林等，松林又可分为油松林、红松林、马尾松林等。

**4. 按森林主导功能分类**

按主导功能不同将森林划分为公益林与商品林两大类别。公益林是以保护和改善人类生态环境、维持生态平衡、保存种质资源、进行科学实验、开展森林旅游等需要为主要经营目的的森林、林木、林地，包括防护林和特种用途林。商品林是以生产木（竹）材和提供其他林特产品，获得最大经济产出等满足人类社会的经济需求为主体功能的森林、林地、林木。除此以外，区分森林资源的另一重要林木特征是林木的起源。凡林木是种子更新起源的，称之为实生林，凡是以无性更新方式起源的，称为萌芽林或无性繁殖林。年龄亦是区分森林资源的重要林木特征，正如上文所讲，按照林龄可将森林划分为幼龄林、中龄林、近熟林、成熟林和过熟林。根据栽培树种的种类还可将森林资源分为纯林和混交林两大类。

### （三）中国森林资源特点

#### 1. 森林资源地理分布不均

中国国土幅员辽阔，森林资源整体较少，森林覆盖率低，地区差异很大。全国绝大部分森林资源集中分布于东北、西南等边远山区和台湾山地及东南丘陵，而广大的西北地区森林资源贫乏。根据第九次全国森林资源清查结果，全国森林覆盖率为22.96%。森林覆盖率超过40%的有：福建（66.80%）、江西（61.16%）、广西（60.17%）、浙江（59.43%）、海南（57.36%）、云南（55.04%）、广东（53.52%）、湖南、黑龙江、贵州、北京、重庆、陕西、吉林14个省份和地区，20%～40%的有河北、山西、内蒙古、辽宁、湖北、安徽、河南、四川8个省份，10%～20%的有天津、上海、江苏、山东、西藏、甘肃、宁夏7个省份，其余各省份多在10%以下，如青海（5.82%）、新疆（4.87%）。（以上地区统计排名，不包括香港、澳门特别行政区和台湾地区）

我国森林资源的地理分布极不均衡，东北、西南地区和东南、华南丘陵山地，森林资源比较丰富；华北、中原及长江、黄河下游地区次之；西北干旱、半干旱地区森林资源极少，很多地区森林覆盖率只有10%左右。

#### 2. 森林类型繁多

由于中国国土辽阔、地形复杂、气候多样，我国森林资源的类型多种多样，有针叶林、落叶阔叶林、常绿阔叶林、针阔混交林、竹林、热带雨林。珍贵的树种如银杏、银杉、水杉、水松、金钱松、福建柏、台湾杉、珙桐等均为中国特有。经济林树种繁多，橡胶、油桐、油茶、乌桕、漆树、杜仲、肉桂、核桃、板栗等都有很高的经济价值。

#### 3. 我国森林资源结构不够合理

我国森林资源结构不够合理，中、幼龄林面积比例高达65%，林分过疏、过密的面积占乔木林的36%。经济林、防护林、薪炭林的比重低，不能满足国计民生的需要。

#### 4. 我国林地生产力水平低

我国林地生产力水平较低，发达国家林地利用率多在80%以上，中国仅为42.2%；世界平均蓄积量为$110m^3/hm^2$，中国为$90m^3/hm^2$；发达国家的年生长量均在$3m^3/hm^2$以上，中国仅为$2.4m^3/hm^2$。东北林区是我国重要的木材生产基地，面积和蓄积占全国森林面积和蓄积的13%和18%，但森林质量严重下降，林分平均胸径仅为13.2cm，平均郁闭度0.61，中小径阶采伐量已占采伐总量的52%，一些林区无林可采，隐患明显。

## 四、中国森林资源保护

我国地域辽阔，自然条件复杂多变，具有不同的森林类型，动植物种类丰富，森林资源在世界上有着重要地位。过去一些年里，我国森林资源保护取得了很大的成就，但通过连续九次全国森林资源清查结果来看，我国依然是一个缺林少绿的国家，森林资源总量相对不足、质量不高、分布不均的状况仍然存在，森林生态系统功能脆弱的状况尚未得到根本改变，生态产品短缺依然是制约中国可持续发展的突出问题。这就不得不要求我们加大资源保护和生态修复力度。

### （一）森林资源保护对策

#### 1. 调整林分结构

大量培育经济乔木树种与灌木树种混交多效益林分，对不符合林业发展要求或林分质量差的林分进行结构调整。大量培育乔灌型林分，增加林分的层次结构，以立体林业思维来培育林分，走“乔、灌、草”相结合的营林模式。在商品林经营过程中，提倡将大面积纯林逐步改造为混交林，在满足其林产品生产主导功能的基础上，兼顾其生态环境服务功能。低产林改造过程中要逐步引入速生丰产目的树种，调整树种组成和林分结构，提高林木生长量和林分质量，培育用材与防护相结合的生态林，在树种选择上要选择萌蘖能力强的树种如青冈等栎类树种。

#### 2. 扩大森林面积

调动社会各界力量，依靠科学技术合理进行森林保护与利用，加强森林防火、防灾和病虫害防治工作，加强自然保护区建设，因地制宜科学养护，实施生态修护工程，保护自然生态环境和防止生态环境恶化。加强森林资源保护宣传，让公众参与意识和资源保护意识深入民心，把植树和社会造林变成每一个公民的神圣职责和义务，把扩大森林和绿化面积当成公民必须完成的重要任务，为当代也为子孙后代创造更美好的明天。

#### 3. 科学经营管理

不断增强森林生态功能。进一步加强和改进森林资源采伐限额管理，实行分区分类管护。积极推行“森林生态采伐”模式，把森林资源的利用和环境保护结合起来，达到森林资源的持续利用和发展；依靠科技合理进行森林保护与利用，因地制宜科学养护。充分利用林地生产力，提高森林的再生产能力，促进整个生态系统顺畅运作；为建成同时具有经济、生态、社会效益的林业发展模式，可以采取多种经营模式相结合，如科学生产、林农结合；利用森林资源可再生性来提高资源利用率。森林资源的开发利用一定要充分发挥树木的可再生性，一边砍伐一边种植，保证每个砍伐周期都有相应的林木进行补充，从而能够保证森林资源得到充分的利用；提高设计质量，在伐区设计中应降低设计作业坡度，尽量缩小天然林的采伐面积，减少人工林工艺成熟的采伐限额数量，对所有的林地进行全面普查和统筹分类划分，调查可采伐的资源数量，对病、小、老树的出材率进行抽样测算。

#### 4. 依法治理保护

加强森林资源队伍管理和森林管护队伍建设，提高作业人员素质；建立森林资源管护档案，完善管护制度，加强森林资源监测体系与评估体系建设，完善管理和保护工作制度，严格执行林地保护规划，健全立法和执法体制，建立行政执法监督体系；推进依法治理进程；全面推进集体林权制度改革，构建现代林业体制机制。

### （二）森林资源保护措施

为了保护我国森林资源，我国于 1984 年颁布了《中华人民共和国森林法（试行）》，成为新中国成立后制定的第一部森林法。2019 年，《中华人民共和国森林法》重新修订并于 2020 年 7 月开始实施，新版《森林法》秉持绿水青山就是金山银山的理念，以保护、培育和合理利用森林资源，加快国土绿化，保障森林生态安全为宗旨，以建设生态文明，实现人与自然和谐共生为目标，制定和实施了一系列林业政策和措施，对林业的发展和森林

**集体林权制度改革**

的保护起到了重要的推进和促进作用。

**1. 林业执法队伍建设**

(1)森林动植物检疫

森林动植物检疫是通过法律、行政和技术手段，防止林业危险性动植物病、虫、杂草和其他有害生物的人为传播，保障林业的生态安全。随着动植物及其产品在国际贸易中的迅猛发展，外来有害生物的入侵和国内检疫性有害生物人为传播的现象日益增多，国家对森林动植物检疫的需求和要求也随之不断提高。《森林病虫害防治条例》《中华人民共和国动植物进出境检疫法实施条例》规定，各口岸动植物检疫机构，应当按照国家有关进出境动植物检疫的法律规定，加强进境林木种苗和木材、竹材的检疫工作，防止境外森林病虫害传入。

森林动植物检疫是一项政策性、社会性较强的行政执法工作，也是控制危险性病虫害传播蔓延的预防性措施。凡局部地区发生的危险性大、能随森林植物及其产品传播的病、虫、杂草，应定为森林动植物检疫对象。目前中国森林动植物检疫主要由专门的检疫人员进行。

(2)林业行政执法

林业行政执法主要依靠专业执法人员进行。林业行政执法人员是指县级以上林业行政主管部门，法律、法规授权的组织以及林业行政主管部门依法委托的组织中，按照业务分工，具有林业行政执法职能机构的执法工作人员和分管的行政负责人。林业行政执法人员符合《林业行政执法监督办法》的规定条件，接受林业行政主管部门统一培训，并通过考试成绩合格后对林业行政行为进行持证执法。林业行政执法人员工作职责主要是依照林业法律、法规、规章开展的森林资源行政管理活动，既包括对实施各项林业法律规范的具体行为的管理和监督，也包括对违反林业法律、法规、规章的公民、法人及其他组织进行的依法处理。

(3)森林公安

森林公安是国家林业部门和公安机关的重要组成部分，是具有武装性质的兼有刑事执法和行政执法职能的重要力量，直接归属公安部领导，专门保护森林及野生动植物资源、保护生态安全、维护林区社会治安秩序。到2005年年底，除了上海市外，全国大陆30个省、自治区、直辖市和新疆生产建设兵团共建有森林公安机构6700多个，拥有近6万名警力。

根据《中华人民共和国森林法》等法律法规规定和各地实际情况，森林公安主要承担着五方面职责：一是立案侦查涉林(包括森林资源、野生动植物资源、林地资源等)违法犯罪案件；二是立案查处管辖范围内的治安案件，也就是维护辖区治安秩序稳定；三是根据林业部门授权，立案查处有关林业行政案件；四是负责森林防火工作；五是林区内其他社会治安管理工作。

“十二五”期间，全国森林公安累计办理涉林案件122.4万多起，收回涉案林地$75\times10^4\ hm^2$，收缴野生动物364万头(只)。2017年全国森林公安办理刑事案件3.2万余起、行政案件18.3万余起，全部涉案价值约25.4亿元。打击处理违法犯罪人员40万余人(次)，收缴林木木材$19.3\times10^4\ m^3$、野生动物46.9万头(只)。从1984年至2014年30年间，全国森林公安查处涉林案件400余万起，打击处理违法犯罪人员667.3万人次，涉案金额672.7亿元。各级森林公安机关牢固树立“保护优先”意识，以打击促稳定、以破案促平安，持续开展了“亮剑”“清网”“天网”“利剑”“雷霆”“禁种铲毒”“缉枪治爆”等专项行动，有力地保护了森林野生动物资源安全，维护了林区治安稳定。

**2. 森林生态效益补偿和林业补贴**

（1）森林生态效益补偿

森林生态效益补偿是国家在保留森林面积的基础上为了充分发挥生态效益而建立的，是由国家投资筹建，森林生态效益经营者向国家交一部分的补偿费用的方法来维持的生态效益资金循环链条，这些资金再反过来对森林进行保护和管理。补助对象为承担国家级或省、市级公益林管护任务的国有单位、集体和个人。

根据《中共中央 国务院关于加快林业发展的决定》的要求，2004年，中央财政预算20亿元，补偿面积$4\times10^8$亩，由11省（自治区）扩大到全国，我国正式建立中央森林生态效益补偿基金。这标志着我国森林生态效益补偿基金制度的实质性确立，是我国林业发展史中具有里程碑意义的大事。2006年以来，中央财政不断加大资金投入力度，增加补偿面积，扩大补偿基金规模。2009年，补偿面积达到$10.49\times10^8$亩，补偿基金达到52.47亿元。

（2）林业补贴

林业补贴是政府支持林业发展和生态建设的国际通行做法。2009年以来，我国出台实施了一系列林业补贴政策，中央财政先后启动了森林抚育补贴、造林补贴和林木良种补贴试点工作，开启了国家财政支林新时代。2009年，森林保险补贴纳入中央财政范围，并于2012年扩大至全国。2013年，中央财政对林木良种、造林、森林抚育补贴规模继续扩大，安排补贴资金104.43亿元。截至2013年年底，中央财政已累计安排补贴试点资金287.96亿元。

林业补贴政策资金规模逾百亿元，取得了巨大的政治、经济和社会效益。①改善生态资源和生态环境。截至2014年年底，“四项”（造林、抚育、林木良种、森林保险保费）补贴累计安排资金392.9亿元，森林抚育补贴任务面积逐年增加，2009—2014年累计完成$22\,826.62\times10^4$亩；造林补贴任务面积从2011—2014年累计完成$5723.43\times10^4$亩。通过补贴政策显著促进林分更新和健康稳定，强化了营林作业设计规程和资源管理，明显改善了林木生长环境。②增加林农职工收入，提升群众满意度。通过“四项”补贴，样本家庭收入增加，劳动力就业增长。据统计，典型大县森林抚育和造林任务平均需2万~4万个工日，参加具体作业的农户人均增收在3000元左右。典型调查表明，仅抚育一项，就有效促进天然林资源保护工程（简称“天保工程”）区林业职工收入增长幅度在4000元以上。③促进农村和林区就业。补贴激励林农培育森林、改善经营条件、加大经营投入，较好地巩固了林地、林木所发挥的民生保障功能，对于稳定农村和林区具有重大潜力和现实意义。浙江省依托补贴政策培育发展出上千人常年稳定就业的专业化营造林合作社。④明晰中央和地方林业事权与支出责任，调动中央和地方积极投入林业。在中央财政带动下，地方财政和社会资本积极参与林业建设。2013年，浙江省省级配套森林抚育补贴4500万元，抚育面积$100\times10^4$亩，其中间伐抚育补助100元/亩，景观化改造补助100元/亩。2013年，四川省针对森林保险保费补贴，公益林财政补贴95%，其中中央财政补贴50%、省级财政补贴25%、市（县）财政补贴20%；商品林财政补贴75%，其中中央财政补贴30%、省级财政补贴 25%、市(县)财政补贴 15%。

森林生态效益补偿和林业补贴政策加大了支林惠林政策的力度，优化了结构，促进了林业治理能力的提高及农村和林区面貌的变化，明显改善了生态资源和生态环境，对保持生态平衡、保护生物多样性以及满足人类社会多种生态需求起到了极大的促进作用，增强了建设生态文明和美丽中国的物质基础。

**3. 森林火灾预防与扑救**

据统计，中华人民共和国建立以来到 1987 年，全国年平均发生森林火灾 15 932 次，年平均受害森林面积 $94.7\times10^4$ $hm^2$，年平均伤亡 788 人。根据《中华人民共和国森林法》《中华人民共和国森林法实施条例》，1988 年 1 月国务院颁布的《森林防火条例》，对森林防火作了重要规定。各省、自治区、直辖市都制定了实施森林防火法律、行政法规的地方性法规和规章。1988—2008 年，全国年平均发生森林火灾 7936 次，年平均受害森林面积 $9.2\times10^4$ $hm^2$，年平均伤亡 194 人，比 1950—1987 年间年均分别下降了 50.2%、90.3% 和 74.3%。2019 年，我国森林火灾共发生 2345 起，受害森林面积 $1.35\times10^4$ $hm^2$，伤亡人数 76 人，受害情况明显下降。

我国的森林防火工作实行“预防为主、积极消灭”的方针。各层级人民政府林业主管部门和有关部门按照职责分工，负责本行政区域森林防火工作，实行严格的各级人民政府行政首长负责制。同时将森林防火基础设施建设纳入国民经济和社会发展规划，将森林防火经费纳入本级财政预算。组织经常性的森林防火宣传活动，普及森林防火知识，编制森林火灾应急预案，制定森林火灾应急处置办法。森林、林木、林地的经营单位和个人按照林业主管部门的规定，建立森林防火责任制，划定森林防火责任区，确定森林防火责任人，并配备森林防火设施和设备。县级以上地方人民政府林业主管部门和气象主管部门根据森林防火需要，建设森林火险监测和预报台站，建立联合会商机制，及时制作发布森林火险预警预报信息。气象主管机构无偿提供森林火险天气预报服务。广播、电视、报纸、互联网等媒体及时播发或者刊登森林火险天气预报。

**沈阳棋盘山森林大火**

**4. 森林病虫害防治**

森林病虫害防治是指对森林、林木、林木种苗及木材、竹材的病虫害的预防和防治，是保护森林的重要措施。《中华人民共和国森林法》《森林病虫害防治条例》对森林病虫害防治作了重要规定。各省、各自治区和直辖市都制定了实施国家森林病虫害防治法律、行政法规的地方性法规和规章。

在森林经营活动中应采取预防森林病虫害发生的各种措施。植树造林应当坚持“适地适树”原则，大力提倡营造混交林和封山育林，合理搭配树种，按照国家规定选用林木良种，造林设计方案必须有森林病虫害防治措施，改善林木生长环境和条件；严禁使用带有危险性病虫害的林木种苗进行育苗或者造林；各级森林病虫害防治机构应当依法对林木种苗和木材、竹材进行产地检疫和调运检疫；加强进境林木种苗和木材、竹材的检疫工作，防止境外森林病虫害传入。保护好林内各种有益生物，保护生物多样性，并有计划地进行繁殖和培养，运用以鸟治虫、以菌治虫、以虫治虫的方法，充分发挥生物的防治作用和调控作用。各级人民政府林业主管部门的森林病虫害防治机构，做好森林病虫害预测预报工作，发现严重森林病虫害应当及时报告并制订防治森林病虫害的实施计划。

**5. 木材采伐限额管理**

森林采伐限额是各种采伐消耗林木总蓄积量的最大限量，是由林业主管部门根据用材林消耗量低于生长量和森林合理经营的原则，经过科学测算制定，并经国务院批准实施。森林采伐限额的范围除《中华人民共和国森林法》规定的禁伐森林和林木外，包括所有林种的林分和林木的主伐、补充主伐、抚育伐、卫生伐、林分改造等各种采伐所消耗的资源总额。

全国林业有害生物普查

年森林采伐限额是指国家所有的森林和林木以国有林业企事业单位、农场、厂矿等为单位，集体所有的森林和林木、个人所有的林木以县为单位，按照法定程序和方法，经科学测算编制，经各级地方人民政府审核，报经国务院批准的年采伐消耗林蓄积的最大限量。每五年调整一次。纳入年森林采伐限额的，包括成熟的用材林的主伐，国防林、母树林、环境保护林、风景林的抚育和更新性质的采伐及低产林分的改造等。农村居民在自留地、房前屋后土地及田边地头和小河、溪流、水渠、道路两边等非耕作土地种植的个人所有的零星树木，以及城镇居民和职工在自有房屋的庭院内种植的零星林木，不计算在年采伐限额之内。采伐农村居民在自留山种植的林木、个人承包国家所有和集体所有的宜林荒山地种植的归个人所有的林木，应当纳入年采伐限额（国家对这部分采伐进行管理，并不意味林木权属变化）。

国务院批准的森林采伐限额是具有法律约束力的，非经法定程序批准，不得突破。在国务院批准的商品材森林采伐限额内，国家备用的森林采伐限额由国家林业和草原局根据具体情况严格控制使用，需要增加木材生产计划的，由省级林业主管部门提出申请，国家林业和草原局审批。有特殊情况的，森林采伐限额可以做适当调整。

**6. 野生动植物保护**

世界各国都很重视对野生动植物的法律保护，国际社会还签订了许多关于保护野生动植物的国际合约或协定。1981 年，我国加入了《濒危野生动植物种国际贸易公约》，之后陆续制定和发布了一系列相关法律法规、管理规章，动植物保护取得了长足的进展（详见第三章）。

### （三）森林资源保护展望

经过多年保护，我国森林资源已得到一定改善，森林面积不断增长，林龄结构、林相趋于合理，森林质量不断提高。为了对森林实行更好保护，我国组建森林公安局，建立森林资源管护档案，加强森林资源监测体系与评估体系建设，加强森林资源队伍管理和森林管护队伍建设，不断完善林业执法体系、森林资源管护机构和制度，形成了林政管理、森林公安、林政稽查等比较健全的管理、公安、稽查为一体的执行制度。宣传碑、防火隔离带、瞭望塔等基础设施建设初见规模，形成了“山上有人护、要道有人查、流通有人管、案件有人办”的保护格局。同时加强了征占用林地的监管、病虫害防治、森林检疫与野生动植物资源保护工作，一定程度上改善了森林的破坏情况，森林数量稳固回升，珍稀濒危动植物资源得到一定保护。为了更好地加强森林生态功能，我国进一步加强和改进森林资源采伐限额管理，实行分区分类管护。积极推行“森林生态采伐”模式，把森林资源的利用和环境保护结合起来，达到森林资源的持续利用和发展。近年来，我国把森林保护工程的具体内容承包到场，森林防火、病虫害防治、乱砍滥伐、破坏植被等责任均落实到人，有效提高了森林资源保护效率。但也存在一定问题，部分森林资源由于过去经营粗放，管护不当，受到了一定损害，恢复起来需要一定时间。同时目前从事专业的技术人员较少或水平较低，无法满足林业发展的需求，加上森林管护工作量巨大，工作经费紧张，许多任务完成起来有一定难度。森林是我国重要资源，与每个人息息相关，保护森林生态资源需要人们的支持与参与。因此，加强森林资源保护首先要做好宣传普及工作，通过相关部门，采用多种形式宣传森林法律法规，增强公民环保意识，使生态资源保护观念深入人心，形成保护森林的良好氛围。森林保护离不开法治，因此还要进一步加大林政执法管理力度，加强执法监督，提高执法人员水平，严格实行责任追究制度，加大木材流通市场监管力度，严格野外用火审批制度，重视森林病虫害防治工作，强化植物检疫，提高对珍稀野生动植物及古树名木的保护力度等。

六大林业重点工程

## 第七节　现代林业与生态文明

党的十七大提出，到2020年使我国成为生态良好国家。林业作为生态建设的主体，在生态文明建设中肩负着重大责任，承担着光荣使命。充分认识新时期林业的地位、作用、形势及任务，大力发展现代林业，是推进生态文明建设的重要基础。

### 一、现代林业与生态文明建设

作为大自然净化空气的重要载体，森林拥有“地球之肺”之称，是维护自然生态平衡的重要自然资源。林业作为一项基础产业，促进国民经济增长的同时还有着巨大的生态作用，林业建设是生态文明建设的基础，生态文明建设是林业发展的主要目标，生态文明建设赋予了林业光荣而艰巨的巨大使命。作为人与自然和谐共存的枢纽，林业是生态建设的主体，促进现代林业发展是建设生态文明的实现途径和根本要求，大力发展现代林业，用现代林业理念构建生态文明建设是我国生态文明建设的重点内容。

现代林业的发展是人类与自然和谐相处的保障，是实现环境可持续发展的基础。随着人们对森林价值认知的不断加深，林业给人们带来的不仅仅是木材、果实等简单的原料，生态效益是其造福人类的更深层次的产品。林业不仅肩负着保护森林生态系统和恢复湿地生态系统的使命，还担任着保护和拯救地球生物多样性、改善荒漠等职责，林业的发展可以帮助人类更科学地发挥森林的生态效益，因此，发展现代林业对于改善自然生态环境、保护地球生态平衡具有重要作用，只有不断提高林业发展水平，才能进一步提高生态文明建设水平，促进人与自然共同发展。

林业建设与生态文明既相互联系又相互促进，林业是推动生态文明建设的主要动力，其发展水平决定了生态文明建设的程度。生态文明建设不同于简单的环境保护工作，除了要维持生态环境外，还要促进经济快速发展。森林生态系统不但能够降低资源消耗、建立可循环的生态环境，本身还是一个能够提供多种生态产品的宝库，既能保护环境，也能促进经济发展。与此同时，生态文明建设也为林业发展带来了新的机遇与挑战。以现代林业发展理念为基础，运用现代林业科技手段对森林进行经营与利用，提高森林整体质量和综合生产力水平，积极发展现代林业建设，对构建资源节约型、环境友好型社会具有重要意义。

## 二、现代林业与生态安全

生态安全是指生态系统的健康和完整情况，是人类在生产、生活和健康等方面不受生态破坏与环境污染等影响的保障程度，包括饮用水与食物安全、空气质量与绿色环境等基本要素。健康的生态系统是稳定的、可持续的，在时间上能够维持正常组织结构以及保持对胁迫的恢复力。反之，不健康的生态系统其安全状况则处于受威胁之中。生态文明的底线是生态安全。生态安全是国家安全和社会稳定的重要组成部分，是人类赖以生存、发展的物质基础。受工矿建设、资源开发、城镇和农田扩张等影响，我国生态空间被大量挤占，自然岸线和滨海湿地持续减少，局部区域生态退化等问题严重，生态安全形势依然严峻，保护与发展矛盾依然突出。加强建设生态安全和现代林业有利于人民健康状况的改善和生活质量的提高，避免因自然资源衰竭、资源生产率下降、环境污染和退化给社会生活、生产造成的短期灾害和长期不利影响，实现经济社会的可持续发展。

### （一）发展林业事关生存安全

复旦大学张薰华教授在对《资本论》进行几十年研究之后，特别指出"林是人的生存问题，农是人的吃饭问题，农业搞不好会饿死一些人，森林砍光了会使整个人类难以生存下去"。实际上，早在100多年前马克思就作出了科学论断："自然界，就它自身不是人的身体而言，是人的无机的身体"，反过来讲，人也是自然的一部分，自然的消亡必然导致人类的消亡，历史上由于森林消失而导致国家衰亡、文明转移的例证屡见不鲜。复活节岛便是最好的例子，原来一个生态优美的地方，随着森林的破坏，最终成为人类无法居住的荒岛。可怕的是，人类对森林的破坏已经到了十分惊人的程度，全球森林已从人类文明初期的$76 \times 10^8$ $hm^2$减少到20世纪末的$34 \times 10^8$ $hm^2$。联合国指出，全球森林已减少了50%，难以支撑人类文明大厦。而林业是恢复森林、重建森林生态系统的唯一途径。

### （二）发展林业事关淡水安全

森林被誉为"绿色水库"，其庞大的植物根系具有很强的保持水土、涵养水源的作用。1944年郝景盛发表的《森林与水旱天灾之关系》一文中指出"有林地比无林地降雨多，已有90余年观测，如把古往今来所有报告比较研究，大致在1%～50%之间，平均在20%以上"。德国巴伐利亚州研究表明森林从云雾中截留的降水占年降水的20%。目前我国森林年涵养水源量$6289.5 \times 10^8$ $m^3$、年固土量$87.48 \times 10^8$ t。加强林业建设，提高森林质量，充分发挥森林的蓄水功能，是维护水资源安全的治本之策。

### （三）发展林业事关气候安全

全球气候变暖是世界性的环境难题，使用化石燃料及森林破坏是重要原因。森林是最大的储碳库，木制品也具有很强的储碳能力和直接减排功能。据政府间气候变化专门委员会（IPCC）评估，全球陆地生态系统大约储存了$2.48 \times 10^{12}$ t碳，其中$1.15 \times 10^{12}$ t储存在森林生态系统中，$5400 \times 10^8$ t储存在湿地生态系统中。而当林地转化成农地，10年后土壤有机碳将平均下降30.3%，发展林业对减缓温室效应具有极重要的作用。中国科学院2018年研究成果显示，中国陆地生态系统在2001—2010年期间，年均固碳$2.01 \times 10^8$ t，相当于抵消了同期中国化石燃料碳排放量的14.1%，其中森林生态系统贡献了约80%的固碳量。2021年，国家林业和草原局配合生态环境部对中国碳汇情况进行了系统测算，结果显示中国的森林植被总碳储量已达 $92\times10^{8}$ t，平均每年增加的森林碳储量都在 $2\times10^{8}$ t 以上，折合碳汇 $7\times10^{8}\sim8\times10^{8}$ t。在中国新的气候行动目标中，2030 年森林蓄积量比 2005 年增加量从 $45\times10^{8}$ $m^3$ 左右提高到 $60\times10^{8}$ $m^3$。由于森林蓄积量每增加 $1\times10^{8}$ $m^3$，相应地可以多固定 $1.6\times10^{8}$ t 二氧化碳，可以预见，未来中国森林碳汇将为减缓气候变化做出巨大贡献。

**(四)发展林业事关木材安全**

木材是四大原材料中唯一可再生、可降解、绿色无污染的原材料，经济越发达，木材消费量越大。2019 年我国商品木材贸易量达到 $2.04\times10^{8}$ $m^3$，其中进口材 $1.14\times10^{8}$ $m^3$，对外依存度近 60%，而目前全球已有多个国家限制或禁止原木出口。面对我国经济社会发展对木材的巨大需求和进口木材渠道变窄，唯一的出路在于加快林业发展。这是维护木材安全和生态安全的重大战略任务，也是经济社会可持续发展的基本保障。

**(五)发展林业事关物种安全**

物种资源是许多药物和食物的来源，是人类未来的财富和可持续发展的重要基础。由于森林资源减少和野生动植物栖息地破碎化等原因，世界范围内许多野生动植物种群受到威胁。一个物种可以左右一个国家的经济命脉，一个基因可以影响一个民族的兴衰。森林作为物种之家，保护森林就是保护物种，而这也是林业发展的永恒主题。

**(六)发展林业事关粮油安全**

我国食用植物油安全存在很大风险，2011 年据国家心血管病中心统计，我国心血管病患者已高达 2.3 亿，食用油不健康是致病的一个重要因素。我国有食用植物油料树种 100 多种，其中茶油不饱和脂肪酸含量 90%，新品种每公顷均产油 750 kg 左右；核桃油不饱和脂肪酸含量 92%，亚油酸含量 50% ~69%，每公顷均产油 1000 kg 左右；牡丹籽油不饱和脂肪酸含量 92%，每公顷均产油 1125 kg 左右等。据初步测算，我国主要木本油料生产潜力在 $1000\times10^{4}$ t 以上。按照油菜每公顷均产量 600 kg 计算，可置换出 $1666.7\times10^{4}$ $hm^2$ 耕地种植粮食，这不仅对维护国家粮油安全意义重大，也有利于提升人民群众的整体健康水平，促进经济社会可持续发展。

**(七)发展林业事关社会安全**

许多自然灾害与森林破坏密切相关。1975 年 8 月河南南部发生特大洪水，造成 1100 万人受灾，在这次特大水灾中，板桥水库流域森林覆盖率仅为 17%，发生了溃坝，造成了重大损失；2004 年印度洋海啸造成直接经济损失 130 亿美元，近 30 万人遇难，但同在海啸中心地带的印度泰米尔纳都邦的渔村瑟纳尔索普因为有红树林的保护，没有造成人员死亡和财产损失；2010 年 8 月舟曲县发生的特大山洪泥石流灾害，森林退化是重要因素。一些森林灾害如森林火灾处理不当，往往会导致社会动荡。2007 年希腊发生的森林火灾波及半个国家，引发希腊政治动荡；2007 年美国加州的森林火灾，造成约 100 万人大逃离；2010 年俄罗斯森林大火，烧掉了全国 1/4 的庄稼，扑火费用 30 亿美元，直接损失超过 150 亿美元，并导致粮价上涨。加强林业建设，严防和有效扑救森林火灾、治理水灾和旱灾以及防治泥石流灾害、沙尘暴灾害、台风灾害，对于保障人民群众的生命财产安全，维护社会安全和政治稳定，意义重大。

**(八)发展林业事关经济安全**

林业不仅有重要的生态功能和社会效益，也有巨大的经济价值。林业多种多样的产品能够带动当地经济发展，促进就业，有效拉动农村经济，壮大农村中产阶层，助力脱贫攻坚。德国森林面积为 $1100\times10^4$ $hm^2$，林业产值仅略低于汽车工业，就业人数近汽车工业的2倍。芬兰的林业产值也仅次于电子和电器产业，成为国家的经济命脉。作为能够利用太阳能、地力创造绿色财富的特殊产业，林业还可有效推动绿色增长、应对经济危机，美国“罗斯福工程”、韩国“造林工程”、法国“林业生态工程”、印度“社会林业计划”等都成为应对经济危机、推动绿色增长的著名范例。

英国生态学家戈德·史密斯指出“由于大量森林被毁，已经使人类生存的地球出现了比任何问题都要难以对付的严重生态危机，生态危机将有可能取代核战争成为人类面临的最大威胁”。无数的事实和科学的理论充分证明，林业建设是事关经济社会可持续发展的根本性问题，没有林业的可持续，就没有人类生存安全的可持续，就没有经济社会的可持续。加强林业建设，对于维护生存安全、淡水安全、物种安全、木材安全、粮油安全、社会安全、经济安全以及全球气候安全等一系列国家和全球战略大局，具有不可替代的巨大作用。林业为建设美丽中国传承着绿色力量，数十年来几代林业人发扬愚公移山精神，建设了一道道“绿色屏障”，加强林业建设，努力增强生态产品生产能力，不断壮大绿色经济，是我国加快转变发展方式的战略选择，也是经济社会可持续发展的强大动力。

【拓展阅读】

### 世界森林日

世界森林日(Word Forest Day)，又被译为世界林业节，1971年在欧洲农业联盟的特内里弗岛大会上由西班牙提出倡议并得到一致通过，同年11月，联合国粮食及农业组织(FAO)正式予以确认。2012年12月21日，联合国大会宣布每年3月21日为国际森林日，从2013年起举办纪念活动，目的是为提高今世后代加强所有类型森林的可持续管理、养护和可持续发展的意识。大会在决议中邀请所有会员国根据本国国情在这一天酌情推出和推动与森林有关的具体活动。根据联合国大会会议决议，由经济和社会事务部创建的联合国森林论坛将与粮农组织、各国政府、森林问题合作伙伴关系的其他成员、各国际和区域组织、以及相关利益攸关方，包括民间社会一起，推动落实国际森林日。

### FFI中国项目

野生动植物保护国际(Fauna & Flora International，FFI)是世界上历史最悠久的国际保护组织，也是公认的保护领域创新者。该组织致力于在科学研究的基础上，充分考虑人类的需求，选择可持续性的解决方法保护全球的濒危物种和生态系统，保护生物多样性，确保人、动植物和荒野共存的地球有一个健康的未来。

中国动植物种类丰富、生态系统类型多样，是世界上十二个“生物多样性特丰国家”之一，但中国有近40%的生态系统严重退化，濒危动植物种类不断增加。生物多样性及其提供的各类服务功能是中国经济和社会可持续发展的基础，因此对其保护刻不容缓。FFI于1999年进入中国，2002年在中国正式建立办公室，2008年在中国正式注册，总部设在南宁，现设有南宁、成都、北京、海口、昆明五个办公室。项目地则位于广西、云南、海南、四川、青海、重庆、贵州等中国生物多样性丰富且脆弱的地区。1999开始在藏区开展生物多样性保护和草地资源管理；2000年开始，推动地方政府将生物多样性纳入地方社会经济发展中；2002年开始，开展濒危灵长类的保护；2006年开始，开展濒危树种的保护。

FFI 中国关注领域为濒危树种的保护、濒危灵长类的保护、青藏高原草地资源管理和生物多样性主流化。保护项目有以下几项：

1. 木兰保护项目——滇东南木兰保护行动

中国分布着约 118 种木兰科植物，约占全球木兰的 39%（《中国植物志英文版 2008》）。滇东南分布着 47 种木兰科植物（《中国植物志》《云南植物志》），约占全国总数的 30%，其中 17 种被 IUCN 树木专家组评估为受威胁树种（2004）。FFI 与中国科学院昆明植物园、云南林业科学研究院、自然保护区等合作，至今已对滇东南 10 种濒危木兰的分布和保护状况进行了评估，并对部分种类制订了保护计划，启动了极度濒危木兰华盖木的野外回归和加强就地保护的工作，同时开展了一系列的宣传和教育活动。

2. 杜鹃花项目——高黎贡山大树杜鹃保护行动

世界上一半的杜鹃花分布在中国，包括世界上植株和花朵都最大，同时也极可能是种群数量最少的杜鹃花——大树杜鹃。FFI 与自然保护区和科研机构合作，重点加强保护区科学研究以及将科学研究成果应用于保护的能力。

3. 针叶树种项目——崖柏和大果青杆保护行动

中国 1/5 的针叶树种被评估为全球受威胁树种。FFI 与科研机构合作，开展了对崖柏和大果青杆的保护工作，主要开展现状调查、人工繁育、濒危原因和保护对策研究。

4. 针叶树种项目——桂北资源冷杉和元宝山冷杉保护行动

项目的重点为开展资源冷杉和元宝山冷杉的保护行动试点，主要开展巡护、监测和人工繁育，并协助申请“极小种群野生植物拯救保护工程”项目。

5. 濒危灵长类的保护项目

关注的物种包括东黑冠长臂猿、西黑冠长臂猿、东白眉长臂猿、海南长臂猿、缅甸金丝猴、越南金丝猴及黑叶猴。了解这些濒危灵长类的现存种群、分布及濒危现状，加强其生态学研究，制订物种保护行动计划，加强保护区的巡护及监测，开展栖息地恢复，建立区域性的保护网络，并通过跨境合作减少非法贸易及加强协作。

6. 青藏高原草地资源管理项目

理顺自然环境的外在变化，调整草地畜牧业的生产生活方式，通过科学的生态保护管理技术，重建和谐的人文生态价值观，力求实现青藏高原草地生态系统的永久平衡。

7. 生物多样性保护主流化项目

2001—2003 年成功支持都江堰市政府制定并实施了中国第一个县级《生物多样性保护策略与行动计划》，且于 2008—2011 年在重庆和广西成功开展了中欧生物多样性项目地方示范项目，将生物多样性保护纳入了地方的法律法规、环境监测、环境影响评价以及经济和社会发展规划中，提高了当地的生物多样性管理能力，有效促进了三峡库区的生态安全及西南石灰岩生态系统的保护。此外，该项目还通过改善企业社会和环境责任，有效促进企业的可持续发展。

# 第五章 生态文化

【本章描述】

生态文化是指以崇尚自然、保护环境、促进资源永续利用为基本特征，能使人与自然协调发展、和谐共进，促进实现可持续发展的文化。生态文化的形成意味着人类统治自然的价值观念的根本转变，这种转变标志着人类中心主义价值取向到人与自然和谐发展价值取向的过渡。本章主要从森林文化、竹文化、茶文化、花文化、湿地文化、草原文化和沙地文化七个方面来阐述生态文化的具体内涵，并介绍生态旅游的概念和意义、生态旅游的类型及生态旅游典例。

【知识目标】

1. 了解竹的分布；
2. 了解茶的分布与种类、中国名茶；
3. 了解不同的湿地公园；
4. 了解世界及我国荒漠化现状；
5. 熟悉森林文化与人类的关系；
6. 熟悉竹文化与人类的关系；
7. 熟悉中华茶史；
8. 熟悉中国花文化；
9. 熟悉草原类型与草地资源；
10. 熟悉我国八大沙漠与沙产业；
11. 掌握生态文化的概念；
12. 掌握森林文化的概念；
13. 掌握中国十大名花；
14. 掌握湿地概念与类型；
15. 掌握生态旅游的概念与意义；
16. 掌握生态旅游的类型。

【能力目标】

1. 能够阐述森林与人类的关系；
2. 能够利用所学知识对我国湿地进行分类；
3. 能够阐述中国十大名花及用花习俗；
4. 能够阐述生态旅游的经济、环境和人文方面的意义。

# 第一节　生态文化

生态文化是指以崇尚自然、保护环境、促进资源永续利用为基本特征，能使人与自然协调发展、和谐共进，促进实现可持续发展的文化。生态文化实际上是一种价值观，是人类社会与自然界和谐的精神力量，也是人类思想认识和实践经验的总结。近代社会，许多人秉承“人类中心主义”价值观，仅注重人类价值，漠视自然价值，肆意破坏环境，最终导致生态环境恶化，自然资源枯竭，生态灾难频繁，严重阻碍人类社会的可持续发展。在这样严峻的生态形式面前，人类开始重新审视人与自然的关系，把人类自身价值和自然价值有机地融合起来，形成了生态文化的基本价值观。生态文化也是一种人文文化，它把和谐、协调、秩序、稳定、多样性以及适应等观念纳入自己的伦理体系，立足于可持续发展，既关心人的价值和精神，也关心自然资源的消耗与增值，体现了人类对人与自然关系的深度认识。生态文化的形成意味着人类统治自然的价值观念的根本转变，标志着人类中心主义价值取向到人与自然和谐发展价值取向的过渡。生态文化主要包括森林文化、竹文化、茶文化、花文化、湿地文化、草原文化和沙地文化等。

## 一、森林文化

森林是人类文明的发源地，为人类原始文化的创立提供了场地，人类祖先便是从森林中走来的，可以说是森林哺育了人类，森林创造了人类。树叶蔽体、摘果为食、钻木取火、构木为巢等原始行为，恰好是森林孕育人类原始文明的真实写照。人与森林在长期和谐共处的过程中，相互依存、相互作用、相互影响、相互融合，人类逐渐地认知森林中多种多样的动植物，创造出独特的语言与文字，再到今天融入了人类对自然的认知与价值取向，提出了可持续发展理念，寄托着人类对森林以及动植物等一切生命体的尊重和情感，进而形成了独特的森林文化。

### （一）森林文化的内涵

森林文化是以森林为背景的一种文化现象和精神表述，是指在人对森林的敬畏、崇拜与认识及对其各种恩惠表示感谢的朴素感情基础上，反映出来的人与森林关系的文化现象。森林文化风格独特且内涵丰富，在人类社会的发展中经历了漫长的变化，与此同时推动着经济的发展和人类文明的进步。“以人为本，天人合一”是森林文化的最高境界。森林文化的领域包括技术和艺术两大部分。技术领域的森林文化是指合理利用森林而形成的物质层面的文化现象，如不同森林类型的造林技术、培育技术、采伐技术、相关林业法律法规等。艺术领域的森林文化是指反映人对森林的情感、感性的具体作品，如诗歌、绘画、雕刻、建筑、音乐、文学等艺术作品的总称，例如，有关森林的诗歌与小说、画家笔下的山水、草木与飞禽走兽、宫廷与民居建筑、园林艺术、家具及工艺雕刻等都属艺术领域的森林文化。

几千年来，人类与森林朝夕相处，在人类认识和利用森林的过程中，森林的品格影响人类，人类也把自身的情感与人格融进森林，形成以森林为背景、以木竹为载体的一种文化现象。我国人民对于森林十分敬畏，从傣族提出的“没有森林便没有水，没有水就没有田地，没有田地就没有粮食，没有粮食就无法生存”到各民族都有的诸如“砍山三年富，山秃几代穷”的谚语；从体现古朴的生态意识的绿色图腾到如今阐释为政之道的生态文明；从商汤时“桑林祈雨”的典故到土家族水杉的传说、哈萨克族胡杨树的神话、哈尼族祭寨母的民谣……这些以尊崇森林、珍惜森林为主旨的传统森林文化，生动地说明了人类与莽莽森林是一荣俱荣、一损俱损的关系。

同时，森林文化也是地区的形象。一个地区的对外形象不仅表现在这个地方的高楼大厦、便捷交通和经济的对外交流，同时，还表现在该地区深厚的文化品位和该地区人的思想文化素质。森林文化是林区经济发展的强大动力，这种动力的作用主要表现在三点：一是先进的森林文化能够极大地促进人的思想道德和科学文化素质的提高，这必然要为林区的经济发展带来强有力的精神动力；二是先进的森林文化可以为林城带来深厚的文化品位，一个没有文化底蕴的林城是一个不完整的林城；三是先进的森林文化是一种与时俱进、不断创新的文化，给林区的经济发展带来日新月异的生机与活力。

**(二)森林与人类生活**

森林与人类的密切关系由来已久，人类历史上的四大文明，即以长江黄河为中心的华夏文明、以两河流域为中心的古巴比伦文明、以尼罗河为中心的古埃及文明及以印度河为中心的古印度文明，都发源和昌盛于森林茂密、水草丰美的地方。人类的衣食住行都源于森林，虽然后来人类祖先们搬出森林，但仍仰赖森林提供生活所需。

在整个人类进化发展的过程中，森林和人类的生活发生着密切的关系，木材和林副产品的利用由于人类的进化而不断加强。原始人在看到漂浮在河里的木头后得到启发，通过长期的探索和实践，制造了可以航行在水中的船。最原始的船仅仅是把木头挖空而制成的，即我们熟悉的独木舟。随着人类逐渐进步，能工巧匠们将独木舟改造成了古代的战舰。在我国，唐宋时期的人们便已经用木材制造海轮。1973 年，在福建泉州湾海滩发掘的宋代木造海轮，整个船体均由杉、松、樟制成，长 24.2 m，宽 9.15 m，载重可达 200 t。现代的木船、帆船、轮船，都是由最初的独木舟发展而来的。两千多年来，劳动人民在生活实践中，对森林的作用逐步加深了认识，对森林的利用也逐步扩大和向深度发展，特别是 19 世纪以来，科学技术的迅速发展，森林与人类生活的关系更加广泛。人们利用森林的主产品——木材构造各种建筑，利用森林作为各种工业原料，利用森林的副产品为人们提供各种必需的生活用品等。从春秋战国时期起人们便会总结农林生产的技术经验，创作了不少专门性的农林理论书籍；人类学会了木雕刻艺术，创造了木文字印章，进而发明出了“活字版印刷术”，对人类教育事业、文化交流做出了巨大贡献；古代人们生产生活的器具几乎全是木制品，如桌、椅、凳、床、箱、碗、筷、车、犁、耙、织布机、水车等。当古人们学会用木棒搭起人字架草棚后，便离开山洞，走向广阔的世界，继而建造了草房、瓦房、宫殿，从历史上保存下来的建筑物来看，大多用到了木材，而且用材量相当大；古人还利用木材制成仿鸟的翅膀，配上羽毛去探索飞天的奥秘，后来由莱克兄弟设计和用木材制造出机动螺旋桨固定机翼飞机成功，促进了日后各种飞机、气球上天，直到今天发展成尖端的航空航天科学；此外，军事工具，如战车、长矛、弓箭等兵器也大多由木材制成。

森林不仅能够提供丰富多彩的可物化的产品，而且能够营造优美的环境、发挥强大的生态效益，维持着地球上的生态平衡，构成人类生存与发展的基本性支撑。森林孕育了人类，为原始人类提供了制造工具的场所，帮助人类实现了人工取火，在森林迹地上产生了农耕文明，森林采伐利用更是催生了工业文明，森林生态效应则培育了生态文明，森林为人类文明的发展作出巨大的贡献。举目古今中外，社会的进步与发展无不与森林的消长、林业的兴衰息息相关，森林与林业是人类社会文明的重要标志，是人类文明的摇篮，也是支撑人类经济社会发展的重要自然资源。森林是一个古老而充满活力的课题，伴随着人类社会的发展走过了漫长的历程，形成了具有自己独特风格和丰富内涵的体系，影响并推动着经济发展与社会文明进步。

## 二、竹文化

在人类文明发展的历史长河中，竹子与人类结下了不解之缘。早在7000多年前的新石器时代，竹子就为人类所用。人们种竹、赏竹、用竹、爱竹、画竹、咏竹，借竹寓意、以竹抒情，留下了许多以竹为题的诗词丹青，沉淀着情感、观念、思维和理想等深厚的文化底蕴。

### （一）世界竹分布

世界竹分布

中国竹分布

竹子是森林资源之一，目前全球竹林面积约 $2200\times10^4\ hm^2$，年生产竹材约 $1500\times10^4\sim2000\times10^4\ t$，全世界竹类植物约有70多属1200多种。由于竹子常和其他树种一起组成混交林，而且处于主林层之下，当上层林木砍伐后，竹子以生长快、繁殖力强的特点很快恢复成次生竹林。近几十年来，地球表面森林面积逐年减少，而竹林面积却日益扩大。作为常绿（少数竹种在旱季落叶）浅根性植物，竹子对水热条件要求高，而且非常敏感，因此，地球表面的水热分布支配着竹子的地理分布。世界上的竹子主要分布在热带及亚热带地区，少数竹类分布在温带和寒带。东南亚位于热带和南亚热带，又受太平洋和印度洋季风汇集的影响，雨量充沛，热量稳定，是竹子生长理想的生态环境，也是世界竹子分布的中心。世界的竹子地理分布可分为3大竹区，即亚太竹区、美洲竹区和非洲竹区（有些学者还单列出“欧洲、北美引种区”）。

### （二）我国竹分布

我国竹子种类多，面积广，经济价值高。天然竹林广泛分布于除新疆、内蒙古、黑龙江等少数省份外的27个省、市、自治区，集中分布于浙江、江西、安徽、湖南、湖北、福建、广东，以及西部地区的广西、贵州、四川、重庆、云南等省、市、自治区的山区。我国竹类植物有39属500余种，主要分布在北纬40°以南地区。一般可分为四个分布区：黄河—长江竹区，主要有刚竹属、箭竹属、赤竹属、青篱竹属、巴山木竹属等；长江—南岭竹区，是中国竹林面积最大、资源最丰富的地区，其中毛竹林面积280 $hm^2$，主要有刚竹属、苦竹属、短穗竹属、大节竹属、慈竹属、方竹属等；华南竹区，是竹种数量较多的地区，主要有簕竹属、牡竹属、酸竹属、藤竹属、巨竹属、单竹属、茶秆竹属、泡竹属、薄竹属、梨竹属等；西南高山竹区，是原始竹林，主要有方竹属、箭竹属、筇竹属、玉山竹属、慈竹属等，这里也分布着大熊猫、金丝猴等保护动物。此外，薛纪如先生等也将我国的竹林划分为五大竹区。

### （三）中国与竹文化

竹原产中国，类型众多，适应性强，分布极广，全国各地均有，以珠江流域和长江流域最多。四川、湖南、浙江等地有着“熊猫之家”和“竹林深处”的典故，浙江的安吉、临安、德清等地均有着漫山的竹海。著名电影《卧虎藏龙》中竹林打斗的剧情，便是在安吉的竹海中拍摄的。考古和历史文献资料证实，原始时期中国竹林的分布，西起甘肃祁连山，北到黄河流域北部，东至台湾，南及海南岛。中华文化发源的两大中心——黄河流域和长江流域，也是在竹林生态区域之内，华夏民族祖先正是在这种竹生态环境下产生和演进出光辉灿烂的历史文化。

中国素有“竹子王国”之美誉，竹子深刻地影响了中国的文字、生产、文学、艺术、宗教、风俗以及日常生活，其影响的深度和广度毫不逊于石器、金属，以致于积淀成为源远流长、内涵丰富多彩的中国竹文化。中国用竹历史悠久，早在甲骨文中便出现了“竹”字和竹部文字；随后中国的祖先们在竹简上刻字，使中国汉文字以方块的形式固定下来；从西周开始，竹简、竹纸、毛笔的发明和使用，使得中华文明史与竹子水乳交融。竹子虚怀若谷，顽强不屈，其正直不屈而又节节进取的精神，成为中国人精神世界的重要依托，并对中国优秀的传统文化产生了深刻影响。古往今来，人们种竹、赏竹、用竹、爱竹、画竹、咏竹，借竹寓意，以竹抒情。无数文人墨客为它赋诗作画，晋代“竹林七贤”、唐代“竹溪六逸”等文人雅士，都曾托身广袤的竹海，创造出流传千古的文化作品，构成了丰富多彩的中华竹文化。

竹子生长快，成材早，产量高，用途广，一般竹子造林 5 ~ 10 年以后，便可年年砍伐利用，加上其为非木质用材，现已成为绿色低碳产品的新宠。例如，竹藤家具经久耐用、清新自然、返璞归真，已是当下流行的天然绿色环保产品。我国现已开发出许多竹藤产品，且形成了丰富多彩的竹藤文化。随着竹藤文化的发展，竹工艺、竹食品、竹建筑、竹服饰、竹器物、竹文房、竹工具、竹乐器、竹园林、竹盆景等凝聚和荟萃了多彩多姿的文化艺术精品，点缀了城市景观，丰富了城市居民的生活。

在生活方面，竹竿光滑坚强，纹理通直，是制造乐器、文化体育用品以及工艺美术品等的重要材料；竹竿和竹制工艺品已成为重要的出口商品，例如，著名的茶秆已有 100 多年的出口历史，主要用于钓鱼竿和滑雪杖；竹簧雕刻、竹席、竹屏、竹瓶都是驰名海内外的工艺美术品；竹材通过烘焙，制成竹炭，经过粉碎和活化制成了活性炭，具有很好的吸附和净化作用，被用在汽车、家居、污水处理等被方面；竹材用工程化方法，经物理和化学作用制成的竹纤维，被用作纺织品、毛巾、袜子、内衣等贴身纺织领域。

在饮食方面，竹笋是我国人民传统的素食品种之一，含有多种氨基酸和微量元素，营养学家认为竹笋是天然的保健食品，纤维含量高，脂肪含量低，能促进肠胃消化和排泄，常食竹笋可减少有害物质在体内的滞留和吸收，具有防癌和减肥的功效。目前可用现代工业化方法将各种鲜笋加工成罐头食品，满足无竹地区人民食笋的需要，而竹笋加工业也已成为我国重要出口创汇行业。

在园林绿化观赏方面，竹子也受到了人们越来越多的关注，“松、竹、梅”岁寒三友、“梅、兰、菊、竹”四君子，构成了中国园林的特色。竹子还可用于制作盆景。如盆景中被列为十八学士之一的凤尾竹、娟秀文雅的观音竹、潇洒飘逸的佛肚竹、情韵幽深的湘妃竹、骨节劲奇的罗汉竹、秆紫古朴的柴竹等；竹刻又称竹雕，在中国由来已久，是在竹制的器物上雕刻多种装饰图案和文字，或用竹根雕刻成各种陈设摆件，佛像、人物、蟹或蟾蜍之类的一种工艺品。

在农业方面，竹子的利用更为普遍，可编制各种农具，如箩筛、簸箕、扫帚、晒垫等；在水利工程方面，劈竹成篾，编成石笼，内装石块，围在岸边用来防止河岸冲刷，巩固堤坝，修建水库，在都江堰等全国著名水利工程上被广泛使用。

在渔业生产中，竹子也广为利用，从简单渔具到复杂的器具，水产养殖的固定支架和漂浮物均要用竹子制成，渔船的网架、桅杆、船篷、船篙也都离不开竹子。

几年来，我国竹业不仅为国家建设和人民生活需要提供了大量的竹材、竹笋及其制品，而且还积极发挥着生态效益。竹子枝叶茂盛，根系发达，竹鞭纵横交结，具有调节气候、涵养水源、保持水土、固土防冲、防风减灾等良好功能，对维持生态平衡，保护人类生存环境起到了良好作用。

## 三、茶文化

我国是世界上最早发现、栽培和利用茶叶的国家。早在5000多年前，我们的祖先便发现了茶可解毒的功效。经过漫长的历史跋涉，目前茶已经在全世界50多个国家成功扎根，成为三大无酒精饮料之一，风靡世界。中华茶文化源远流长，博大精深，是一个雅俗并存、纷繁多样的复杂体系，其基本精神是中华茶文化传承与发展并具有持久生命力的核心价值体系，这一核心价值体系包括天人合一的科学理念、尚中贵和的基本精神和厚生爱民的人文传统。茶文化泛指与茶相关的文化，包括茶产业、饮茶、品茗、器用、茶事等，其层面除了人文历史哲学，甚至涵盖政治、经济等。

### (一)中华茶史

中国是世界茶饮的发源地，种茶、制茶、饮茶历史悠久。中国人饮茶，发于神农，闻于鲁周公，兴于唐朝，盛于宋代，普及于明清之时，长盛不衰，传遍全球。早在四五千年前，中国古人便已认识到茶饮对人类健康的重要性。从最初的粗浅认识到系统地研究和利用茶饮，并逐步形成茶文化、茶艺术、茶习俗、茶医药，经历了数千年的漫长发展过程。

中国关于茶最早的记载是《神农本草经》，书中指出“神农尝百草，日遇七十二毒，得茶而解之”，陆羽在《茶经》中也提到“茶之为饮，发乎神农氏”，由此可见，神农氏发现了茶。根据晋常璩《华阳国志·巴志》中记载，商末时期，巴国已把茶作为贡品献给周武王了。在西汉时期，中国只有四川一带饮茶，西汉对茶作过记录的司马相如、王褒、杨雄均是四川人。司马相如曾作《凡将篇》、杨雄作《方言》，一个从药用价值、一个从文学角度都谈到茶。晋代张载的《登成都楼诗》中提到“借问杨子舍，想见长卿庐”“芳茶冠六情，溢味播九区”。两汉时期，茶作为四川的特产，通过进贡的渠道，首先传到京都长安，并逐渐向当时的政治、经济、文化中心陕西和河南等北方地区传播，另外，四川的饮茶风尚沿水路顺长江而传播到长江中下游地区。从西汉到三国时期，在巴蜀之外，茶是供上层社会享用的珍稀之品。魏晋以来，天下骚乱，文人无以匡世，渐兴清淡之风。这些人终日高谈阔论，必有助兴之物，于是多兴饮宴，所以最初的清淡家多酒徒，如竹林七贤。后来清淡之风发展到一般文人，但能豪饮终日不醉的毕竟是少数，而茶则可长饮且始终保持清醒，于是清淡家们就转向好茶。所以后期出现了许多好茶人。魏晋时期佛教的兴起也为茶的传播起到推动作用，为了更好地坐神，僧人常饮茶以提神。有些名茶就是佛教和道教圣地最初种植的，如四川蒙顶、庐山云雾、黄山毛峰、龙井茶等。茶叶生产在唐宋时期达到一个高峰，茶叶产地遍布长江、珠江流域和中原地区，各地对茶季、采茶、蒸压制造、品质鉴评等已有深入研究，品茶成为文人雅士的日常活动，宋代还曾风行“斗茶”。元明清时期是茶叶生产大发展的时期，人们做茶技术更高明，元代还出现了机械制茶技术，被视为珍品的茗茶也在同期出现。明代是茶史上制茶发展最快、成就最大的朝代。朱元璋在茶业上诏置贡奉龙团，对制茶技艺的发展起了一定的促进作用，也为现代制茶工艺的发展奠定良好基础，今天泡茶而非煮茶的传统便是明代茶叶制作技术的成果。至清代，无论是茶叶种植面积还是制茶工业，规模都较前代扩大。

作为开门七件事(柴米油盐酱醋茶)之一，饮茶在中国古代非常普遍，自古“琴、棋、书、画、诗、酒、茶”是文人雅士的七件雅事，可见俗事文化和雅事文化都包含“茶”，茶在雅、俗两个文化层面占有重要的一席之地。中国人对茶的熟悉，上至帝王将相、文人墨客，诸子百家、下至挑夫贩卒，平民百姓，无不以茶为好。由此可见茶已深入人民各阶层。同样少数民族也好茶，例如，藏族有酥油茶，蒙古族有奶茶等。茶在西汉时便传到国外，汉武帝时期曾派使者出使印度支那半岛，所带的物品中除黄金、锦帛外还有茶叶。南北朝齐武帝永明年间时，中国茶叶随出口的丝绸、瓷器传到了土耳其。唐顺宗永贞元年，日本最澄禅师回国，将中国的茶籽带回日本。而后茶叶从中国不断传往世界各地，使许多国家开始种茶并且有了饮茶的习惯。茶已成为全世界最大众化、最受欢迎、最有益于身心健康的绿色饮料。

**(二)茶道茶艺**

中国素有“礼仪之邦”之称，茶文化的精神内涵即是通过沏茶、赏茶、闻茶、饮茶、品茶等习惯和中华的文化内涵和礼仪相结合形成的一种具有鲜明中国文化特征的一种文化现象，也可以说是一种礼节现象。种茶、饮茶仅是茶文化形成的前提条件，要想形成茶文化，还必须有文人的参与和文化的内涵。唐代陆羽所著《茶经》中系统地总结了唐代以及唐以前的茶叶生产与饮用经验，提出了“精行俭德”的茶道精神，重视茶的精神享受和道德规范，讲究饮茶用具、饮茶用水和煮茶艺术，并与儒、道、释哲学思想交融。

茶文化是指以茶为物质媒介的精神财富，包括茶史、茶诗词、茶道、茶艺、茶栽培、茶叶制作等，其中最核心的是茶道和茶艺。通过品茗饮茶修身养性、陶冶情操、品味人生、参神悟道，得到精神上的享受和人格上的洗礼，这就是中国饮茶的最高境界——茶道。中国茶道吸取儒、道、释三教文化中的精华，讲究“和、静、怡、真”四谛，其中

**图6-1　我国市场上常见的茶艺器具**

“和”是中国茶道的哲学思想核心，是茶道的灵魂；“静”是中国茶道修习的不二法门；“怡”是中国茶道实践中的心灵感受；“真”是中国茶道的终极追求。中国茶道的主要内容讲究五境之美，即茶叶、茶水、火候、茶具、环境(图 6-1)。中国茶艺是在茶道精神指导下的茶事实践，它包括茶艺的技能、品茶的艺术，以及茶人在茶事过程中，以茶为物质媒介去沟通自然、内省自性、完善自我的心理体验。茶艺讲究“人、茶、水、器、境、艺”六个要素，六个要素齐美并进，才能使茶艺在种茶、制茶、赏茶、泡茶、敬茶、品茶等一系列茶事活动中，“以艺示道”，弘扬茶德，表达茶理，揭示茶文化的深刻内涵，达到尽善尽美的境界。

**(三)中国茶的分布与分类**

中国茶区辽阔，现有茶园面积 $110 \times 10^4$ $hm^2$，分为四大茶区，即西南茶区、华南茶区、江南茶区和江北茶区。

简单的分类反映不出茶叶加工及茶叶品质的系统性。因此，我国学者提出了多种分类方法，在众多的茶类划分中，运用最广泛、最权威、认知度最高的当属中国六大茶类，即绿茶、青茶、红茶、黑茶、白茶、黄茶。

**(四)中国名茶**

中国茶历史悠久，种类繁多，中国名茶就是在浩如烟海的茶叶中筛选的珍品，在国际上享有很高的声誉。2017 年中国国际茶叶博览会上，评选出了最新版的“中国十大名茶”榜单，分别是碧螺春、信阳毛尖、西湖龙井、君山银针、黄山毛峰、祁门红茶、武夷岩茶、都匀毛尖、铁观音、六安瓜片。

中国茶的分类
中国名茶

## 四、花文化

花文化植根于森林文化之中，源于自然，是与人文精神结合的集中体现，是人格与花格的完美融合。花集形、色、香于一体，更以其通灵人性、依附人格、充满无限生机而博得人们的喜爱。自古以来，人生的盛衰荣辱，人情的喜怒哀乐，无不寄寓于花，象征于花，移情于花，人们以花拟人、以花喻事、以花寄情，用人格寄托于花格，同时也以花格依附于人格。由此人类孕育出丰富多彩的花文化。

**(一)中国花文化**

花是美的象征，是人类在大自然中最早和最常见的审美对象。从古到今，无论是东方还是西方，花已融入人们生活与文化中，成为居民亲密无间的伴侣。人类对花木最早的价值取向是花的观赏性，逐步发展到以花拟人、以花喻事、以花寄情。花文化植根于森林文化之中，源于自然，美在自然。千百年来，人们栽花、赏花、爱花、咏花、绘花、写花，孕育出了万紫千红、丰富多彩的花文化。花文化是围绕观赏花卉而展开的各类社会、文化活动及其成果的总称。当花卉养殖、花卉消费、花卉休闲等活动成为人们生活中重要的一个组成部分，并深深影响其他生活领域时，便成为一种文化，成为推进社会文明和谐进步的载体。

中国历史悠久，不同地域的传统和风俗各不相同且各自有着独特特点，对于花卉的认识和利用上也不同，进而形成了丰富多彩的用花习俗，这些习俗随着岁月的流逝传承着、衍生着，并随着时代的进步不断地发展。通常情况下，红色的花表示喜庆，如常选红色的牡丹、月季、玫瑰等用于婚礼、生日和庆典的场合；白色的花表示哀悼，则可选白菊花、白百合、马蹄莲等用于送葬、扫墓；黄色花被视为皇家和佛教的色彩，如将黄色牡丹、月季、芍药、菊花等用于宫廷插花。中国民间有很多节气，在不同节气用花有所不同。如清明节通常以向先人敬献花束、花篮或花环等插花形式表达尊敬，寄托追思；端午节常采折带有香味的菖蒲和艾蒿等草药，扎在一起挂在门上，驱虫避邪；重阳节以赏菊、喝菊花酒、吃重阳糕表示庆贺，祈求长寿和健康，也正是因此后来重阳节被定为老人节，其礼仪用花多为菊花、唐菖蒲、康乃馨、百合、鹤望兰、龟背竹、万年青等赋有福寿康宁寓意的鲜花。

### (二)中国十大名花

中国十大名花代表着中国不同层面的精神文化内蕴，有着深厚而浓重的文化内涵。

#### 1. 梅花——花中之魁

梅花为蔷薇科李属，落叶小乔木，花期冬春季，果期5~6月，品种众多，许多类型不但可露地栽培供观赏，还可以栽为盆花或制作梅桩。同时梅花鲜花可提取香精，花、叶、根和种仁均可入药，果实可食、盐渍或干制，或熏制成乌梅入药，有止咳、止泻、生津、止渴之效。在中国传统文化中，梅花象征坚韧不拔，不屈不挠，奋勇当先，自强不息的精神品质，被誉为“花中之魁”，与兰花、竹子、菊花一起列为“四君子”，又与松、竹并称为“岁寒三友”。几千年来中国人民对梅花深爱有加，“万花敢向雪中出，一树独先天下春”“遥知不是雪，为有暗香来”“朔风如解意，容易莫摧残”“零落成泥碾作尘，只有香如故”“一树寒梅白玉条，迥临村路傍溪桥”……无数文人墨客对梅花精神推崇之至，留下了众多优秀文化作品。

#### 2. 牡丹——花中之王

牡丹为毛茛科芍药属植物，多年生落叶灌木，花期5月，果期6月，根皮入药，花瓣可酿酒。牡丹花色泽艳丽、风流潇洒、雍容华贵、富丽堂皇，素有“国色天香”“花中之王”的美称，是中国特有的木本名贵花卉，有着数千年的自然生长和1500多年的人工栽培历史，在我国栽培甚广，并引种世界各地。牡丹是美好的化身，是纯洁与爱情的象征，也是国家繁荣昌盛、家庭富贵平安的寓意，与梅花一样有着坚强、不屈不挠的精神。牡丹花娇艳多姿，雍容大方，自古以来引起许多文人墨客的讴歌与赞美。据统计，历代文人专写牡丹的诗词就有四百余首，其中以唐、宋两朝为最多，共一百三十多人，二百七十余首，“落尽残红始吐芳，佳名号作百花王。竟夸天下不错艳，独占人间挺好香”“庭前芍药妖无格，池上芙蕖净少情。唯有牡丹真国色，花开时节动京城”等许多诗词都是赞美牡丹的佳作。

#### 3. 兰花——君子之花

中国传统名花中的兰花仅指分布在中国兰属植物中的若干种地生兰，如春兰、惠兰、建兰、墨兰和寒兰等，即通常所指的“中国兰”。这一类兰花与花大色艳的热带兰花大不相同，没有醒目的艳态，没有硕大的花、叶，却具有质朴文静、淡雅高洁的气质。兰花为兰科兰属植物，是附生或地生草本，叶数枚，总状花序具数花或多花，颜色有白、黄绿、淡黄、红、青、紫等。兰花花期长，四季均有不同的花开。中国人历来把兰花看作高洁典雅的象征，并与“梅、竹、菊”并列，合称“四君子”，以“兰章”喻诗文之美，以“兰交”喻友谊之真，也有借兰来表达纯洁的爱情，“气如兰兮长不改，心若兰兮终不移”“寻得幽兰报知己，一枝聊赠梦潇湘”这样歌颂兰花的诗词不绝于耳。

**4. 菊花——凌霜展颜**

菊花为菊科菊属，宿根草本花卉，是花中四君子(梅、兰、竹、菊)之一，也是世界四大切花(菊花、月季、康乃馨、唐菖蒲)之一，产量居首。菊花在中国已有3000多年的栽培历史，中国人极爱菊花，《离骚》中提到“朝饮木兰之堕露兮，夕餐秋菊之落英”，说明菊花与中华民族的文化早就结下不解之缘。赏菊一直是中国民间长期流传的习惯，远从古代的京都帝王宫廷、官宦门第和庶民百姓，近至当今中国各城市的人民群众，每年都在秋天举行菊花会、菊展等各种形式的赏菊活动。菊花在秋季开放，故为秋的象征，也用来象征长寿或长久。中国人有重阳节赏菊和饮菊花酒的习俗，孟浩然便曾写道“待到重阳日，还来就菊花”。菊花经历风霜，清寒傲雪，高风亮节，有顽强的生命力，被称为“花中隐士”。晋朝陶渊明爱菊成癖，“采菊东篱下，悠然见南山”“秋菊有佳色，更露摄其英”等名句至今仍脍炙人口。

**5. 荷花——水中芙蓉**

荷花为莲科莲属，多年生水生草本植物，根茎肥大、有节，俗称“莲藕”，叶盾形，分为浮叶和立叶两种，花有单瓣和重瓣之分，花色有桃红、黄色、白色，亦有复色品种，花期为6~9月，莲藕和莲子能食用，莲子心、莲蓬、根茎、藕节、荷叶、花及种子胚芽等都可入药，有清热、安神之效。荷花原产于亚洲热带和温带地区，中国早在周朝就有栽培记载，从西周起，荷花从湖畔沼泽的野生状态走进了人们的田间池塘，《周书》中提到“薮泽已竭，既莲掘藕”，说明在当时野生荷花已成为食用蔬菜。荷花作为观赏植物引种至园池栽植，最早是在公元前473年，吴王夫差在他的离宫为宠妃西施赏荷而修筑的“玩花池”。经过贞观之治后，荷花的应用越来越广泛，成为工艺美术家创造的灵感来源。如隋唐时期的瓷器、铜镜等的装饰多采用莲花花纹；金银器上，尤其是盘边缘，多饰以富丽的莲瓣纹；明清的木版年画多采用“连(莲)贵子”“连(莲)年有余(鱼)”等荷花吉祥图案，来表达人们的思想愿望。在中国花文化中，荷花是极有情趣的咏花诗词对象和花鸟画的题材，也是优美多姿的舞蹈素材，同时也是各种建筑装饰、雕塑工艺及生活器皿上常用的图案纹饰。荷花“中通外直，不蔓不枝，出淤泥而不染，濯清涟而不妖”的高尚品格，历来为诗人墨客所歌咏绘画，“接天莲叶无穷碧，映日荷花别样红”就是对荷花之美的真实写照。

**6. 月季——花中皇后**

月季又称“月月红”，为蔷薇科蔷薇属，常绿、半常绿低矮灌木，四季开花，一般为红色，或粉色、偶有白色和黄色，可作为观赏植物，也可作为药用植物，花可提取香精，用于食品及化妆品香料，花入药有活血、散瘀之效。月季花在园林绿化中价值极高，其花期长，观赏价值高，价格低廉，受到各地园林的喜爱，可用于园林布置花坛、花境、庭院花材，也可制作月季盆景，切花、花篮、花束等。月季花荣秀美，姿色多样，色彩艳丽、丰富，象征着坚韧不屈的精神，被誉为“花中皇后”。中国是月季的原产地之一，早在汉代便已有栽培，唐宋以后更是栽种不绝。历来文人也留下了不少赞美月季的诗句，“晚开春去后，独秀院中央”“花落花开无间断，春来春去不相关；牡丹最贵惟春晚，芍药虽繁只夏初，惟有此花开不厌，一年常占四时春”“牡丹殊绝委春风，露菊萧疏怨晚丛。何以此花容艳足，四时长放浅深红”，表达了人们对月季的喜爱之情。

**7. 杜鹃花——繁花似锦**

杜鹃花又名映山红、山石榴，为杜鹃花科杜鹃花属，常绿或半常绿灌木，其花冠漏斗形，花色繁茂艳丽，有红、淡红、杏红、雪青、白色等，为著名的花卉植物，具有较高的观赏价值。1985 年 5 月杜鹃花被评为中国十大名花，它象征着繁荣吉祥，坚韧乐观，事业兴旺。自唐宋以来，皆多题咏，李白有诗云“蜀国曾闻子规鸟，宣城还见杜鹃花。一叫一回肠一断，三春三月忆三巴”。

**8. 茶花——花中娇客**

茶花又名山茶花，山茶科山茶属，为多种植物和园艺品种的通称，为常绿灌木或乔木。茶花有不同程度的红、紫、白、黄各色花种，甚至还有彩色斑纹茶花，花朵宛如牡丹，花枝最高可以达到 4 m。花期较长，从 10 月到翌年 5 月都有开放，盛花期通常在 1～3 月。茶花原产于中国东部，其花姿丰盈，端庄高雅，郭沫若曾盛赞曰：“茶花一树早桃红，百朵彤云啸傲中”，既具有“唯有山茶殊耐久，独能深月占春风”的傲梅风骨，又有“花繁艳红，深夺晓霞”的凌牡丹之鲜艳，因此自古以来就是极负盛名的木本花卉，在我国蜀汉时期便被列为“七品三命”之一。三国时代开始，我国便出现了茶花的人工栽培，唐宋两朝达到了登峰造极之境，17 世纪引入欧洲后造成轰动，获得“世界名花”的美名。茶花现已成为中国南方重要的植物造景材料之一，被称为“花中娇客”。

**9. 桂花——十里飘香**

桂花为木犀科木犀属，常绿小乔木，9～10 月上旬开花，主要颜色为金黄色，其园艺品种繁多，最具代表性的有金桂（花金黄色）、银桂（花黄白色）、丹桂（花橙红色）、月桂（花淡黄色）等。据文字记载，中国桂花树栽培历史达 2500 年以上。桂花清可绝尘，浓能远溢，堪称一绝，尤其是仲秋时节，丛桂怒放，夜静轮圆之际，把酒赏桂，陈香扑鼻，令人神清气爽，自古就深受中国人的喜爱，在中国古代的咏花诗词中，咏桂之作的数量也颇为可观，“每年海树霜，桂子落秋月”“兰风桂露洒幽翠，红弦袅云咽深思”“塞北梅花羌笛吹，淮南桂树小山词”……桂花是崇高、贞洁、荣誉、友好和吉祥的象征，凡仕途得志，飞黄腾达者称为“折桂”。

**10. 水仙——凌波仙子**

水仙为石蒜科水仙属，多年生草本植物，素有“凌波仙子”的雅称。中国水仙原种为唐代从意大利引进，是法国多花水仙的变种，目前在中国已有 1000 多年栽培历史，为传统观赏花卉。水仙花天然丽质，芬芳清新，素洁幽雅，超凡脱俗，自古以来便与兰花、菊花、菖蒲并列为花中“四雅”，又将其与梅花、茶花、迎春花并列为雪中“四友”。水仙花象征着祥瑞温馨，人们用它庆贺新年，作“岁朝清供”的年花。从古至今，咏颂水仙的诗词也不在少数，“凌波仙子生尘袜，水上轻盈步微月。是谁招此断肠魂，种作寒花寄愁绝”“水中仙子来何处，翠袖黄冠白玉英”等，或写水仙花之神韵，或赞美水仙花之品质，为水仙增添了熠熠光彩。

## 五、湿地文化

湿地是由喜湿生物和浸水环境构成的独特的自然综合体，是自然界中一类非地带性景观类型，被誉为“地球之肾”“生命的摇篮”“物种的基因库”和“文明的发源地”。按照景观生态学原理，陆地可以看成湿地镶嵌的背景基质，湖泊、河流、稻田等是这一背景中的一个个富水的斑块，溪流、江河、渠系等则是联系这些斑块之间的廊道。湿地发育于陆地生态系统（如森林、草地）与水域生态系统（如深湖、海洋），是一种水陆过渡性质的生态系统，它兼有陆地和水域生态系统的某些属性，但又明显不同于原来各自的生态系统。世界自然保护联盟(IUCN)、联合国环境规划署(UNEP)和世界自然基金会(WWF)在编制世界自然保护大纲时，把湿地与森林、海洋一起并称为全球三大生态系统。国家林业和草原局将湿地定义为："湿地系指天然或人工、长久或暂时性沼泽地、湿原、泥炭或水域地带；带有静止或流动淡水、半咸水、咸水水体者，包括低潮时水深不超过6m 的海域"。湿地是全球价值最高的生态系统，据联合国环境规划署发布的权威研究数据表明，1 $hm^2$湿地生态系统每年创造的价值高达 1.4 万美元，是热带雨林的 7 倍，是农田生态系统的 160 倍。

**(一)湿地类型**

据估计，全球湿地面积约有 $860\times10^4$ $km^2$，但由于不合理利用导致 80% 的湿地资源正在丧失或退化。中国是世界上湿地资源最丰富的国家之一，其面积仅次于加拿大、俄罗斯和美国，位居世界第四。根据第二次全国湿地资源调查结果显示，全国湿地总面积为 $5360.26\times10^4$ $hm^2$，湿地面积占国土面积的比例(即湿地率)为 5.58%。其中，自然湿地面积为$4667.47\times10^4$ $hm^2$，占 87.37%；人工湿地面积为 $674.59\times10^4$ $hm^2$，占 12.63%。

我国湿地分布范围广，从平原到高原山区、从寒温带到热带都有湿地分布。具有地带性规律和非地带性差异，按地域可分为东北湿地、黄河中下游湿地、长江中下游湿地、杭州湾北滨海湿地、杭州湾以南沿海湿地、云贵高原湿地、蒙新干旱/半干旱湿地和青藏高原高寒湿地。丰富、齐全的湿地类型为生物提供了多样的生长和生活环境。

《湿地公约》分类系统是以湿地特征进行的分类，分为海洋/海岸湿地、内陆湿地、人工湿地三大类。第二次湿地调查的湿地分类系统是在湿地公约分类系统的基础上，综合考虑了湿地成因和水文地理等要素进行的分类，将湿地划分为五类，即近海与海岸湿地、河流湿地、湖泊湿地、沼泽湿地和人工湿地。

(1)近海与海岸湿地

近海及海岸湿地发育在陆地与海洋之间，是海洋和大陆相互作用最强烈的地带，生物多样性丰富、生产力高，在全球变化、防风护岸、降解污染、调节气候等诸多方面具有重要价值。我国现有滨海湿地 $579.59\times10^4$ $hm^2$，分为 12 种类型：浅海水域、潮下水生层、珊瑚礁、岩石性海岸、潮间沙石海滩、潮间淤泥海滩、潮间盐水沼泽、红树林沼泽、海岸性咸水湖、海岸性淡水湖、河口水域和三角洲湿地。近海与海岸湿地分布于沿海的 11 个省份，杭州湾以北多为沙石和淤泥质海滩，杭州湾以南多为岩石性海滩。

(2)河流湿地

我国现有河流湿地 $1055.21\times10^4$ $hm^2$，分为 4 种类型：永久性河流、季节性或间歇性河流、洪泛平原湿地和喀斯特溶洞湿地。因受地形、气候影响，河流在地域上的分布不均匀，绝大多数河流分布在东部气候湿润多雨的季风区，西北内陆气候干旱少雨，河流较少，并有大面积的无流区。

(3)湖泊湿地

湖泊湿地是指湖泊岸边或浅湖发生沼泽化过程而形成的湿地，具有调蓄洪水、维护生物多样性等生态价值和供水(蓄水)、水产业、航运等经济价值。我国现有湖泊湿地 $859.38\times10^4$ $hm^2$，分为 4 种类型：永久性淡水湖、永久性咸水湖、季节性淡水湖和季节性咸水湖。我国的湖泊湿地分布主要划分为五大区域，即长江及淮河中下游、黄河及海河下游和大运河沿岸的东部平原地区湖泊、蒙新高原地区湖泊、云贵高原地区湖泊、青藏高原地区湖泊、东北平原地区与山区湖泊。78.58%的湖泊湿地分布于长江中下游平原和青藏高原，其中有42.01%的湖泊湿地和80.65%的咸水湖分布在青藏高原上。

(4)沼泽湿地

沼泽是海边、山谷、湖边、江河边的河漫滩长年积水或土壤过湿的地段。我国现有沼泽湿地2173.29×$10^4$ $hm^2$，共分以下类型，即藓类沼泽、草本沼泽、灌丛沼泽、森林沼泽、内陆盐沼、季节性咸水沼泽、沼泽化草甸、地热湿地和淡水泉/绿洲湿地。我国沼泽以东北三江平原、大兴安岭、小兴安岭、长白山地、四川若尔盖和青藏高原为多，各地河漫滩、湖滨、海滨一带也有沼泽发育，山区多木本沼泽，平原则草本沼泽居多。

(5)人工湿地

人工湿地是由人工建造和控制运行的与沼泽地类似的地面。我国人工湿地资源比较丰富，面积为674.59×$10^4$ $hm^2$，共分为5种类型：库塘、运河输水河、水产养殖场、稻田/冬水田和盐田。人工湿地的50%以上分布于我国水利资源比较丰富的东部季风气候区，包括东北地区、长江中下游地区、黄河中上游地区和东南沿海地区。

**(二)湿地文化**

湿地文化，狭义上指人类精神创造活动及其结果，广义上指人类创造的以湿地为中心内容的一切文明的总和，其中的精神文明可称为狭义的湿地文化。但新球等人指出，湿地文化是在人类社会实践中，对湿地生态系统的需求和认识以及相互关系的总和。

从历史的脚步来看，人类的生存离不开湿地，世界上许多河流湿地都为古代文明的孕育提供了可靠的栖息地，成为人类古老文明的“摇篮”——尼罗河创造了光辉灿烂的古埃及文明、恒河和印度河孕育出了印度文明、幼发拉底河与底格里斯河是古巴比伦文明的“摇篮”；黄河与长江同心协力创造了华夏文明。湿地不仅是历史文明的源头，也是人类精神文化的依托，是人类艺术创作的源泉。《诗经》中的《关雎》便是从湿地说起。许多流传千古的诗词歌赋也都是依托于湿地而作。某种意义上讲，没有湿地就没有人类社会的进步发展，也就没有现代人类的文明与文化。

湿地对人类的重要性依托于其重要的功能。湿地可以调节区域气候环境，还具有泄洪、净化污水以及保护物种的功能。湿地具有丰富的植物资源、特有的植被类型与生态环境养育着丰富的动物资源与特有的动物群落，是多种珍稀鸟类理想栖息繁殖地和迁徙停歇地。许多湿地动植物是人类良好的食物来源，如莲、藕、菱、芡及浅海水域的一些鱼、虾、蟹等。有的可用于制药，有的已成为发展轻工业的重要材料，如在辽宁盘锦，芦苇湿地每年可生产芦苇30万t，是造纸的主要原料，每吨芦苇生产的纸浆相当于2$m^3$木材的纸浆产量，年产30万t芦苇就相当于60$m^3$的木材，用材林需20年成材，而芦苇每年可收割1次，可见其生产能力之高。此外，湿地还为人类提供了大量的能源，亿万年前，由于地壳变迁，大量的有机物体被埋入了湿地，经过数千万年的演化，形成了大量的石油和天然气，这些地下油气资源开发利用在国民经济中发挥了重要作用。

如今，人类对湿地认知不断加深，从湿地获取的物质不断积累，人与湿地之间的交流不断扩展，人们开始欣赏湿地、享受湿地，从简单获取湿地提供的基本生存物质资源，转向利用湿地更多的生态服务功能。湿地生态文化的认知有助于促进湿地的自然保护，促进人类更深入地理解人与自然和谐相处的智慧，满足人类回归自然的心理诉求，另外，人类在认识和利用湿地中又衍生出稻作文化、盐田文化、湖泊文化、沼泽文化等文化形态，湿地成为人类社会文化的有机部分，也成就了许多重要的旅游风景区，成为了生态文化建设的重要推手。2011 年，辽宁沈阳引进稻田画制作技术，在一块 80 余亩的稻田上做实验——用黄、紫两种颜色的水稻种出了一幅反映锡伯族人民骑射的图案，在当地引起轰动。在专家学者和农民的日夜耕耘下，2014 年，以稻田画为特色的田园综合体“稻梦空间”开业，年收入 500 万元，接待游客 30 万人次。作为农业科普基地，年接待研学游学 1 万余人次。“稻梦空间”促进稻田画观光、立体种植养殖、水稻精深加工等多产业融合发展，与农民合作发展水稻种植达到 3 万亩，覆盖周边 40 个村、1000 多户农民，成为了湿地文化助力乡村振兴的典例。

#### （三）湿地公园

湿地公园是指以水为主体的公园，这些生态型主题公园往往以湿地良好生态环境和多样化湿地景观资源为基础，以湿地的科普宣教、湿地功能利用、弘扬湿地文化等为主题，并建有一定规模的旅游休闲设施，可供人们旅游观光、休闲娱乐，是具有湿地保护与利用、科普教育、湿地研究、生态观光、休闲娱乐等多种功能的社会公益性生态公园。

湿地公园实例

## 六、草原文化

#### （一）世界草地资源

草地资源是一种可更新的资源，是发展畜牧业的重要经济资源。在人类干预之前，原生草地面积约占地球陆地面积的 40%~45%，但由于人类的耕作和放牧活动，草地面积日渐减少，19 世纪末以来，约稳定在 22%~25%。

**1. 草原类型**

当前世界草地面积为 $35\times10^{8}$ $hm^{2}$，占地球陆地面积的 26.91%，占世界农地面积的 70.51%。世界草地可分为三大类：稀树草原、普列那草地和欧亚草原。

（1）稀树草原

稀树草原是炎热、季节性干旱气候条件下长成的植被类型，其特点是底层连续高大禾草之上有开放的树冠层，即稀疏的乔木。通常是草原和森林之间的过渡类型，伴有干湿季相间的气候，代表性植物主要属于须芒草属、狼尾草属、黍属、黄茅属、金合欢属和猴面包属等。热带稀树草原在南大陆具有广阔的分布面积。

（2）普列那草地

草地的法文术语“Prairie”用于描述北美大平原的草地，泛指较平的或低起伏的草地，代表性植物主要包含格兰马草属、针茅属和冰草属，还有须芒草和野牛草。

（3）欧亚草原

欧亚草原为半干旱草地，以出现在散生草丛中的低矮禾草为特征，具有其他的草本植被，偶有木本的种属。优势植物种主要属于针茅属、羊茅属、隐子草属和蒿属。

**2. 草地分布**

世界草地资源在各大洲的分布不平衡，非洲、亚洲、南美洲、北美洲和大洋洲所占比重较大，欧洲最小。

南美洲的天然草地称潘帕斯草原，分布于南纬 30°以南的大陆东部地区，包括巴西高原的南缘、乌拉圭、阿根廷的河间区南部以及潘帕斯草原东部，草类中占优势的是硬叶禾本科草。此外，还有许多双子叶植物，菊科植物较多，豆科植物较少。巴西是南美洲面积最大的国家，拥有世界著名的亚马孙平原，草地畜牧业十分发达，以养牛、养鸡、养猪为主。

北美洲草原典型的类型是普列那草原，主要分布在美国和加拿大，美国的普列那草原以东经100°为界，此线以东为高草区，主要的禾草有须芒草，此线以西为短草区，主要草种有野牛草、格拉马草等，此线左右为混合普列那草原，高草和短草兼有。

大洋洲的草地主要分布在澳大利亚和新西兰。澳大利亚是世界上天然草地面积最大的国家，草地面积约为 $4.2\times10^8\ hm^2$，占国土面积的85%以上。由于澳大利亚的降水量自北、东、南沿海向内陆减少，呈半环状分布，植被类型的分布也因而有类似的图式，即外缘是森林，向内陆是广阔的干草原，中央是荒漠。澳大利亚的热带稀树干草原主要分布在西部、大陆北部和东部的内陆。草本植物主要有禾本科草、毛茛科、百合科和兰科植物等，草原中散生着能适应较长干季的桉树属、金合欢属的乔木和灌木。新西兰主要是草丛草地，重要的植物有雪草、羊茅属、早熟禾属等。新西兰草地总面积虽然不大，但是占国土面积的60%以上。

非洲有大面积的热带稀树干草原，约占非洲总面积的40%，是世界上最大的热带稀树草原分布区，分布范围在10°~17°N、15°~25°S以及东非高原的广大地区，大致呈马蹄形包围着热带雨林。主要草类有须芒草属、黍属、雀稗属和狼尾草属等。草丛间非常稀疏地生长着一些金合欢属等的小树。非洲南部还有维尔德草原，主要分布在南非德拉肯斯山南部海拔2000 m以上的山地。

欧洲草原面积约 $8278.3\times10^4\ hm^2$，主要分布在东欧平原的南部，以禾本科植物为主。南乌克兰、北克里木、下伏尔加等地属于干草原，植被稀疏，除针茅属、羊茅属植物以外，还有蒿属、冰草属植物。

亚洲草原面积为 $75\,944.5\times10^4\ hm^2$，主要分布在中哈萨克斯坦、蒙古和中国的西北、内蒙古、东北平原北部。自然植被主要是丛生禾草（针茅、羊茅、隐子草）等组成的温带草原，并混生多种双子叶杂类草。

**（二）我国草地资源**

我国是草地资源大国，拥有的各类天然草地达 $39\,283\times10^4\ hm^2$，约占国土面积的42.05%，为耕地的3.7倍，林地的3.1倍，是我国六大自然资源（土地、森林、草地、矿产、淡水、海洋）之一，仅次于澳大利亚，居世界第二位。中国的草地从东北平原到西南部的青藏高原均有分布，其中大约80%的区域被地带性草原占据，20%的区域被地带性草甸占据。沿西北方向，与蒙古和俄罗斯的草地相接，主要分布在年降水量400 mm以上的干旱、半干旱地区，南方和东部湿润、半湿润地区以及东部和南部海岸带等。中国天然草地资源分布的3个主要区域，即北方温带草地区、青藏高原高寒草地区及南方和东部次生草地区。

北方温带草地区位于400 mm等降水量线的西北方向，以大兴安岭、小兴安岭向西、西南直至新疆西部国境线，面积约占全国草地总面积的41%，其中温带草原是中国最主要的草地畜牧业地区。地带性草地依次为草甸草原—典型草原—荒漠草原—草原化荒漠—温性荒漠更替分布。东部是以羊草、贝加尔针茅草甸草原为主的呼伦贝尔草地和松嫩草地，中东部是以大针茅、克氏针茅草原为主的锡林郭勒草地和科尔沁草地，中部是以克列门茨针茅、短花针茅荒漠草原为主的乌兰察布草地，西部是荒漠背景中的山地草原，如祁连山、天山等山地草原。该地区以山地草甸和山地草原为主体，在北疆形成伊犁、阿尔泰二片牧区草地。

青藏高原高寒草地区草地连片，约占全国草地总面积的38%。地带性草地为各类高寒草地，由东南向西北依次为高寒草甸—高寒草甸草原—高寒荒漠草原—高寒荒漠更替分布。东部、东南部是以几种小型嵩草、紫羊茅、藏北嵩草高寒草甸为主形成的阿坝草地、甘孜草地、甘南草地和环青海湖草地四片牧区草地。中部是以紫花针茅为主的高寒草原。西北部逐渐过渡为高寒荒漠。该地区草地水热条件差，生产力低，还有12%的草地目前难以利用。

南方和东部次生草地区面积占全国草地总面积的12%，绝大部分为森林植被屡遭破坏后形成的次生草地，以秦岭—淮河一线为界，以南为热性草丛草地。此外，沿湖滨、河流、海岸带分布有一部分隐域性低地草甸草地。草地分布零星，产草量高，但草质差，目前利用尚不充分。

**（三）草原文化**

草原文化是千百年来，世代生息在草原上的不同民族的人们适应草原自然条件和社会条件而产生的一种文化，按草原类型、游牧方式、民族文化等的不同，我国草原文化又可分为蒙古高原草原民族文化区、青藏高原草原民族文化区和西北内陆草原民族文化区三大版块。无论哪种草原文化板块，都始终强调尊重自然、开放包容、坚守信义、崇尚英雄，与长江文化、黄河文化共同组成了博大精深、丰富多样而又充满活力的中华文化。

草原文化秉持“尊重自然”，主张“天人合一”，将天地与万物比作父母与孩子，将人类与其他生灵看作“兄弟姐妹”，深刻体现了人与草原和谐相处的生态文化观。草原文化极为注重保护赖以生存的自然环境，在传统的草原生活中，保护草原内的花草树木、河流溪水，是每个草原民族的神圣使命。草原人民极为注重草原生态资源的合理开发与利用，对狩猎资源、区域及时节有严格的规定，狩猎时不伤害正在交配、哺乳、孵蛋的动物，不得随意砍伐树木，真正做到杜绝“竭泽而渔”。在生活中，也严格管理生活垃圾，不在草原上乱扔垃圾，当离开营地时，要将垃圾掩埋起来，并用草覆盖，对生态文明建设具有重要启示。

作为中华文化的动力和源泉之一，草原文化在世界文明发展史上发挥了不可替代的重要作用，其创造主体——游牧民族，是世界文明中贯穿中西通道、影响世界格局、沟通中西交流最活跃的流动因子，他们主张开放，善于博取，处处显示出拼搏竞争、勇于进取的精神。可以说，是草原文化的生机与活力丰富了中华文化的内涵，使中华文化在世界文明发展史上更加悠久绵长、更加异彩纷呈。

## 七、沙地文化

沙地文化是在沙这种地质实体的开发过程中，不同地域的居民在不同时期体现出来的对沙的认识、理解、科学态度、文明程度、价值观、行为方式及其科学水平。沙地文化以沙为载体，并通过这个载体来传播各种文化，是沙与文化的有机融合，体现出一定时期的物质文明和精神文明。

### (一)荒漠化现状

荒漠化是一个世界性的生态环境问题。2006 年 6 月，联合国环境规划署发表了首份《全球荒漠展望》报告，指出荒漠化问题正在日益严重，地球 40% 以上的土地为旱地，近 20 亿人居住在干旱地区。世界平均每年约有 $5\times10^4$~$7\times10^4$ $km^2$ 土地荒漠化，以热带稀树草原和温带半干旱草原地区发展最为迅速。半个世纪以来，非洲撒哈拉沙漠南部荒漠化土地扩大了 $65\times10^4$ $km^2$，萨赫勒地区已成为世界上最严重的荒漠化地区。

世界著名沙漠

根据 2015 年《中国荒漠化和沙化状况公报》显示，截至 2014 年年底，中国荒漠化土地面积 $261.16\times10^4$ $km^2$，沙化土地面积 $172.12\times10^4$ $km^2$。与 2009 年相比，5 年间荒漠化土地面积净减少 12 字 120 $km^2$，年均减少 2424 $km^2$；沙化土地面积净减少 9902 $km^2$，年均减少 1980 $km^2$。监测结果表明，自 2004 年以来，我国荒漠化和沙化状况呈现整体遏制、持续缩减、功能增强、成效明显的良好态势，但防治形势依然严峻。

中国著名沙漠

### (二)沙产业

沙产业是 21 世纪的新兴产业，1984 年著名科学家钱学森首次提出，一般是指利用沙地、荒漠、半荒漠地区的独特优势进行经济开发，由社会投资并实现自我循环的经济运行活动，即利用现代化技术，包括物理、化学、生物等科学技术的全部成就，通过植物的光合作用，固定转化太阳能，并配合使用节水技术，以发展知识密集型的农业型新兴产业。经过多年的实践证明，沙产业是一项前景广阔的事业。

沙区生存环境恶劣，自然承载力低下，以治沙带致富、以开发促保护，是近年来人们探索出的一条有效路径。随着各项防沙治沙重点工程的实施，广大沙区治理区林草资源不断增加，改善当地生态状况的同时，为沙产业的发展奠定了良好基础。中国许多地区已经形成了木材、中药材、沙漠旅游等沙区特色产业，并开发出纸浆、饲料、药品、饮料等一大批沙产业产品，带动了当地加工、储藏、包装、运输等产业的发展，沙产业产值不断增长，为促进当地农牧民增收，加快区域经济发展发挥了积极作用。

新疆是中国沙尘暴的主要发源地之一，是影响西北、华北地区沙尘天气的路径区域。当地把治沙与治穷相结合，广泛吸纳民营企业参与，采取“政府主导、企业参与、全民攻坚”的模式，沙区特色经济植物种植面积已达 873 $km^2$，企业 93 家，年总产值 34.5 亿元；甘肃民勤县坚持“谁经营、谁投入、谁管护、谁受益”的原则，将国有荒沙地和治沙生态林承包到户、到企业，通过治理经营、发展林下特禽养殖、种植中药材等方式，拓展新的增收致富渠道。由于充分调动了积极性，既解决了治沙生态林后期管护问题，又促进了生态效益和经济效益双赢；青海探索“谁承包、谁治理、谁开发、谁受益，可继承、可转让、可拍卖，长期不变”的政策，鼓励企业投资治理，调动社会参与积极性；内蒙古推广“企业＋基地＋合作社＋农牧户”的经营模式，打造一批龙头企业，全区年销售收入 100 万元以上的林沙产业加工企业达 274 家。

国家林业和草原局指出，加快沙产业发展是贯彻落实生态文明建设的必然要求。发展沙产业，能够促进沙区生态建设，带动区域经济发展，对构建资源节约型和环境友好型社会具有重要作用；加快沙产业发展是巩固治理成果、保护和改善沙区生态的必然要求。只有合理利用沙区资源，创造良好经济效益，增强当地群众的自我发展能力，减少对沙区资源的过度开发利用，才能合理并可持续地发展沙产业；加快沙产业发展是沙区转变经济发展方式的必然要求。沙区具有丰富的动植物资源，许多具有独特的经济价值和利用前景。充分利用沙区独特的资源条件，因地制宜发展独特沙产业，有利于实现沙区资源开发利用；加快发展沙产业是促进农牧民就业增收的必然要求。我国沙区多属于贫困地区，加快发展沙产业，能够带动相关产业发展，为农民提供更多就业机会，开辟全新的经济增长点。

### （三）沙漠文化

沙漠文化是以沙漠为主题开展的一系列文化活动，展示沙漠独有的地貌，展示沙漠另一种美。

#### 1. 海上丝绸之路

在陆上丝绸之路之前，已有了海上丝绸之路。海上丝绸之路是古代海道交通大动脉。自汉朝开始，中国与马来半岛就已有接触，尤其是唐代之后，来往更加密切。作为往来的途径，最方便的便是航海，而中西贸易也利用此航道作交易之道，加上在隋唐时海上通道运送的主要大宗货物是丝绸，因此，人们将这条连接东西方的海道称为海上丝绸之路，也称“海上陶瓷之路”和“海上香料之路”。该通道于1913年被法国的东方学家沙畹首次提及，萌芽于商周，形成于秦汉时代，发展于三国至隋朝时期，繁荣于唐宋时期，转变于明清时期，是已知的最为古老的海上航线。海上丝绸之路的主要线路划可以分为两条：一条是东海航线，也叫“东海丝路”，是历史时期中国与朝鲜半岛、日本列岛直至东南亚的重要通道；另一条是南海航线，也称“南海丝路”，是唐宋以后中外交流的主要通道，以南海为中心，起点主要为广州。极大地促进了中国与世界各国的经济文化交流。

#### 2. 陆上丝绸之路

陆上丝绸之路是西汉时期张骞出使西域开辟的以长安为起点，经甘肃、新疆，到中亚、西亚，并联结古代中国与地中海各国的陆上通道，也是一条东方与西方之间经济、政治、文化进行交流的主要道路，在历史上促进了欧亚非各国和中国的友好往来。陆上丝路所经地区的地理景观差异很大，人们又把它细分为“草原森林丝路”和“沙漠绿洲丝路”。草原森林丝路存在于先秦时期。沙漠绿洲丝路繁荣于汉唐，延续千余年，沿线文物遗存多，是丝路的主干道。丝绸之路是一条具有深远历史意义的国际通道，是连接中国和西方世界的第一座桥梁。通过这条古道，把古老的中国文化、印度文化、波斯文化、阿拉伯文化和古希腊、古罗马文化连接起来，使得中西各国各族人民相互了解，促进了东西方文明的交流，丰富了东西方人民的物质生活和精神生活，对社会经济的发展和人类社会的进步做出了巨大的贡献。

2100多年前，中国汉代的张骞肩负和平友好使命，两次出使中亚，开启了中国同中亚各国友好交往的大门，开辟出一条横贯东西、连接欧亚的丝绸之路。而在区域化与全球化发展的新阶段，习近平主席于2013年先后提出共建“丝绸之路经济带”和“21世纪海上丝绸之路”的倡议。“一带一路”旨在借用古代丝绸之路的历史符号，高举和平发展的旗帜，积极发展与沿线国家的经济合作伙伴关系，共同打造政治互信、经济融合、文化包容的利益共同体、命运共同体和责任共同体，促进中国以全新姿态走向世界，世界也通过“一带一路”识读中国国家形象。“一带一路”的先进发展理念、共享发展方式和美好发展愿景承载着新时代中国国家形象的时代内容，也为21世纪的国际合作带来新的理念。

# 第二节　生态旅游

## 一、生态旅游的概念与意义

### （一）生态旅游的概念

早在1965年，美国学者贺兹特便倡导所谓的“生态旅游”，而后被加拿大学者克劳德·莫林在《有当地居民和社团参与的生态和文化旅游规划》一文中使用；1983年国际自然保护联盟特别顾问谢贝洛斯·拉斯喀瑞首次提出了生态旅游的概念；1990年国际生态旅游协会将生态旅游定义为：在一定的自然区域中保护环境并提高当地居民福利的一种旅游行为；1992年“联合国世界环境和发展大会”的召开使得生态旅游可持续发展的概念和原则得到世界范围内推广；1993年国际生态旅游协会把其定义为：具有保护自然环境和维护当地人民生活双重责任的旅游活动。目前，关于生态旅游的最新定义为：以有特色的生态环境为主要景观的旅游，以可持续发展为理念，以保护生态环境为前提，以统筹人与自然和谐发展为准则，并依托良好的自然生态环境和独特的人文生态系统，采取生态友好方式，开展的生态体验、生态教育、生态认知并获得心身愉悦的旅游方式。

当前，世界各地人们都逐渐意识到保护环境的重要性，大力倡导低碳出行和绿色消费。生态旅游作为绿色消费的一种方式，一经提出就受到了广大人民的关注。需要注意的是，生态旅游是一种在一定自然地域中进行的有责任的旅游行为，目的是为了享受和欣赏历史的和现存的自然文化景观，应该在不干扰自然地域、保护生态环境、降低旅游的负面影响和为当地人口提供有益的社会和经济活动的情况下进行，因此生态旅游需具备两个要点，即生态旅游的物件是自然景物和生态旅游的物件不应受到损害，从这两个要点出发，人们将生态旅游定义为“回归大自然的旅游”“绿色旅游”“保护旅游”和“可持续发展旅游”。同时世界各个国家也根据自身国情，积极开展生态旅游，形成了具有各自国家色彩的生态旅游业。

生态旅游的概念迅速普及到全球后，其内涵也得到了不断的充实。第一，生态旅游的对象是自然生态及与之共生的人文生态。由于中国悠久历史和人地密切关系，生态旅游对象不局限于自然生态系统，还包括自然区域中具有地域特色的人文生态系统；第二，管理者、经营者和旅游者应承担保护资源环境和促进当地社区可持续发展的责任，另外，当地社区应承担保护资源环境和维护旅游氛围的责任；第三，生态旅游当中要贯穿环境教育，生态旅游要能提高甚至改变游客的环境资源观念和生活方式，不论是旅游者还是生态旅游的经营者，都应当在保护生态环境免遭破坏方面做出贡献；第四，生态旅游活动对生态系统的干扰必须是可控的，使其对当地旅游资源、自然生态和社会文化的负面影响最小化。只有在旅游和保护均有保障时，生态旅游才能显示其真正的科学意义。

### （二）生态旅游的意义

生态旅游不仅是可以开展生态体验、生态教育、生态认知并获得心身愉悦的旅游方式，而且作为一种新兴的特殊旅游方式，对社会的经济效益、环境效益和人文效益有正面的促进作用。

**1. 生态旅游的经济意义**

生态旅游具有的可持续发展特点能够不断地促进区域的经济活动，通过经济利益的再分配过程可使社会分工达到合理化，扩大社会就业机会。

(1)提高国内旅游收入水平

生态旅游的收费项目包括门票、交通费、住宿费、餐饮费、购物费、娱乐费以及医疗、保险、邮电、通信费等。生态保护区的经济收入主要来自参与旅游者所交的观光费用。主办生态旅游的单位将这笔费的一部分交给保护区，以换取对该保护区的使用权、合作契约。

(2)带动当地经济，改善居民生活，为社会经济发展提供各种其他机会

大多数自然保护区都处在边远、交通欠发达地区，保护区内居民经济生活水平相对较低，生活普遍贫困。通过开展生态旅游，可以带动旅馆业、饮食业、建筑业、旅游产品加工业、经济动物养殖业和特色种植业等相关产业的发展，促进当地经济结构趋向合理化。生态旅游的发展通过旅游促销和旅游者的流动等，提高了区域的知名度，改善了投资环境，产生了名牌效应，增加了无形资产，为经济联合、吸引外地资金创造了条件。与此同时，生态旅游的开发增加了本地区经济收入，自然保护区的经济条件得到改善，拥有充足的建设与管理资金，而通信、水、电基本设施以及对科研人员和项目的投入，可保证保护区自然环境和资源得到最好的保护，从而达到生态意义上的可持续发展。生态旅游业不仅带来了经济收入，还给当地居民创造了就业机会，帮助居民从根本上改善了生活条件和生活质量。

**2. 生态旅游的环境意义**

(1)提高生态环境质量

生态旅游可持续发展的关键在于旅游景区环境的质量，如良好的卫生、优美的风景、协调的景观、融洽的气氛等。因此，景区的开发者会通过财力、人力和物力的大量投入来改善景区的生态环境，使得景区环境能满足旅游者的心理和审美要求，从而提升景区的影响力与吸引力。同时，生态旅游是一种环境友好的旅游方式，推动和开展生态旅游可以促进生物，尤其是珍稀濒危生物的保护。

(2)提供环境保护资金

目前，我国旅游区环境保护资金主要源于财政拨款，然而由于地方财政有限，财政拨款往往不足，导致景区经常出现环保资金缺乏问题，从而导致景区无法充分发挥出既有价值。随着生态旅游的兴起，此类问题得到了有效解决。生态旅游可为旅游景区带来一条稳定的融资途径，并可以逐步提高景区的生态环境质量，解决了财政拨款不足的问题，保证基础设施建设的完善，促使旅游业快速、健康发展。

(3)提高居民环境保护意识

生态旅游的目标之一就是将旅游区的资源和促进当地社会发展结合起来。我国大部分旅游景区处于经济水平较落后地区，随着生态旅游业的兴起，改善了当地的生活环境，为当地居民提供了许多就业机会，缓解了社会的就业压力。旅游区周边居民参与到旅游工作当中，能够提升自身环境保护意识，有助于减少日常生活中的一些破坏环境行为，甚至能够减少偷猎、偷伐等现象的发生，进而缓解了生态旅游区环境保护压力。

**3. 生态旅游的人文意义**

生态旅游与普通旅游最大的区别就是旅游者受到的环境教育是贯穿于旅游的整个过程中的，人们到生态环境中去观赏、旅行、探索，在享受清新、舒畅的自然气氛的同时，认识自然，陶冶情操，接受环境教育。随着生态旅游的进一步发展，生态旅游的环境教育功能不断强化。首先是教育对象的扩大化，从只教育学生发展为所有旅游游客，教育对象的范围扩展到了全社会；其次是教育手段的提高，从过去单纯的游客用心去感受的教育方式，发展为充分利用现代科学、技术、艺术等知识展示自然，使人能够更为直观形象地接受教育，教育效果大幅提高；再次，教育的意义更大，教育不仅是个人的环境素养提高，更为重要的是全民环境素养的提高，这也是人类解决21世纪所面临的生存环境危机的希望所在。

## 二、生态旅游的类型

生态旅游的类型多种多样，根据旅游资源的属性不同人们将生态旅游分为两大类，即自然景观生态旅游和人工生态旅游。

### (一) 自然景观生态旅游

**1. 森林生态旅游**

森林生态系统分布在湿润或较湿润的地区，其主要特点是生物种类繁多。森林生态旅游是指人们在天然或人工的森林生态环境里所从事的旅游活动。我国森林生态旅游的主要空间为自然保护区中的森林生态系统和国家、省级的森林公园，有的地方既是自然保护区又是森林公园。森林生态旅游资源经常和其他类型的资源伴生，如自然资源中的地文类、水文类、气象类和生物类，人文资源中的民俗风情、宗教建筑、生态文化等。森林生态资源在不同地域的景观往往不同，并随着季节变化而变化。森林生态旅游的主要产品包括休憩疗养、科学考察、观光游览、文化教育、野餐露宿、森林浴和一些户外体育活动等。

**2. 海洋生态旅游**

海洋生态旅游具有“3S”资源，即sunshine(阳光)、sand(沙滩)和sea(海洋)，具有较高的疗养价值，尤其是在生态环境良好的热带海滨，空气清新、阳光充足的海滨或海岛是理想的休闲、度假胜地。海域风光还具有很好的观赏价值，包括一些自然资源和人文景观。波澜壮阔的海水，五彩缤纷充满神秘的海底世界，海蚀柱、海蚀穴、海蚀平台等地貌，构成了海滨独特的自然景观。此外，还可开展丰富多彩的旅游活动，如海底探险、潜水运动、造访自然区域（红树林等）、海上冲浪、帆船航行、观潮、游泳、日光浴、沙滩运动等。

**3. 草原生态旅游**

草原的旅游价值主要是草原景观的观赏价值。“天苍苍，野茫茫，风吹草低见牛羊”是对草原独有的生态美的描述，蓝天、白云和一望无际的绿色自然风光能给人以美的享受。草甸在夏、秋季节有许多种类的植物处于开花期，草原上栖息的野生动物与苍茫的草原构成一幅相得益彰的美景。游人在欣赏自然美景的同时，心理上的焦虑和紧张可以得到缓解。另外，生活在草原上的牧民创造和发展的牧业文化体现了草原生态旅游独一无二的文化特征，让旅游者流连忘返。草原生态旅游产品包括草原自然风光观光、草原民族风情体验、草原日光浴、野餐露营、滑草、骑马长途旅行等。

#### 4. 湿地生态旅游

湿地自然风光优美，具有很高的观赏价值，其生物种类繁多，堪称世界生物多样性的储存库。世界上有许多湿地都被辟为保护区同时又开展生态旅游。湿地是候鸟繁育和越冬的天堂，其中不乏珍稀的鸟类，观鸟活动已经成为湿地生态旅游最热门的专项活动。此外，湿地长有大面积水域可以开展水上娱乐活动。但是，值得注意的是，湿地核心区应受到绝对保护，观鸟等旅游活动只能在湿地边缘的保护地带有限制的开展。

#### 5. 沙漠生态旅游

沙漠生态系统凭借其苍茫荒芜的原始自然景色、神奇的海市蜃楼、壮观的风蚀地貌等景象吸引着游客。在其恶劣环境下，各种生物表现出惊人的适应能力和顽强的生命力，蕴藏着深刻的生命哲理，因此，沙漠作为一种生态旅游资源具有不可替代的独特性。在沙漠中可以开展的生态旅游活动包括骑马沙漠探险、骑骆驼游沙漠、滑沙、沙漠越野、沙漠客栈、沙漠排球等。

### (二)人工景观生态旅游

#### 1. 农业生态旅游

农业生态旅游主要包括乡村生态旅游和观光农业旅游。乡村生态旅游是指以古朴、原始、自然的乡野自然风光及与其和谐相伴而生的独特的农业文化景观、农业生态环境、农业生产活动以及传统的民族习俗为资源所开展的旅游活动。观光农业旅游是指以农业资源为基础，以生态旅游为主题，利用城乡差异来规划、设计、组合农业资源而引起旅游者特别是城市居民的消费欲望，满足旅游者吃、住、行、游、购、娱的需求并体验新型农业技术与生态农业等具有大自然情趣的一种旅游形式。不同的种植方式、耕作制度、作物搭配都能体现一个地区的民族文化、传统习惯、地方风俗，具有很高的观光价值。特别是不同颜色的作物，按不同地貌单元配置，可在空间上形成一幅优美的图画，这种人工形成的景色具有较高的美学价值，陶冶情操，激发人们热爱大自然的情趣。

#### 2. 城市生态旅游

城市生态旅游是城市旅游与生态旅游相结合的新型旅游，是为了满足城市居民游乐休息和改善城市环境而设计的，通过工程技术和艺术手段，运用水、土、石、植物、动物、建筑物等素材创造出的游览场所，是旅游业发展到一定阶段逐渐形成的。在城市地区主要包括各类公园、花园、森林公园、植物园、动物园和野生动物园等。旅游者在观赏优美景色的过程中，有助于消除由于长时间工作所造成的紧张和疲劳，使脑力、体力得到恢复，放松身心，更可以丰富人们的知识和充实精神生活。大部分的城市园林具有离市中心较近、交通方便、类型多样的特点，因此便于开展旅游活动。世界上有许多城市环境良好，被誉为园林城市和花园城市。

#### 3. 民俗生态旅游

民俗是社会群体后天养成、长期沿袭所共有的行为方式，在不断受到自然环境、文化环境和经济环境的影响下成为独具地方特色的民俗。许多地方的民俗态度以及与自然合理相处的方式，可以让旅游者亲身体验领会民俗生态旅游的奥秘，使其更加热爱大自然，崇尚高雅文化，也有利于自然与民俗文化旅游资源的保护。民俗文化旅游资源是一种不可再生资源，破坏性的开发将使人类永远失去它，因此必须要合理开发以便其持续发展。

# 第六章　践行生态文明

【本章描述】

党的十八大把生态文明建设纳入中国特色社会主义事业“五位一体”的总体布局中，生态文明建设成为“四个全面”战略布局中的重要内容，“绿色发展”也成为五大发展理念之一，中国的生态文明建设迎来了前所未有的历史机遇。每一位公民都要履行环境义务，自觉践行生态文明。大学生承担着人类文明延续的历史使命，更要义不容辞地肩负起生态文明建设的历史使命，树立生态文明思想，践行生态文明。

【知识目标】

1. 了解目前中国生态文明建设面临的主要问题；
2. 熟悉中国生态文明建设途径；
3. 掌握正确的生态文明思想及践行途径。

【能力目标】

1. 能够阐述中国生态文明建设面临问题及建设途径；
2. 能够从当代大学生角度践行生态文明。

## 第一节　中国生态文明建设面临问题

改革开放以来，中国仅用几十年的时间便走过了西方国家百年的发展历程，经济社会发展取得巨大成就，成为世界第二大经济体。但由于经济发展方式过于粗放，导致我国资源大量消耗，生态污染严重。党的十八大以来，在生态文明理念的影响下，我国的生态环境质量持续好转。由于民众对生态文明的认识不够深刻、环境保护体制不够健全、产业技术创新能力不强等原因，目前取得的成效并不稳固，我国生态文明建设仍面临复杂而又艰巨的挑战。

### （一）生态文明建设需要有相匹配的经济发展模式

中国以往的粗放型经济增长方式造成了资源浪费和日益严重环境问题，是生态文明建设面临的主要问题。粗放型增长方式是指技术水平和管理水平均比较落后的经济增长方式。改革开放以来，中国经济一直呈现出高速增长的状态，并迅速推进工业化和城市化，而环境保护问题并没有放在重要位置。随着国家不断发展，人们渐渐意识到粗放型经济增长方式对中国自然资源与环境的危害不容小觑，而化解关键就在于改变发展模式。目前我国正努力转变经济发展方式，由粗放型向集约型（即依靠科技进步、提高劳动者素质、加强管理、改善效益的增长方式)转变。

**(二)生态文明建设需要有合理的产业结构**

在过去粗放型经济增长方式的驱动下，我国产业结构一直不够合理。整体来看，我国农业基础薄弱，工业素质不高，服务业发展滞后，能源密集型和污染密集型产业所占比重一直较大，例如煤炭与石油开采产业、化学制品制造产业、金属冶炼产业等。整体市场上传统产业占主导地位，高技术产业比重较低，特别是与一些创新能力较强的国家相比，我国企业的自主创新能力明显不足，自主品牌、知识产权与其他国家相比存在很大差距，特别是一些能够提高资源利用率的新技术、新工艺、新设备方面，造成这一问题的主要原因是知识产权意识薄弱、科技人才短缺、研发投入不足、创新意识不够等，成为制约我国生态文明建设和经济发展的关键问题。近年来，虽然我国天然气、水电、风电等清洁能源使用比例不断攀升，但还有许多问题依旧存在，例如，以煤炭为主的能源结构还没有彻底改变，部分地方产业结构和能源结构不合理，资源浪费比较严重，企业创新能力有待提升等。

**(三)生态文明建设需要有健全的法律法规**

习近平总书记指出，只有实行最严格的制度、最严密的法治，才能为生态文明建设提供可靠保障。作为一项全国推进的系统工程，生态文明建设离不开法律法规的保障。自1979年《环境保护法(试行)》颁布以来，我国制定了30余部环境与资源保护方面的法律，对空气、水、土地等生态要素都起到了一定的保护作用，为生态文明建设初步提供了法律依据。但我国相关法律法规也存在很多问题，例如，我国现行环境保护相关法律法规不完善，往往只针对某一生态要素，不够系统，造成很多工作有法难依甚至无法可依；部分企业不注重环境效益与社会责任，钻法律空隙，破坏环境，对企业造成的环境污染，大多仅是事后处罚，且力度不大；环境保护执法力度不大，一些地方不同程度地存在地方保护主义、形式主义、官僚主义。十九大报告提出“加快生态文明体制改革，建设美丽中国”，并从“推进绿色发展、着力解决突出环境问题、加大生态系统保护力度、改革生态环境监管体制”四个方面做出重要部署。推进生态文明法治建设，需要深化生态文明体制改革，不断完善立法，注重立法质量的提升，加大执法力度与监督。

**(四)生态文明建设需要有相应的居民生态素养**

近年来，中国人民的物质生活水平越来越高，但由于生态文明教育普及时间较短，生态文明教育力度相对薄弱，民众的生态文明意识依旧淡薄，对环境保护缺乏科学认识，认为生态文明建设只与国家政府有关，许多人只顾眼前利益，造成了生态环境的破坏，例如，随手乱丢垃圾、随意践踏草坪等行为，同时在很多领域均存在着过度追求奢华、挥霍浪费等现象。生态文明建设需要全社会的参与，每一个人都是生态文明建设重要的参与者，只有生态文明意识、环境保护意识深入人心，才能从根本上推进生态文明建设。

## 第二节 生态文明建设途径

**(一)理念建设**

回顾人类文明史，由于资源的不合理利用与过度开发、污染并疏于防治等导致生态环境恶化，从而引发文明陨落的教训比比皆是。从庞贝、古埃及与古巴比伦文明的消失到西方“世界八大公害事件”都在深刻说明“生态兴则文明兴，生态衰则文明衰”，生态文明建设是关系中华民族永续发展的根本大计。党的十八大报告指出，建设生态文明，是关系人民福祉、关乎民族未来的长远大计。面对资源约束趋紧、环境污染严重、生态系统退化的严峻形势，必须树立尊重自然、顺应自然、保护自然的生态文明理念。生态文明建设是一项需要全员参与的长期工程，而生态文明理念建设是全民参与生态文明建设的前提。只有群众了解、认识并树立起正确的生态文明理念，才会积极地投身于生态文明建设之中。因此，生态文明建设，理念要先行。

生态文明理念建设，要摒弃过去以牺牲环境为代价来换取经济发展的错误观念，要正确处理好经济发展同生态环境保护的关系。中华人民共和国成立后，各行各业建设均需要木材，而这些木材多数来自东北林区。据统计，在当时全国用材每 10 根木材便有 3 根出自东北林区，累计生产木材 $10\times10^{8}\ m^{3}$。经历了近半个世纪的过度砍伐后，东北林区森林严重萎缩，森林资源急剧减少。在 1984—1988 年第三次清查与 1989—1993 年第四次清查间隔期内，东北林区成材林年均减少$1.1\times10^{8}\ m^{3}$，对东北地区自然生态造成了极大影响。

许多发达国家经历了先污染后治理的发展模式，即早期大力发展工业，造成环境破坏后重新治理生态环境，而这一模式需要强大的物质基础、技术和资金优势。德国莱茵河沿岸是重要的工业区，当地发达的环保技术以及充足的资金，使排放出的废弃物可以有效地加以利用与处理。中国正处于工业化、城市化高速建设的过程，很难如同发达国家一样投入巨大财力治理环境，因此想要建设生态文明，必须保证经济增长的同时不对环境产生破坏。习近平总书记强调，要牢固树立保护生态环境就是保护生产力、改善生态环境就是发展生产力的理念，更加自觉地推动绿色发展、循环发展、低碳发展，决不以牺牲环境为代价去换取一时的经济增长。

生态文明理念建设要以科学发展观为指导，加强科学的自然价值观建设，引导民众站在科学的角度重新审视人类与自然的关系，从道德的层面深刻认识尊重自然、保护自然的重要性。地球上的资源是有限的，且多数是不可再生的，对自然的过度索取最终将使人类付出惨痛代价，传统的工业文明模式形成了严重的资源浪费，而建设生态文明，必须要增强民众资源危机意识。习近平总书记强调，节约资源是保护生态环境的根本之策。面对日益紧张的资源危机，生态文明理念建设要培育科学环保的消费观念和消费方式，即适度消费、绿色消费，养成低碳节能的生活习惯，倡导理性消费，杜绝铺张浪费现象。生态文明理念建设旨在提高全社会的资源环保意识和生态文明观念，因此要充分利用多种媒体手段与各项社会资源，大力普及生态文明理念，弘扬生态文化，宣传典型做法和成效，加强相关法律法规的宣传教育，引导、动员全社会力量参与到生态文明建设之中。生态环境问题与每一个人息息相关，每个人既是环境污染的制造者，也是生态破坏的受害者，没有人能够置身之外，只有每个人都真正参与到环境保护中来，做生态文明建设的支持者、参与者、促进者，才能够真正实现“美丽中国”。

教育是推进生态文明理念建设的重要途径。20 世纪 70 年代，英国率先将环境教育引入到中小学课堂，美国、德国等国家也大力推进生态文明教育类课程走进校园，并依靠政府、社会和学校协同促进发展，环境教育为这些国家的生态建设打下了坚实基础。20 世纪 80 年代，环境类教育逐渐成为我国素质教育的一部分，但长期以来我国环境类教育主要注重理论知识的传授，而非生态环境道德培养，往往停留在一些表面形式。由于生态教育本身是一种跨学科的整体教育，渗透在许多学科中，因此，生态文明教育既要包含基础性知识，如生态学、地理学、环境学、生物学等，又要包含我国本土性内容，如国情教育、历史文化等。除此以外，还涉及社会发展理念，如科学发展观、可持续发展观等。生态文明理念教育可以帮助学生树立良好的自然科学基础和正确的生态价值观，通过科学、系统、长期地教育与熏陶，真正做到"生态文明内修于心、外化于行"，为生态文明建设输送绿色人才。

**(二)产业建设**

5000 多年的农业发展为人类提供了充足的粮食，却也引起了生态退化，200 多年的工业发展推动了人类经济飞速发展，但也带来了不容小觑的环境问题。科技发展成为一把双刃剑，在促进经济急速发展的同时，也诱发了无数生态危机，森林砍伐、土壤流失与沙漠化、水源污染等生态恶化现象屡见不鲜。正如前文所讲，经济发展与生态保护是辩证统一的关系，而科技生态化创新正是二者的连接枢纽，要想实现经济发展与环境保护平衡发展，就必须对现有科技进行创新与转型。

生态文明建设，要积极推动产业转型升级。中华人民共和国成立以来，中国建立了大批以煤炭、石油、天然气等为主的资源型城市，为我国经济社会发展做出了巨大的贡献。但随着资源逐渐枯竭，这些城市发展逐渐走起下坡路，产业转型升级势在必行。传统的粗放型、附加值低、产能过剩、高能耗、高污染的产业，要转向集约型、附加值高、知识和技术密集、低能耗、低污染的产业升级。产业转型升级要以生态文明建设为标杆，对传统产业进行生态化改造，实现绿色发展。胡锦涛在 2010 年对绿色发展的内涵做出了明确阐述："绿色发展，就是要发展环境友好型产业，降低能耗和物耗，保护和修复生态工程，发展循环经济和低碳技术，使经济社会发展与自然相协调"。绿色发展是当今技术改革和产业转型的方向，大力发展节能、环保、低碳等绿色新兴产业，能够实现自然生态环境系统最大程度的改善。

科技创新是产业转型升级的关键，是推动生态经济建设的重要手段，也为绿色生态经济的发展提供强劲动力。通过消化吸收、改进创新西方先进技术，完善和发展符合中国特色的环境洁净技术、节能技术、资源循环综合利用等技术，提高自主创新能力，从而建立属于我国的绿色科技体系，提升绿色产业在整个经济结构中的比重，推动经济绿色转型，实现"中国智造"。产业转型升级离不开国家、政府的政策与资金支持，随着生态文明建设不断上升至国家战略高度，节能环保相关的新兴产业在未来具有很大前景。

随着生态文明建设不断推进，我国产业结构转型取得了一定进展，但也存在一些问题。许多地方认为产业转型升级就是淘汰传统产业而发展新兴产业，或者要求区域内所有城市都必须实现第三产业增加值超过第二产业增加值。同时我国科技创新基础薄弱、动力不足、人才匮乏、政策扶持不够等问题也依然突出。至今为止，我国的资源综合利用和回收率严重滞后。据测算，我国每年约有 $500 \times 10^4$ t 的废钢铁、$20 \times 10^4$ t 的废有色金属、1400 万 t 的废纸及大量的废塑料、废玻璃等没有回收利用。尽管国家出台了一系列政策扶持，但由于工艺技术落后、技术开发能力弱、设备水平低，与资源综合利用和环境保护的要求差距甚远。

### (三)法制建设

推进生态文明建设，需要以完善的法制作保障。2014 年，党的十八届四中全会指出，用严格的法律制度保护生态环境，加快建立有效约束开发行为和促进绿色发展、循环发展、低碳发展、和谐发展的生态文明法律制度，强化生产者环境保护的法律责任，大幅度提高违法成本。可以说，生态文明法律法规体系完善程度及实施程度是生态文明建设好坏的关键点。

生态环境法制观念在我国自古便有。西周时期颁布的《伐崇令》中规定："毋坏屋，毋填井，毋伐树木，毋动六畜。有不如令者，死无赦"，这是我国古代较早保护水源、森林和动物的法令；在周王朝时期，还专门设置了"山虞""林衡""川衡""泽虞"等官职来管理山林川泽，严格执行保护环境和自然资源的各项法令；秦朝编制的《田律》介绍了农田耕作和山林保护的相关法律制度，要求"春二月，毋敢伐材木山林及壅堤水。不夏月，毋敢夜草为灰"；唐王朝的《唐律疏议》规定"其有穿穴垣墙，以出秽污之物于街巷，杖六十"。除此以外，唐代把山林川泽、苑圃、打猎作为政府管理的范围，还把城市绿化、郊祠神坛、五岳名山纳入政府管理的职责范畴，同时把京兆、河南二都四郊三百里划为禁伐区或禁猎区；宋代在生态上追求"顺物之性"，禁止或反对捕捉野生动物为宠物；明清则沿袭了前朝的相关法律法规。

改革开放以来，我国环境保护意识日益提高，为生态文明立法打下基础。1957 年，国务院颁布了《水土保持纲要》；1978 年，党的十一届三中全会规划制定《中华人民共和国森林法》《中华人民共和国草原法》《中华人民共和国环境保护法》等法律；1979 年确定 3 月 12 日为植树节，同年开始营造"三北防护林"；1983 年，第二次全国环境保护会议召开，确立环境保护为我国必须长期坚持的一项基本国策；1973 年发布第一项环保标准，即《工业"三废"排放试行标准》；1978 年修改的《宪法》中专门规定"国家保护环境和自然资源，防治污染和其他公害"，这是我国第一次将环境保护上升到宪法地位；1979 年颁布《中华人民共和国环境保护法(试行)》，确立了项目建设环境影响评价制度、"三同时"制度和排污收费 3 项环境管理制度，标志着我国环境立法的开始；1989 年提出环境管理"八项制度"，成为我国环境政策体系的雏形；2007 年，贵州省清镇市人民法院成立我国第一家生态保护法庭；2011 年，《中华人民共和国环境保护法》被纳入修法计划，经过三次审议后于 2015 年实施。党的十八大以来，我国先后出台了"大气十条""水十条""土十条"等环境保护条例，出台了《中华人民共和国环境保护税法》，"生态文明"更被写入宪法。截至 2018 年年初，我国现行有效环境标准已达 1843 项。

虽然我国环境方面的立法工作已取得了许多成绩，但其法律体系尚不完善。生态问题往往是由许多因素综合导致的，而目前多数的环境法律主要仅针对某一个生态因素，一些单行法之间相互重叠甚至矛盾，造成许多环境污染问题没有明确的法律界定。因此，生态文明法制建设中，要以"山水林湖田草是一个生命共同体"的治理观对环境类法律法规进行整体规划。

此外，想要"以最严格的制度、最严密的法治保护生态环境"，离不开司法的保驾护航。2018 年 7 月 2 日，环境司法国际研讨会在北京召开，中国首席大法官、最高人民法院院长周强提出："建设生态文明，必须加强对环境的司法保护"。2014 年，最高人民法院设立了环境资源审判庭，开启了系统的环境司法专门化改革，为生态文明建设提供了有力司法服务和保障。近年来，我国审判机关审结的环境类案件不断增加，根据最高人民法院工作报告，2013—2017 年，各级法院审结环境民事案件 48. 7 万件、依法审理生态环境损害赔偿案件 1. 1 万件、检察机关提起的环境公益诉讼案件 1383 件、社会组织提起的环境公益诉讼案件 252 件。通过加强环境司法建设，环境案件得到了有效解决，人民群众的环境权益得到了有效保障。2020 年，生态环境部还联合有关部门和单位开展了“绿盾 2020”自然保护地强化监督工作，有效查处了破坏生态的违法违规行为。

“天下之事，不难于立法，而难于法之必行”，制度的生命力在于执行。随着生态文明建设的不断推进，我国环境行政执法也在逐渐制度化、法治化、规范化。1991 年，我国制定《环境监理工作暂行办法》，从此环境保护主管部门开始逐步规范环境执法程序。随后，《全国环境监理工作暂行条例》《环境监理人员行为规范》《环境监察办法》等多项部门规章出台，环境执法程序逐步得到规范。2014 年底，新修订《中华人民共和国环境保护法》的四个配套法规陆续出台，环境执法的程序进一步得到规范，并开始探索“网格化监管”“双随机、一公开”的监管制度，环境执法进入新阶段。2015 年新出台的《中华人民共和国环境保护法》和中央环保督察制度实施后，环境执法逐步加强。但需要承认的是，当前环境违法在一些地方依然非常严重，地方保护干扰执法现象普遍存在。令在必信，法在必行，生态文明建设要严格执法，加大执法力度、强化执法监督，不能有丝毫懈怠，从而真正做到有法必依、执法必严、违法必究，依法切实保护人民群众的生态环境权益。

改革开放四十年来，我国环境保护立法取得了很大进展。一系列的环保相关法律法规的出台证明了我国解决生态环境问题的决心。但是由于人民群众环境法治意识淡薄，责任心不强，造成生态环境违法违规案件高发、频发。建设生态文明，是关乎民族未来的长远大计，需要社会上每一个人的参与，因此，培养民众的环保法律意识是生态文明法治建设的重要环节与基础。增强全民环境保护法律意识，要不断地从生产生活各个方面、在全社会深入开展法治宣传教育，采用多种形式和手段，引导全社会树立生态文明法治意识。只有将法治思维贯穿于生态文明建设的全过程，才能为生态文明建设提供可靠保障，实现中华民族永续发展。

## 第三节　新时代大学生与生态文明建设

生态文明是人类发展和社会进步的必然趋势和必然选择，大学生承担着人类文明延续的历史重任，肩负着生态文明建设的历史使命。当代大学生是我国社会主义事业的建设者和接班人，是生态文明最有力的倡导者、最活跃的执行者，也是生态文明思想的传承者，其对于生态文明建设的认识程度以及生态文明素质的高低，直接影响生态文明建设及我国社会主义事业建设效果。目前一些大学生缺乏生态知识、生态意识淡薄，对生态文明建设认识不深，因此必须进行全面的大学生生态文明教育，树立正确的生态文明思想，才能使其更好地践行生态文明。

## 一、树立生态文明思想

### （一）培养生态科学意识

当代大学生是民族的希望，是祖国的未来，也将成为生态文明建设的主力军。当代大学生处于人生观、世界观、价值观形成的关键时期，如何正确引导学生们树立正确的生态文明思想是各个高校思想政治教育的重要环节。要做好生态文明继承者，就要具备一定的科学文化素质，当代大学生首先要具有正确的生态科学意识。

所谓生态科学意识是指以现代科学技术为基础，通过综合各门自然科学知识来认知生态现象并解决生态问题的理念。生态是一个宏观概念，包括各种生物及土壤、空气等非生物因素，因此，生态文明观的培养离不开相关自然学科的知识熏陶与素质培养。然而长期以来，我国高校往往热衷于开展人文类课程来提高人文素质，作为素质培养一部分的自然科学类教育往往被忽视，很多仅作为“点缀”课程开展，教学形式单调，多以依托于教材的“填鸭式”教学为主，内容僵化，忽略了科学素质的培养，缺乏实地探究，使得学生们自然而然地产生“自然不重要”这样的不环保理念，环保责任心与生态文明观缺失，从而造成在生活中无意识地对环境造成破坏，或者对他人破坏生态环境现象无动于衷。因此，加强自然科学教育、培养生态科学意识是树立生态文明观的重要基础。

可持续发展从概念到行动的转变离不开科学思想的培养，而科学思想又是形成科学素质的指导思想。培养生态科学意识，首先要让大学生认识到人是自然的一部分，人类无法脱离自然生活。其次，当下各高校应转变教学理念与方式，采用更加灵活的形式，引导学生系统了解自然环境的有关知识，教授学生生态环境相关的新理念、新技术、新方法，掌握生态危机产生的原因及生态环境保护利用的具体方法。与此同时，高校应注重培养学生科学的价值观与道德观、良好的科学品质与科学精神，坚持唯物辩证主义，认识科学价值的双重性，树立“热爱科学、相信科学、尊重科学”的理念。当代大学生也应该利用如今发达的网络资源，主动探索相关知识，积极参与各项环保活动，运用所学知识解决生态环境问题，培养正确的生态科学意识。

### （二）培养生态道德意识

在党的十八届三中全会上，习近平总书记在关于《中共中央关于全面深化改革若干重大问题的决定》的说明时提出“我们要认识到，山水林田湖是一个生命共同体，人的命脉在田，田的命脉在水，水的命脉在山，山的命脉在土，土的命脉在树。如果种树的只管种树、治水的只管治水、护田的单纯护田，很容易顾此失彼，最终造成生态的系统性破坏”。这段话里形象地阐明了生态系统各要素间相互依存、相互影响的内在规律，也是生态道德观的生动体现。在工业文明中，人是世界上唯一的主体，大自然中的一切都要为人类服务。而在生态文明中，人与自然均是主体，一切生命都有价值，人类不能忽视其他生命的生存需要，不能逾越自然的允许范围来谋求自身利益，这就是人类对自然的道德义务。道德作为一种信念存在于人们内心，指导和制约人们的行为，而生态道德则是人们在处理生态环境与经济利益时的一系列行为规范。生态道德反映了人与自然、人与人之间最本质的道德关系，是关于人们对待生物和非生物环境所持有的态度，其实质是人类保护自然生态环境的良心。

虽然我国生态环境法律体系正在逐渐完善，但还存在一定的法律“盲区”，当法律不够完善时，道德意识作为个人行为约束力，显得尤为重要。是否具有良好的生态道德意识，是衡量一个人全面素质的重要标杆，也是衡量一个国家和民族文明程度的重要标准，而生态道德教育的广度和深度则决定了生态道德究竟能够在多大范围、何种程度上为人们所信奉和遵循。当前生态危机日益严重，加强学生的生态道德教育是构建生态文明的长效途径。生态道德教育围绕生态平衡、珍惜资源、保护环境等方面教育和引导学生热爱自然，如果学生在校时没有接受系统的生态道德教育，没有具备生态文明素质，走向社会后，极有可能仍然以牺牲环境为代价来换取经济发展。著名教育学者潘懋元教授指出“许多严重破坏生态环境的事例，应负主要责任者很多是我们高等学校培养出来的专门人才”，体现出了目前生态道德思想教育的缺失。

培养大学生生态道德意识，实际上是培养正确的生态价值观，帮助大学生正确认识人与自然的关系，认识自然生态、自然资源对人类的重要性。通过生态道德的培养，使大学生产生对生态环境与生物保护的责任感，维护自然环境，履行生态义务，从而自觉践行生态文明。良好的社会环境对于生态道德建设也有着重要的作用，要把生态道德教育融入日常生活中，形成全民保护环境、全民节能减排、全民治理污染的良好风气。

### （三）培养生态危机意识

危机意识是指对紧急或困难关头的感知及应变能力，要求对风险有足够的敏感度，并时刻保持警惕。生态危机是指生态环境被严重破坏，威胁人类生存与发展的现象，其实质是生态失调。生态危机一旦形成，在较长时期内难以恢复。因此，当它还处在潜伏状态时就应该有所警觉，也就是要具备生态危机意识。2018 年全国生态环境保护大会上，习近平总书记指出，要有效防范生态环境风险。有学者认为，生态危机意识和生态环境安全是一个问题的两个侧面。生态环境安全是国家安全的重要组成部分，是经济社会持续健康发展的重要保障。在维护国家生态安全工作中，必须提高危机意识，提高抵御极端风险和应对紧急状态能力，坚决守住底线，确保不发生重大危机。

生态危机本质上是人类的危机、生态观念的危机。公民生态意识的缺乏，是现代生态危机的深层次根源。因此，高校要不断加强大学生生态危机意识教育，转变学生的思想观念，让学生清楚地认识到人是自然的一部分，与其他生物之间是完全平等的，具有同样的尊严和同样的价值，人类与自然之间应当是和谐平等的关系，而不是掠夺与被掠夺、征服与被征服的关系。同时可采用多种形式普及目前重大的环境污染、生态灾难问题，使学生强烈地意识到环境破坏的危害性和树立生态保护意识的紧迫性，从而加强对环境危机的忧患意识，自觉抵制不良习俗。

### （四）培养生态行为意识

当人类有了一定的生态文明意识后，在生产生活实践中自然而然会产生相应的具有生态文明意义的生态行为，这便是生态文明建设成功与否的最直观的体现。如果做不到生态行为文明，生态文明建设便是一纸空谈。但由思想转变成行动往往需要一定时间，且行动具有一定滞后性和惯性，人类长期以来形成的为获得经济利益不惜牺牲环境的习惯无法即刻发生改变，因此，每个个体必须培养生态行为意识，规范自身行为，形成生态行为习惯，最大限度地减少对生态环境的不良影响。

2014 年，刘新庚、曹关平提出了关于公民生态行为的规则——《公民生态行为规范论》，该规范对公民的生态行为具有科学引导和正确规范的功能，可促使公民按照社会主义生态文明建设的要求养成生态文明习惯。2018 年，生态环境部等五部门联合发布《公民生态环境行为规范(试行)》，包括关注生态环境、节约能源资源、践行绿色消费、选择低碳出行、分类投放垃圾、减少污染产生、呵护自然生态、参加环保实践、参与监督举报、共建美丽中国十个方面。旨在牢固树立社会主义生态文明观，强化公民生态行为意识，引导公民做到生态行为文明，成为生态文明的践行者和美丽中国的建设者。2017 年，习近平总书记指出，生态文明建设同每个人息息相关，每个人都应该成为生态文明建设的践行者、推动者。

高校培养大学生生态行为意识，要从日常生活中寻找教育资源，倡导绿色生活方式与合理消费，积极引导学生参与生态环保活动，引导学生从自己做起，从身边的小事做起，例如，保护环境、节约资源、减少使用一次性用品、践行光盘行动、支持绿色出行、倡导绿色消费、及时关闭电器电源、分类回收生活垃圾、拒食野生动物、不毁林毁绿、不随地抛撒垃圾、不向河流等水体排放污水等，让学生在实践中接受教育，将生态文明行为养成永久习惯，以自己的实际行动实践生态文明的基本要求。同时，在教育过程中，教师应通过“身教”为学生做出良好示范，学校各级工作人员也应以自己的行为打造一个生态氛围浓郁的校园，起到潜移默化的作用。作为生态文明建设的传承者，当代大学生也要以正确的生态价值观引领自己的行为，自觉培养生态行为意识和生态消费意识，积极行动起来，形成良好的生态行为习惯，真正做到生态行为文明。

**(五)培养生态消费意识**

消费是指利用社会产品来满足人们各种需要的过程，而这些产品的制作必然要消耗自然资源，在这一过程中势必会对环境造成一定影响。随着人类社会不断发展，人们的消费观念和水平也在不断提升。工业革命后，许多资本主义国家纷纷通过刺激消费来寻求经济发展，逐渐演变成了追逐物质享受的“消费主义”，这种消费观的直接后果便是自然资源快速消耗，生态环境严重污染。随着人类生态意识的觉醒，人们开始追求更加健康、和谐的绿色消费模式。2018 年，习近平总书记在全国生态环境保护大会上指出，“推进资源全面节约和循环利用，实现生产系统和生活系统循环链接，倡导简约适度、绿色低碳的生活方式，反对奢侈浪费和不合理消费”，这就要求民众要具有生态消费意识。

党的十八大报告中指出，全面推进生态文明建设和宣传，不断提高和增强全民节约意识、环保意识、生态意识，营造健康、绿色的消费良好风气。生态消费意识是一种科学的消费观和生活观，其本质是人与自然环境和平相处、共同发展的持续消费方式，既满足消费者需要，又不损害生态环境。大学生是社会消费群体的重要组成部分，然而目前大学生生态消费观念十分淡薄，过度消费、奢侈消费普遍存在，校园内攀比现象严重。高校作为祖国接班人培养基地，有责任、有义务引导大学生正确认识和处理发展经济、提高生活水平和环境保护的关系，树立正确的生态消费意识。高校可根据各个学科特点，开发设计生态消费观类课程，或将该理念融入课堂中，培育资源节约意识，普及和灌输生态保护知识，弘扬和宣传生态消费价值理念，使学生正确树立生态消费观。同时可开展多种多样的校园活动，如理财讲座等，帮助学生优化其消费结构，养成合理、节约、环保、绿色的生活方式和消费习惯，自觉抵制过度消费、奢侈消费等错误行为，营造人人崇尚生态消费的校园氛围。

**（六）培养生态法治意识**

生态法治是国家借助法制手段调节人们之间的生态利益、生态关系，以及人与生态环境之间关系的法治过程。保护生态环境必须依靠制度、依靠法治，而法律的实施离不开民众的遵守，民众自觉守法的前提就是要具备生态法治意识。正确的法治理念是生态文明建设的重要基石，一个国家如何立法、执法等取决于该国家的法治理念。推进生态文明法治建设，要增强全民生态法治观念，形成正确的生态法治意识，让民众自觉遵守生态法律。

当代大学生是时代的先行者，培养当代大学生生态法治意识是全面推进依法治国、建设生态文明的必然要求，高校应充分重视大学生的生态文明法治教育。当前生态文明基本理论课程开设较多，而针对生态文明法律法规的内容较少，应以多种多样的形式，例如，通过课堂渗透、讲座等来宣传生态法规，展开法制知识普及教育，使大学生知法、懂法、守法。同时培养学生生态环境维权意识，当其享受良好环境的权利受到侵犯时，懂得运用法律武器保护自己。与此同时，高校可以创新环境保护相关校规，对学生破坏生态环境的行为实施监督管理，通过板报、广播等形式，对在保护环境和节约资源方面做出积极贡献的个人和集体进行宣传和表彰，对破坏校园环境行为的学生进行相应处罚，形成浓郁的校园生态法治氛围，培养学生生态法治意识。

**（七）培养生态文化意识**

2018 年，习近平总书记在全国生态环境保护大会上指出，生态文明建设是关系中华民族永续发展的根本大计，中华民族向来尊重自然、热爱自然，中国传统文化中蕴含的智慧与生态文明的内在要求具有一致性，是生态文化的重要源泉和主要内容，也是解决生态危机、建设生态文明的文化基础。1988 年，70 多位诺贝尔奖得主集会巴黎，得出这样一个结论：如果人类要在 21 世纪生存下去，必须回到 2500 年前去汲取孔子的智慧，由此可见，绵延 5000 多年的中华文明孕育着丰富的生态文化，并在历史浪潮中代代相传，不断创新并丰富内涵，为现代生态文化打下坚实基础。

习近平总书记强调，“加快建立健全以生态价值观念为准则的生态文化体系”。生态文化体系是生态文明建设的重要组成部分，目前中国正采用多种形式积极推进生态文化建设，例如，举办生态文化高峰论坛、生态文明论坛及林博会、绿化博览会、花博会、各类生态文化节、乡村休闲旅游等形式来弘扬生态文化，倡导绿色生活，唤醒人们的生态文化意识。根据《中国生态文化发展纲要（2016—2020 年）》统计，截至 2015 年年底，我国已确定 4300 多个森林公园、湿地公园、沙漠公园和 2189 处林业自然保护区、76 个国家生态文明教育基地、96 个国家森林城市、441 个生态文化村、11 个全国生态文化示范基地、20 家全国生态文化示范企业。

生态文化具有传承性。现代生态文化的很多内容是从中华民族传统文化中衍生而来的，这些世代传承的生态智慧和文化瑰宝也将通过教育世代传承下去。作为生态文化的重要传承者，当代大学生必须要培养自己的生态文化意识。高校要致力于生态文化建设的科学研究和知识传播，积极推动生态文化构建，培养生态文化教师团队。与此同时要高度重视大学生生态文化培育，推动生态文化进课程、进课堂、进头脑，开展生态摄影、文学、书画、影视等多种多样的活动丰富学生的生态精神文化生活，全面提升大学生生态文化素养。

## 二、履行生态文明使命

当代大学生是生态文明的建设者、生态环保的宣传者，也是未来生态责任意识的引领者，承担着建设美丽中国的时代责任和历史重任。作为未来的国家栋梁，大学生必须明确自己在生态文明建设中所承担的责任和义务，自觉履行生态文明使命。

### (一)学习生态文明理论

要想更好地践行生态文明，首先离不开理论学习的支撑。中国的生态文明思想融合了我国古代儒家、道家和佛家的理念、马克思主义生态思想以及现代科学发展观、美丽中国生态文明观等科学理论，是大学生生态文明教育的指导思想和行动指南。当代大学生要认真深入学习贯彻相关理论，理解生态文明含义，了解生态文明构成，加强环境、生态文化及相关法律法规的学习，树立科学发展观和生态价值观，同时培养生态危机感，关注国土生态安全问题及世界性环境问题，全面提高自身生态文明素质。

### (二)落实环境保护行动

当代大学生是中国特色社会主义事业的接班人，更是推动生态文明建设的主力军，在积极树立生态文明理念的同时，更要将理论变成实践，自觉履行保护环境的义务，在日常生活中，采用绿色、低碳、环保的生活方式，做生态文明建设的践行者。落实绿色、低碳、环保的生活方式实际上都是从身边的小事做起，不利于环保的事不做，不利于环保的物品不用，例如，节约用水，随手关闭水龙头，洗脸、洗澡、洗衣物的水合理二次利用；节约纸张，双面打印，废纸利用；不随手乱扔垃圾，对垃圾进行分类，资源回收再利用；不购买和使用一次性塑料制品；不践踏草坪、破坏花草树木；节约用电，离开房间时关上电器，拔下插头，并尽可能用节能灯代替普通灯泡；尽量以步代车或骑自行车，多使用公共交通工具；多走楼梯，减少电梯使用频率；节约粮食，倡导光盘行动；崇尚简约生活，合理消费等。总而言之，当代大学生应高度重视和警惕生态环境恶化所引起的问题，做自己力所能及的事情来保护环境，珍惜资源，守护人类共有的家园。

### (三)积极宣传环保知识

建设生态文明仅靠大学生的行动尚不足够，需要全民参与，只有团结动员全社会才能有力解决环保问题，而全民环保意识的提高离不开适当的宣传。大学生是重要的当下时代文化的代言人，其思想行为能够对社会产生巨大影响，通过向社会传递自然科学、生态环保的理念，能够有效提高民众的环保意识，让更多的人行动起来，积极参与到生态文明建设中来。大学生可以积极参与相关的社会实践活动，例如，大气 PM2.5 测定、环保周、回收废旧电池活动、垃圾回收活动、环境保护知识讲座等，也可以亲自查看和检测当地的环境污染状况，向企业工厂提出环保建议，积极宣传国家环保知识与政策，传递积极的生态观，传播生态文化，做生态责任的宣传者。

### (四)创建绿色校园

党的十九大报告明确提出要“开展创建节约型机关、绿色家庭、绿色学校、绿色社区和绿色出行等行动”。绿色发展已经成为新时代的要求，绿色校园也是高等教育的必然趋势。自 1980 年开始，世界各国的大学便开始积极推动校园永续性方面的研究与实务工作。绿色大学“Green University”一词在国际间的共同意义便是以“永续发展”概念为愿景展开的。早在 1972 年斯德哥尔摩宣言中就揭示了高等永续教育的重要性，随后经过《第比利斯宣言》《塔乐礼宣言》《哈利法克斯宣言》《21 世纪议程》《地球宪章》《京都宣言》《斯温席宣言》《哥白尼宪章》《萨罗尼加宣言》《地球宪章》等宣言，逐渐具体了绿色大学的指导原则。

1990 年开始，美国著名学府哈佛大学便认识到可持续发展的重要性，开展了多种多样的绿色教育项目与活动。乔治・华盛顿大学公开提出了“绿色大学”的行动计划，随后加拿大名校滑铁卢大学、英国诺丁汉大学朱比丽校区等相继进行了绿色校园实践活动。

1996 年，绿色校园这一概念在我国《全国环境宣传教育行动纲要》中首次提出，该文件中提出了到 2000 年，在全国逐步开展创建“绿色学校”活动。1998 年，我国清华大学率先提出了“建设绿色大学，实现可持续发展”战略，围绕绿色人才培养和绿色科技研发两个核心，将可持续发展和环境保护的理念落实到大学的各项活动中、融入到大学教育的全过程，开展“绿色教育”、研发“绿色科技”、建设“绿色校园”。2007 年，我国提出建设以节约资源和合理利用资源为重点的节约型大学，2008 年，同济大学联合清华大学、山东建筑大学等编制了《高等学校节约型校园建设与管理技术导则》，为我国绿色节能校园建设提出了发展方向和技术路线。2011 年，同济大学、浙江大学、华南理工大学等院校发起成立了中国绿色大学联盟，2013 年，国内第一部绿色校园评价标准《绿色校园评价标准》（CSUS/GBC 04—2013）出台并于同年 4 月 1 日起实施，这标志着我国绿色校园建设有据可依。2019 年，修订后的《绿色校园评价标准》（GB/T 51356—2019）国家标准颁布并于当年 10 月 1 日起实施，从规划与生态、能源与资源、环境与健康、运行与管理、教育与推广等方面作出规定。

什么是绿色校园，国内目前尚无公认的概念界定。王大中院士提出：“所谓‘绿色大学’建设，就是围绕人的教育将可持续发展和环境保护的原则、指导思想落实到大学各项活动中，融入到大学教育的全过程。”也就是说，绿色校园除了基本的校园功能外，要尽可能地节约资源、保护环境、减少污染。通过开设绿色课程、制定环境管理制度、开展环境文化教育主题活动等，在校园内创设绿色环保的文化氛围，培养学生生态文明理念。可以看出，绿色校园实际上是科学与文化教育的统一体，既依靠科学技术解决环境生态问题，又凭借文化教育培养师生的绿色环保理念。《全国环境宣传教育行动纲要》文件中提出，“到 2000 年，在全国逐步开展创建‘绿色学校’活动，其主要标志是：学校能够向全校师生提供足够的环境教育教学资料，信息教学设备和场所；环境教育成为学校课程的必要组成部分；学生切实掌握各科教材中有关环境保护的内容；师生环境意识较高；积极参与面向社会的环境监督和宣传教育活动；校园清洁优美”，为绿色校园建设指明了方向。

创建绿色校园，当代大学生要从身边点滴小事做起，例如，积极参与校园绿化建设和管理，爱护校园花草树木，草坪中设置个性环境保护标语牌，对破坏绿化设施的行为要敢于制止并举报；不随意乱扔垃圾，不随地吐痰；成立各种各样的志愿者服务队，树立和倡导绿色文明意识；勤俭节约，节约校园里的各种资源，随手关好水龙头和电灯，节约粮食，不浪费纸张；在校园内设置分类垃圾箱，加强废品回收；师生和谐，同学之间友好相处，语言文明等，营造尊重自然、爱护生态、保护环境、节约资源的绿色校园文化氛围，践行生态文明。

【拓展阅读】

## 绿色的哈佛校园

从 1990 年开始，哈佛大学不同专业的教师和学生组织认识到建设可持续大学的意义，便开始自发进行可持续行动，如成立了环境教育学生团体、地球与行星科学中心发布了哈佛环境指南报告、食堂开展了食品废弃物监测、开始了全校范围的循环利用行动、对食物残渣等进行了堆肥实验等。师生们的可持续行动得到了学校领导层的呼应，从 2000 年 3 月到 2001 年 6 月，哈佛制定并出台了哈佛大学绿色校园建设的战略规划，成立哈佛绿色校园行动组织(Havard Green Campus Initiative，HGCI)，并于 2001 年底，批准了一个为期 5 年、每年拨款 15 万美元的规划，并建立了一个 300 万美元的借贷基金计划。有了专门的执行机构和拨款，哈佛绿色校园建设得到了进一步发展。为了更好地建设可持续校园，HGCI 升级为哈佛可持续发展办公室(Office of Sustainability，OFS)，为哈佛校园和其他部门免费提供可持续建设的专业管理知识和服务，使哈佛校区实现其可持续发展目标。OFS 认为，在哈佛大学，可持续校园建设并不只是垃圾回收和随手关灯，更多的是人们对环境认识的一种改变，OFS 致力于从可持续校园做起将可持续发展的理念推向人类社会。以 OFS 为核心，各学院教师、学生、人力资源、财务、IT 和信息等部门行政人员、温室气体减排执行委员会、可持续性和能源管理委员会、学生可持续领导人委员会等纷纷参与到可持续行动中来。为更好应对全球气候变化和环境可持续发展问题，哈佛大学积极参加各种高校联盟并与世界其他高校、政府等开展合作，例如，促进高等教育可持续发展协会、美东北校园可持续发展联盟、波士顿绿丝带委员会(GRC)、剑桥社区可持续未来契约、生态美国的 Moment US 行动、国际可持续校园网络、常春藤大学校长可持续工作组等。

哈佛大学可持续建设的目标是通过学术研究和把研究成果转化为行动来对抗气候变化的挑战。为此，哈佛大学设置了 260 门以上的关于环境能源、可持续发展或环境的课程，并举办了大量有关环境的交流会议和讲座，OFS 也在网站上发布了有关相关领域的可持续发展知识，列出如何参与各种项目的清晰的操作工具和路径，全方位培养和提升学生可持续发展意识与能力。

根据自身大学的办学特色，哈佛大学推行建设了许多绿色项目，例如，2006 年成立了价值 1200 万美元的可循环的绿色循环基金(Green Revolving Fund，GRF)，旨在通过可持续的设计为减少高校运行和维护中对环境的影响提供资金。在哈佛，实验室占地 23%，消耗接近 50% 的总能源，而绿色实验室项目则是让研究人员、行政人员、教师和物业管理者一起来开展可持续行动，鼓励实验室进行冰箱管理、及时关闭门窗、实验闲置材料和设备的实验室之间的循环与再得用以及进行绿色实验室校内认证；绿色生活项目则是教育生活在哈佛的学生和居民采取可持续的生活和行为方式，包括本科生资源效率项目、哈佛法学院绿色生活项目、哈佛商学院学生可持续协会和哈佛大学住房可持续项目，通过运用不同手段，实现不同项目覆盖范围的学生对能源、水、食品以及其他方面的消耗节约以及废弃物产生的减少；绿色办公室项目是一个为那些力图绿化工作场所并试图起到先锋模范作用的员工设计的项目，只要申请的办公室达到绿色办公室相应管理标准就可以注册、申请并授予相应等级的绿色办公室称号；绿色团队项目分属于各个学院和相关行政部门，从事各种可持续的实践，并分享最佳实践经验、提高可持续发展领域的专业知识、提高领导绿色管队的技能；学生拨款项目是为那些致力于校园的温室气体减排和促进校园可持续性发展的学生设立的，学生只要在校园减排、可持续发展、健康的校园文化方面有创新性的计划都可以申请，评估通过就可以获得5000~50 000美元的拨款。

**清洁生产**

清洁生产这一概念是联合国于1989年时提出，是指对生产过程、产品及服务中不断采用的一体化预防性环境策略，它可以全面提高效率以减少产业发展对人类与环境的危害。清洁生产既是一种战略，体现于宏观层次的总体污染预防，又可以从微观上体现于企业采取的预防污染措施。在过去，人们治理环境往往采用末端治理法，把环境责任只放在环保研究、管理等人员身上，把注意力集中在对生产过程中已经产生的污染物的处理上，可以说只有环保部门来处理问题，因而是消极、被动的。而清洁生产是要引起决策者、研究开发者、生产者、消费者，即全社会对于工业产品生产及使用全过程对环境影响的关注。一直以来，生态学家、环境学家和产业界都在不断扩展和深化清洁生产的概念和内容，一种系统化和一体化的新的环境管理理念应运而生——工业生态学，即循环经济的本质，以工业生态形式出现的循环经济。由此可见，清洁生产是循环经济的基石和重要途径，循环经济是清洁生产的扩展。循环经济将清洁生产、资源综合利用、生态设计和可持续消费融为一体，其核心是运用生态学规律把经济活动重组成一个"资源—产品—再生资源"的反馈式流程和低开采、高利用、低排放的循环利用模式，使经济系统和谐地纳入自然生态系统的物质循环过程中，最大限度地提高资源与能源利用率，从而实现经济活动的生态化，实现经济利益和环境利益的双赢。

**光盘行动**

2013年，一个非公益团队IN－33发起了"光盘行动"——餐厅不多点、食堂不多打、厨房不多做，获得了广大网友的支持和赞同。"一粥一饭，当思来之不易；半丝半缕，恒念物力维艰"，中华民族自古以来便有着勤俭节约的优良传统，但随着物质生活水平的提高，人们的节约意识开始下降，日常生活浪费粮食的现象随处可见，而"光盘行动"号召人们爱惜粮食、反对浪费，从而提高全社会节约意识，形成勤俭节约的良好社会风尚，促进精神文明建设，"光盘行动"也成为2013年的年度热词。

**共享单车**

共享单车是一种新型绿色环保共享经济，共享单车软件注册用户可以在校园、地铁站点、公交站点、居民区等地以分时租赁的方式通过扫描二维码，打开共享单车车锁，按照骑行时间及距离收费。2015年，根据"以共享经济＋智能硬件，解决最后一公里出行问题"的理念，"无桩共享单车"横空出世。2016年开始，共享单车市场非常红火，许多品牌陆续加入。共享单车的出现给人们出行带来许多便利，减少了人们对汽车的依赖，减少城市汽车流量，有利于全民节能减排也可以锻炼身体素质。随着更多技术加入到共享单车的领域之中，共享单车在不断巩固现有优势的基础上获得新的发展，共享电动车、共享汽车也在不断普及当中。

**蚂蚁森林**

2016年8月，支付宝应用APP推出了蚂蚁森林版块，是支付宝旗下的一款公益行动，旨在倡导人们低碳生活。支付宝用户可以通过步行、地铁出行、在线缴纳水电煤气费、网上缴交通罚单等行为，减少相应的碳排放量，获得一定虚拟的"绿色能量"，这些能量可用来在手机支付宝 APP 中栽种一棵虚拟的树，虚拟树长大后，公益组织、环保企业等蚂蚁生态合作者，会在地球上种下一棵真树，或守护相应面积的保护地，以培养和激励用户的低碳环保行为。2018 年 10 月，支付宝蚂蚁森林种树模式被正式纳入国家义务植树体系，2019 年 6 月，蚂蚁森林发起“公益林”绿色联合活动，号召网友将每周三设为固定的蚂蚁森林浇水日。2019 年 8 月，《互联网平台背景下公众低碳生活方式研究报告》显示，蚂蚁森林用户数达 5 亿，共同在阿拉善、鄂尔多斯、通辽、兰州等土地荒漠化严重的地区种下 1.22 亿棵真树，种树总面积近 $140\times10^4$亩。2019 年 9 月 19 日，中国移动支付平台支付宝推出的“蚂蚁森林”项目获得联合国最高环保荣誉——“地球卫士奖”中的“激励与行动奖”。

### 限塑十年

白色污染是对塑料垃圾污染环境的一种形象称谓，是指用聚苯乙烯、聚丙烯、聚氯乙烯等高分子化合物制成的各类生活塑料制品使用后被弃置成为固体废物，由于随意乱丢乱扔且难于降解造成环境污染的现象。2007 年 12 月底，《国务院办公厅关于限制生产销售使用塑料购物袋的通知》发布，目的在于引导、鼓励大众合理使用塑料购物袋，促进资源综合利用，从而进一步保护生态环境健康持久发展。该通知中要求从 2008 年 6 月 1 日起，在全国范围内禁止生产、销售、使用厚度小于 0.025 mm 的塑料购物袋，在所有超市、商场、集贸市场等商品零售场所实行塑料购物袋有偿使用制度，一律不得免费提供塑料购物袋。近 10 年来，这份被公众称为“限塑令”的通知在限制和减少塑料袋使用方面效果明显，超市、商场的塑料袋使用量普遍减少 2/3 以上，累计减少塑料袋 $140\times10^4$ t 左右，相当于节约了 $840\times10^4$ t 石油、减排近 $3000\times10^4$ t 二氧化碳。然而随着快递、餐饮外卖业的兴起，塑料餐盒、包装等塑料消耗量快速上升，如何在新兴产业发展中更好地控制一次性塑料制品的使用是我国当下的难题之一。2018 年 6 月 5 日，联合国环境署规划首次聚焦一次性塑料污染问题，发布世界环境日的主题为“塑战速决”，呼吁世界，齐心协力对抗一次性塑料污染问题。

### 垃圾分类

垃圾分类是指按一定规定或标准将垃圾分类储存、分类投放和分类搬运，从而转变成公共资源的一系列活动的总称。进行垃圾分类可以减少垃圾处理量和处理设备，提高垃圾的资源价值和经济价值，具有社会、经济、生态三方面的效益。1999 年上海市市容环境卫生管理局编制了《上海市区生活垃圾分类收集、处置实施方案》，报告首次确定了生活垃圾按照“有机垃圾”“无机垃圾”“有毒有害垃圾”分类的标准，垃圾分类工作的推进由此展开序幕。2019 年 7 月 1 日，《上海市生活垃圾管理条例》正式实施，上海成为中国第一个垃圾分类试点城市。《条例》中要求生活垃圾按照“可回收物”“有害垃圾”“湿垃圾”“干垃圾”的分类标准进行投放，没有垃圾分类和未指定投放到指定垃圾桶内等会被罚款和行政处罚，个人没有将垃圾分类投放最高罚款 200 元，单位混装混运最高罚款 5 万元(图 6-1)。

### 桃花源巡护员奖

桃花源生态保护基金会是一家关注自然保护地的非营利环境保护机构，致力于用公益的心态、科学的手段、商业的手法来保护地球。该基金注重培育、扶植当地保护机构，探索可持续的资金模式，推广环境友好的生态产品，组织公众尤其是青年的野外体验活动，提供志愿者机会，向更多人传达“来自自然，回到自然”的健康生活方式，从而实现“为子孙后代留下更多青山绿水”的愿景。据不完全统计，我国自然保护地体系中共有 2700 多个

**图 6-1　某小区的分类垃圾桶**

自然保护地，面积约占国土面积的 18% 以上，众多一线巡护员长期与山林为伴，他们日夜巡护、风雨无阻，正是由于他们的辛勤付出，绿水青山才能依旧，金山银山才能成为可能。

但一直以来，人们对于野生动植物保护的这些幕后英雄们一直缺乏关注，因此，2019 年 4 月，桃花源生态保护基金会正式发起“桃花源巡护员奖”，希望更多人知晓这群生命守护者，给予他们尊重和支持。2019 年 10 月 28 日，2019 年度“桃花源巡护员奖”正式公布，10 名巡护员获得了此项殊荣，他们平均工作年限 24. 9 年，最长的已经 40 年。在他们之中，既有 72 岁的老者刘真茂，也有 80 后的代表罗春平，他们是这个时代真正的英雄，如果没有他们的辛勤保护，许多野生动植物在未来很有可能只能成为小说里的“故事”。在颁奖现场，桃花源基金会理事马云表示“过去我们把打老虎的人，打狼的人、打豹的人称之为英雄，今天我们要把保护老虎、保护狮子、保护大象的人称为英雄”。巡护员是这个时代真正的英雄。

思考题：作为一名当代大学生，你认为如何能够有效地践行生态文明？

# 参考文献


Daily G C, 1995. Restoring value to the words degradedlands[J]. Science, 269: 350 - 354.

曹进冬, 2013. 生态旅游: 黄石国家公园[J]. 青海科技(03): 34 - 35.

陈代杰, 钱秀萍, 2015. 细菌简史: 与人类的永恒博弈[M]. 北京: 化学工业出版社.

陈文华, 1999. 茶艺·茶道·茶文化[J]. 农业考古(04): 7 - 14.

陈祥伟, 胡海波, 2005. 林学概论[M]. 北京: 中国林业出版社.

崔欣欣, 2016. 中国花卉文化新探[J]. 佳木斯大学社会科学学报, 34(06): 150 - 152.

但新球, 但维宇, 2014. 湿地生态文化[M]. 北京: 中国林业出版社.

樊阳程, 邬亮, 陈佳, 等, 2016. 生态文明建设国际案例集[M]. 北京: 中国林业出版社.

付雯雯, 2012. 辽宁省生态旅游案例分析及发展对策[J]. 现代经济信息(03): 356 - 358.

龚文娟, 姜凌霄, 2016. 我国生物多样性保护的发展现状研究及对策[J]. 资源节约与环保(9): 238.

谷树忠, 胡咏君, 周洪, 2013. 生态文明建设的科学内涵与基本路径[J]. 资源科学, 35(01): 2 - 13.

郭姗姗, 2018. 马克思绿色发展思想研究[D]. 保定: 河北农业大学.

郭文月, 2019. 生物多样性与森林生态系统服务功能关系探讨[J]. 中国林业经济, 4: 59 - 61.

何国生, 2014. 森林植物[M]. 2 版. 北京: 中国林业出版社.

何武江, 王艳霞, 2018. 辽宁省古树名木资源保护现状、存在问题及对策[J]. 中国林副特产(02): 81 - 82.

贺庆棠, 陆佩玲, 2010. 气象学[M]. 3 版. 北京: 中国林业出版社.

侯森林, 周用武, 2012. 野生动物识别[M]. 北京: 中国人民公安大学出版社.

环境保护部, 中国科学院, 2013. 中国生物多样性红色名录——高等植物卷[M]. 北京: 高等教育出版社.

黄柏炎, 刘洁生, 2007. 自然保护概论[M]. 武汉: 华中科技大学出版社.

黄锴强, 徐水太, 2019. 我国绿色校园发展方向研究[J]. 建设科技(8): 66 - 69.

黄巍, 贺沁风, 赵玉林, 等, 2006. 森林文化与人类文明[J]. 陕西林业科技(3): 72 - 74.

吉登星, 郭起华, 彭铁, 2016. 生态文明教育[M]. 北京: 中国林业出版社.

吉志强, 2012. 关于生态文明的内涵、结构及特征的再探析[J]. 山西高等学校社会科学学报, 24(09): 71 - 75.

季达明, 等, 1987. 辽宁动物志[M]. 沈阳: 辽宁科学技术出版社.

贾竞波, 2011. 保护生物学[M]. 北京: 高等教育出版社.

黎彩琴, 雷昇, 2019. 浅析生物多样性对森林病虫害防治的意义[J]. 农家参谋, 7: 108.

李博, 2000. 生态学[M]. 北京: 高等教育出版社.

李彩红, 2002. 浅谈依法保护野生动物资源[J]. 焦作教育学院学报(3): 52 - 53.

李冬, 2016. 森林环境[M]. 北京: 中国林业出版社.

李景文, 李俊清, 2006. 森林生物多样性保护研究[M]. 北京: 中国林业出版社.

李孟楼, 2010. 森林昆虫学通论[M]. 北京: 中国林业出版社.

李民胜, 2008. 中国生物多样性保护现状及其应对措施[J]. 大众科技(9): 123 - 125.

李庆，2015. 从传统草原文化生态观到草原生态文明[J]. 中华女子学院学报，27(01)：125－128.
李亚飞，2017. 生物多样性的研究现状及其保护建议[J]. 科技风(10)：251.
李毓堂，1987. 世界草地资源概况与利用[J]. 世界农业(05)：39－41.
李祖扬，邢子政，1999. 从原始文明到生态文明——关于人与自然关系的回顾和反思[J]. 南开大学学报(03)：37－44.
梁立军，刘超，2015. 试论“绿色大学”建设的理念与实践——以清华大学为中心的考察[J]. 清华大学教育研究，36(5)：83－87.
林乐乐，2019. 美丽中国[M]. 北京：北京理工大学出版社.
林媚珍，周慧，吴志峰，2016. 我们的生态家园[M]. 广州：南方日报出版社.
林向群，马洪军，2016. 生物多样性保护与森林文化[M]. 北京：中国林业出版社.
刘成林，蒋明廉，1995. 我国森林生物多样性的保护现状与展望[J]. 南京林业大学学报，19(3)：77－81.
刘凤彪，2017. 植物文化赏析[M]. 保定：河北大学出版社.
刘启振，王思明，2016. 陆上丝绸之路传入中国的域外农作物[J]. 中国野生植物资源，35(06)：5－11.
刘青山，2016. 重创新生，传统产业转型升级机遇来临[J]. 国企(4)：25－27.
刘万里，鞠叶辛，2014. 绿色校园发展建设策略研究[J]. 沈阳建筑大学学报(社会科学版)，16(3)：235－239.
刘忠霞，2012. 清洁生产、循环经济与可持续发展战略[J]. 理论学刊(S1)：50－50.
陆静飞，2019. 社会主义生态文明视域下的绿色校园建设策略[J]. 智库时代(48)：244－245.
陆少龄，2011. 从生物多样性保护浅谈我国森林保护与利用对策[J]. 现代园艺，4：104－105.
卢欣石，2019. 草原知识读本[M]. 北京：中国林业出版社.
吕琨，2007. 生态旅游经济意义分析[J]. 交通科技与经济(05)：126－128.
马惠钦，裴素俭，1999. 用做饲料的昆虫资源[J]. 昆虫知识，36(5)：303－306.
马锦，李发源，庞国伟，等，2017. 古陆上丝绸之路复原及沿线基本地理特征分析[J]. 地理与地理信息科学，33(04)：123－129.
孟宏虎，高晓阳，2019. “一带一路”上的全球生物多样性与保护[J]. 中国科学院院刊，34(7)：818－825.
内蒙古社会科学院课题组，2018. 草原文化在世界文明史上的地位和作用[N]. 内蒙古日报(汉)，2018-08-10(008).
倪捷，2017. 我国十大名茶的产地[J]. 人才资源开发(01)：46.
潘岳，2004. 可持续发展与文明转型[N]. 中国经济时报，1. 12，A01. 新视点.
攀瑛，1996. 药用昆虫及其发展前景[J]. 昆虫知识，33(4)：236－237.
朴美花，方志刚，2003. 我国昆虫资源开发利用概况[J]. 中国计量学院院报，14(4)：300－303.
戚文闯，2016. 海上丝绸之路研究综述[J]. 福建省社会主义学院学报(02)：80－88.
邱寅莹，2017. 当代中国生态文明建设历程与启示[J]. 太原理工大学学报(社会科学版)，35(05)：7－11.
沈满洪，2010. 生态文明的内涵及其地位[N]. 浙江日报，5. 17，07 版.
沈萍，2000. 微生物学[M]. 北京：高等教育出版社.
宋墩福，刘郁林，翟学昌，2009. 现代林业概论[M]. 北京：科学出版社.
孙向阳，2005. 土壤学[M]. 北京：中国林业出版社.
孙志高，刘景双，李彬，2006. 中国湿地资源的现状、问题与可持续利用对策[J]. 干旱区资源与环境(02)：83－88.
唐海萍，陈姣，房飞，2014. 世界各国草地资源管理体制及其对我国的启示[J]. 国土资源情报(10)：

9 - 17.
唐小平，王志臣，张阳武，等，2013. 全国湿地资源调查技术体系设计及结果分析[J]. 林业资源管理(06)：62 - 69.
王凯丽，2018. 习近平生态文明建设思想研究[D]. 北京：北京交通大学.
王孔雀，2010. 生态文明是社会文明的新形态[J]. 生态经济(2)：188 - 190.
王立，2009. 人类五大文明阶段与生态[J]. 社会科学论坛(学术研究卷)(10)：17 - 20.
王瑞山，王毅勇，杨青，等，2000. 我国湿地资源现状、问题及对策[J]. 资源科学(01)：9 - 13.
王文凯，2000. 昆虫资源的开发利用及其对策[J]. 湖北农学院学报，20(1)：90 - 95.
王希群，2016. 对生态文明的哲学思考[J]. 北京林业大学学报(社会科学版)，15(01)：1 - 17.
王玉山，陶娟，赵进红，等，2013. 古树名木研究概述[J]. 安徽农业科学，41(3)：1163 - 1198.
王卓玥，王彬，张昱恒，等，2018. 中国环境法治发展四十年：成效与经验[J]. 环境与可持续发展(6)：5 - 10.
文学禹，李建铁，2016. 大学生生态文明教育教材[M]. 北京：中国林业出版社.
吴季松，2015. 水！最受关注的66个水问题[M]. 北京：北京航空航天大学出版社.
肖文华，2012. 中国特色社会主义生态文明建设历程研究[D]. 北京：北京工业大学.
徐毅，2014. 本溪市古树名木资源及保护[J]. 中国林副特产(02)：76 - 78.
薛建辉，2006. 森林生态学[M]. 北京：中国林业出版社.
杨利民，韩梅，李建东，1997. 生物多样性研究的历史沿革及现代概念[J]. 吉林农业大学学报，19(2)：109 - 114.
姚佳，2008. 我国生物多样性保护的研究现状和发展趋势[J]. 安徽农学通报，14(3)：41 - 42.
叶文虎，2010. 论人类文明的演变与演替[J]. 中国人口·资源与环境，20(04)：106 - 109.
伊丹·本—巴拉克，2017. 看不见的世界：微生物与人类的博弈[M]. 北京：电子工业出版社.
尤力群，2000. 漫谈生物多样性的潜在价值之——巨大的资源库[J]. 生物学教学，25(3)：36 - 37.
于笑云，2007. 我国自然保护区发展生态旅游意义及影响研究[J]. 贵州林业科技(04)：41 - 45.
喻包庆，2013. 经济发展方式转变的路径选择：生态文明建设的视角[J]. 理论月刊(11)：120 - 127.
云锦凤，2002. 中国草地资源概况[J]. 中国花卉园艺(17)：4 - 5.
臧润国，刘静艳，董大方，1999. 林隙动态与森林生物多样性[M]. 北京：中国林业出版社.
曾曙才，陈水莲，曹珍，2008. 我国湿地资源特征、研究现状与保护对策[J]. 广东林业技术(01)：88 - 93.
张艳宇，2019. 高校绿色校园文化的内涵及培育对策解析[J]. 住宅与房地产(10)：228 - 229.
张义，2011. 湿地文化浅论[J]. 文教资料(08)：82 - 83.
钟孟，2013. 淮中国生物多样性保护现状、不足与对策浅议[J]. 六盘水师范学院学报，25(4)：19 - 23.
周德庆，2002. 微生物学教程[M]. 北京：高等教育出版社.
周建波，2019. 生物多样性价值及研究现状[J]. 生物化工，5(1)：158 - 161.
周岚，2006. 我国生物多样性保护的法律对策研究[D]. 福州：福州大学.
周天福，2005. 森林动物[M]. 北京：中国林业出版社.
朱斌，2003. 生态旅游浅议[J]. 锦州师范学院学报(哲学社会科学版)(03)：83 - 85.
邹学忠，李作文，2011. 辽宁古树名木[M]. 北京：中国林业出版社.